普通高等教育电子信息类系列教材

电路分析基础

（第三版）

主　编　李实秋　李　立

副主编　徐　晓　李文娟　唐林建

U0277826

西安电子科技大学出版社

内 容 简 介

本书共 7 章,内容包括电路的基本概念和基本定律、电路的等效变换、线性电阻电路的基本分析方法和电路定理、动态电路的时域分析、正弦稳态电路分析、耦合电感和理想变压器、电路的频率特性。

本书选材得当,基本概念讲述清晰,语言流畅易懂,每章均配有与正文密切相关的精选典型例题,并对应用的电路分析方法作了实用性的总结归纳,使读者易于掌握。每章末均附有大量的精选习题,书后附有习题参考答案。

本书可作为高等工科院校电子、通信、计算机、自动控制等专业"电路"课程的教材,也可作为本学科及相近学科的工程技术人员的参考用书。

图书在版编目(CIP)数据

电路分析基础/李实秋,李立主编 . --3 版 . --西安:西安电子科技大学出版社,2023.8(2024.8 重印)
ISBN 978 - 7 - 5606 - 7039 - 3

Ⅰ. ①电… Ⅱ. ①李… ②李… Ⅲ. ①电路分析—高等学校—教材
Ⅳ. ①TM133

中国国家版本馆 CIP 数据核字(2023)第 160487 号

策　　划　陈婷
责任编辑　陈婷
出版发行　西安电子科技大学出版社(西安市太白南路 2 号)
电　　话　(029)88202421　88201467　　　邮　　编　710071
网　　址　www.xduph.com　　　　　电子邮箱　xdupfxb001@163.com
经　　销　新华书店
印刷单位　西安创维印务有限公司
版　　次　2023 年 8 月第 3 版　2024 年 8 月第 3 次印刷
开　　本　787 毫米×1092 毫米　1/16　印张 18
字　　数　426 千字
定　　价　46.00 元
ISBN 978 - 7 - 5606 - 7039 - 3
XDUP 7341003 - 3

前　言

"电路分析基础"课程是电类专业一门很重要的专业基础课，着重讲授线性时不变集总参数电路的基本概念、基本理论和基本分析方法。各高等院校依据国家教育部普通高等学校专业目录(2023版)和高校学生知识结构的变化，修订了新一轮的教学计划，调整了教材内容，以利于培养出更能适应迅速发展的现代社会的通用型人才。

面对21世纪电工电子系列课程改革的潮流，在听取使用本书师生意见的基础上，我们对该书进行了修订，力争使修订版更为完善。在内容的编排、编写和文字叙述上力求做到基本概念讲述清晰，语言流畅易懂，例题讲解透彻，并对应用的电路分析方法作了实用性的总结归纳，以便于教师授课和学生自学。本书各章结合知识点均配有精选的典型例题和大量的精选习题，旨在帮助读者能更好地掌握电路的基本概念和分析方法，提高其分析问题和解决问题的能力。

本书内容包括电路的基本概念和基本定律，电路的等效变换，线性电阻电路的基本分析方法和电路定理，动态电路的时域分析，正弦稳态电路分析，耦合电感和理想变压器，电路的频率特性等7章。本次修订保留了上一版的编排体系和内容讲解思路，在习题部分增加了填空题和选择题，以帮助学生加深对基本概念的理解和对基本分析方法的掌握。

本书由李实秋、李立担任主编并负责对各章内容进行修改、统稿和定稿；徐晓、李文娟和唐林建担任副主编，分别负责具体章节的文字编写和习题审核。

本书的参考教学时数约为60学时。考虑到各院校各专业不同的教学要求，对本书目录中标"＊"的小节，可以根据实际情况作适当取舍。

本书在编写过程中得到了重庆移通学院领导的极大鼓励和支持，在此表示感谢。本书的编写也融合了重庆移通学院从事电路课程教学的各位老师多年的教学实践的成果和辛勤劳动，在此谨致以诚挚的谢意。

由于编者水平有限，书中难免有不妥之处，恳请广大同行和读者批评指正。

编　者
2023 年 6 月

目 录

第1章　电路的基本概念和基本定律 ……………………………………… 1

1.1　电路和电路模型 ………………………………………………… 1

　1.1.1　电路的组成与功能 ……………………………………… 1

　1.1.2　电路模型 ………………………………………………… 2

1.2　电路分析的基本变量 …………………………………………… 3

1.3　基尔霍夫定律 …………………………………………………… 8

1.4　电阻元件 ………………………………………………………… 12

1.5　理想电源 ………………………………………………………… 15

1.6　受控源 …………………………………………………………… 18

1.7　电路中电位的概念及计算 ……………………………………… 21

习题1 …………………………………………………………………… 23

第2章　电路的等效变换 ……………………………………………… 31

2.1　单口电路等效的概念 …………………………………………… 31

2.2　实际电源的两种模型及其等效互换 …………………………… 34

　2.2.1　实际电源的两种模型 …………………………………… 35

　2.2.2　两种实际电源模型的等效互换 ………………………… 36

2.3　不含独立源单口电路的等效 …………………………………… 38

2.4　含独立源单口电路的等效 ……………………………………… 42

*2.5　电阻Y形连接与△形连接的等效变换 ………………………… 47

2.6　理想电源的等效转移 …………………………………………… 50

习题2 …………………………………………………………………… 53

第3章　线性电阻电路的基本分析方法和电路定理 ………………… 60

3.1　支路电流法 ……………………………………………………… 60

3.2　节点分析法 ……………………………………………………… 62

　3.2.1　节点电压 ………………………………………………… 62

　3.2.2　节点方程 ………………………………………………… 63

　3.2.3　特殊电路节点方程的处理方法 ………………………… 65

3.3　回路分析法 ……………………………………………………… 68

　3.3.1　回路电流 ………………………………………………… 68

　3.3.2　回路方程 ………………………………………………… 69

　3.3.3　特殊电路回路方程的处理方法 ………………………… 71

3.4　叠加定理 ………………………………………………………… 74

3.5 置换定理 ·· 78

3.6 戴维南定理与诺顿定理 ·· 81

*3.7 互易定理 ·· 88

3.8 电路的对偶性 ·· 92

习题3 ··· 93

第4章 动态电路的时域分析 ·· 101

4.1 电容元件和电感元件 ·· 101

4.1.1 电容元件 ·· 101

4.1.2 电感元件 ·· 105

4.2 换路定律及初始值的计算 ······································ 108

4.2.1 动态电路的过渡过程 ·· 108

4.2.2 换路定律 ·· 109

4.2.3 初始值的计算 ··· 109

4.3 一阶电路的零输入响应 ·· 112

4.4 一阶电路的零状态响应 ·· 116

4.5 一阶电路的全响应 ·· 120

4.6 求解一阶电路的三要素法 ······································ 123

4.7 一阶电路的阶跃响应 ·· 131

4.7.1 阶跃函数 ·· 131

4.7.2 阶跃响应 ·· 133

*4.8 二阶电路的时域分析 ·· 137

4.8.1 RLC 串联电路的零输入响应 ························· 138

4.8.2 RLC 串联电路的零状态响应 ························· 142

习题4 ··· 143

第5章 正弦稳态电路分析 ·· 152

5.1 正弦信号的基本概念 ·· 152

5.1.1 正弦信号的三要素 ··· 152

5.1.2 相位差 ··· 155

5.1.3 周期信号的有效值 ··· 157

5.2 正弦信号的相量表示 ·· 158

5.2.1 复数的相关知识 ·· 159

5.2.2 用相量表示正弦信号 ·· 159

5.3 三种基本电路元件 VAR 的相量形式 ······················ 161

5.4 基尔霍夫定律的相量形式和电路的相量模型 ············ 164

5.4.1 基尔霍夫定律的相量形式 ··································· 164

5.4.2 电路的相量模型 ·· 165

5.5 阻抗与导纳 ·· 165

5.5.1 阻抗 ·· 165

5.5.2 导纳 ·· 166

　　5.5.3　无源单口正弦稳态电路的等效阻抗与导纳计算 ·········· 167

　5.6　正弦稳态电路的相量法分析 ················· 169

　　5.6.1　相量分析法的一般步骤 ················· 170

　　5.6.2　电路的基本分析法和电路定理在正弦稳态电路中的应用 ··· 171

　　5.6.3　正弦稳态电路的相量图分析 ··············· 175

　5.7　正弦稳态电路的功率 ···················· 177

　　5.7.1　单口网络的功率 ···················· 177

　　5.7.2　最大功率传输定理 ··················· 184

　*5.8　三相电路 ························· 187

　　5.8.1　三相电源 ······················ 187

　　5.8.2　对称三相电路的计算 ·················· 190

　习题5 ····························· 196

第6章　耦合电感和理想变压器 ·················· 205

　6.1　耦合电感 ························· 205

　　6.1.1　耦合电感的基本概念 ·················· 205

　　6.1.2　耦合电感的伏安关系 ·················· 207

　　6.1.3　互感线圈的同名端 ··················· 208

　6.2　耦合电感的去耦等效及含互感电路的分析 ·········· 209

　　6.2.1　耦合电感的串联等效 ·················· 210

　　6.2.2　耦合电感的T形去耦等效 ················ 211

　　6.2.3　含互感电路的相量法分析 ················ 213

　6.3　空芯变压器 ······················· 215

　6.4　理想变压器 ······················· 218

　　6.4.1　理想变压器的电路模型和变换特性 ············ 218

　　6.4.2　实现理想变压器的条件 ················· 223

　*6.5　铁芯变压器模型 ····················· 225

　习题6 ····························· 228

第7章　电路的频率特性 ····················· 235

　7.1　网络函数与频率特性 ··················· 235

　7.2　RC电路的频率特性 ···················· 237

　7.3　RLC串联谐振电路 ···················· 242

　7.4　RLC并联谐振电路 ···················· 252

　7.5　非正弦周期信号激励下电路的稳态响应 ··········· 259

　　7.5.1　周期信号分解为傅里叶级数 ··············· 259

　　7.5.2　非正弦周期信号激励下电路的稳态响应的计算 ······· 260

　　7.5.3　非正弦周期信号的有效值及电路的平均功率 ········ 263

　习题7 ····························· 266

附录　部分习题参考答案 ····················· 272

参考文献 ···························· 280

第 1 章　电路的基本概念和基本定律

电路理论分析的对象是电路模型，而不是实际电路。本章将首先介绍电路模型，认识电路分析的基本变量(电流、电压和电功率)，并引入参考方向的概念；接着重点阐述基尔霍夫定律、电阻元件和理想电源的定义及其伏安特性；最后介绍受控源及电位的计算。

1.1　电路和电路模型

若干电气设备或器件按照一定方式组合起来，构成电流的通路，叫做电路，有时也称为网络。实际电路一般是比较复杂的。为了便于分析，人们常采用模型化的方法，即在一定条件下将实际器件理想化，抽象为能表征其主要性能的理想化模型，然后对模型进行定量分析，求得分析结果。

1.1.1　电路的组成与功能

在现代工农业生产、科研、国防等领域以及日常生活中，使用着各种各样的电器设备，如机电设备、计算机、电子测量仪器、家用电器等，这些电器设备中都包含有电路。日常生活中使用的手电筒其电路就是一个最简单的电路，如图 1.1-1 所示。手电筒电路由电池、开关、导线和灯泡组成。电池是提供电能的器件，称为电源，它将其他形式的能量转换为电能；灯泡是用电器件，称为负载，它将电能转化为光能、热能等其他形式的能量；导线称为中间环节，它连接电源和负载，起着传输电能的作用。可见，一个照明电路由电源、中间环节和负载三部分组成。

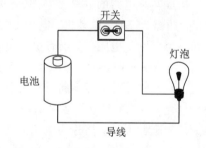

图 1.1-1　手电筒实际电路

电路的结构形式多种多样，大至长距离的电力输电线、通信网和计算机网等，小至芯片上的集成电路，但就其功能来说可归纳为两个方面：一是实现电能的传输、分配和转换功能；二是实现信号的传递与处理功能。电力系统是实现电能传输、分配和转换的典型例子，其组成框图如图 1.1-2(a)所示。图中，发电厂的发电机组是电源，是供应电能的设备，它将其他形式的能量(热能、水能等)转换成电能；变压器和输电线是中间环节，它们将电能输送给各用电负载；电灯、电动机、电炉等是用电负载，它们把电能转换为光能、机械能和热能等。扩音器是实现信号的传递和处理功能的典型例子，其电路示意图如图 1.1-2(b)所示。图中，话筒将声音转换为相应的电压和电流(称为电信号)，相当于电源，称为信号源；而后通过电路传递到扬声器，扬声器将处理后的电信号还原为声音，是一种负载；由于由话筒输出的电信号比较微弱，不足以推动扬声器发音，因此中间要用放大器放大。又如，收音机和电视机的接收天线(信号源)把载有语音、音乐、图像信息的电磁波接收后转换为相应的电信号，而后通过电路对信号进行传递和处理，送到扬声器或显像管（负载），还原出声音、图像等原始信息。因此，任何实际电路都可看成是由电源（或信号源）、中间环节和负载三部分组成的。

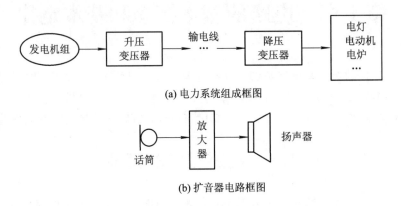

(a) 电力系统组成框图

(b) 扩音器电路框图

图 1.1-2   电路示意图

不论电能的传输和转换，还是信号的传递和处理，其中电源或信号源的电压或电流都称为激励，它推动电路工作；由激励在电路中任一部分产生的电压和电流都称为响应。所谓电路分析，就是在已知电路结构和元件参数的条件下，研究电路的激励和响应之间的关系。

1.1.2   电路模型

构成实际电路的电气元器件（统称为电路部件）种类繁多，如电阻器、电容器、电感线圈、变压器、灯泡、电动机、电炉、电池、晶体管等，它们的电磁性能一般是比较复杂的。例如一个实际的电阻器，当有电流流过时，一方面对电流呈现电阻性质，消耗电能；另一方面，电流流过时还会产生磁场，将电能转变为磁场能储存起来，因而还兼有电感的性质。因此，为了便于对实际电路进行分析和用数学方法描述，我们必须在一定条件下将实际器件理想化，忽略它的次要性质，用一个足以表征其主要性能的模型来表示，这种元件模型称为理想电路元件，简称为电路元件。电路分析中常用的三种最基本的理想电路元件模型符号如图 1.1-3 所示。其中，电阻元件只表示消耗电能的特征，当电流通过它时，它把电能转换为其他形式的能量；电感元件只表示储存磁场能量的特征；电容元件只表示储存电场能量的特征。此外还有理想电压源、理想电流源、受控源、耦合电感等理想电路元件，以后将陆续介绍。

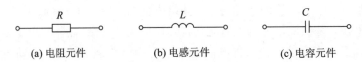

(a) 电阻元件   (b) 电感元件   (c) 电容元件

图 1.1-3   三种最基本的理想电路元件模型符号

各种实际电路部件都可以用理想电路元件来近似表征其性能。譬如，电阻器、灯泡、电炉的主要电磁性能是消耗电能，其电路模型可用图 1.1-3(a) 所示的理想电阻元件 R 来表示。又如，一个实际的电感器是金属导线在一个骨架上盘绕而成的。在低频条件下工作时，可以不考虑线圈的匝间分布电容，它表现出的电磁性能主要是储存磁能，以及绕制线圈的导线所消耗的电能，这种情况下的实际电感器的模型可用体现电能消耗的电阻 R 与体现磁能储存的电感 L 相串联来表示。随着工作频率的升高，分布电容的效应将逐渐表现出来。在高频条件下工作时，必须考虑分布电容的影响，这种情况下的实际电感器的电路模型可在 RL 串联电路的基础上并联一个电容 C 来表示。对于其他实际电路部件，都可类似地将其表示为应用条件下的模型，这里不一一列举。需强调说明的是，不同的实际电路部件，只要具有相同的主要电磁性能，在一定条件下就可用同一个理想电路元件模型表示。同一个实际电路部件在不同的应用条件下，其模型也可以有不同的形式。

任何一个实际电路都能用上面的理想元件模型通过适当连接组合而构成。例如，图 1.1-1 所示的手电筒实际电路可用图 1.1-4 所示的电路作为它的电路模型。图中，理想电压源 U_s 与电阻元件 R_s 串联组合作为电池的电路模型；电阻元件 R 为灯泡的电路模型；连接导线的电阻忽略不计，认为是理想导体，用线段表示。

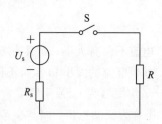

图 1.1-4　手电筒的电路模型

今后所提到的电路，除特别指明外，均指电路模型。电路分析的对象是电路模型，而不是实际电路。

还应指出，实际电路部件的运用一般都和电能的消耗现象及电、磁能的储存现象有关，它们交织在一起并发生在整个部件中。这里所谓的"理想化"指的是：假定这些现象可以分别研究，并且这些电磁过程都分别集中在各元件内部进行，这样的元件（电阻、电容和电感）称为集总参数元件，简称为集总元件。由这种理想的集总参数元件构成的电路称为集总参数电路。

一个实际电路要能用集总参数电路去近似，需满足如下条件：实际电路的几何尺寸 l（长度）远小于电路正常工作频率所对应的电磁波的波长 λ，即

$$l \ll \lambda \qquad (1.1-1)$$

其中

$$\lambda = \frac{c}{f} \qquad (1.1-2)$$

式中，c 为光速，$c = 3 \times 10^8$ m/s；f 为电路的工作频率。例如，我国电力用电的频率为 50 Hz，对应的电磁波波长为 6000 km，对于以此为工作频率的电路来说，其尺寸与这一波长相比可以忽略不计，因而可用集总参数这一概念。然而，对远距离输电线来说，则不满足上述条件，必须考虑电场、磁场沿线分布的现象，不能按集总参数电路来处理。本书只讨论集总参数电路。

1.2　电路分析的基本变量

在电路问题分析中，人们所关心的物理量是电流、电压和功率。本节将阐述这三个变量的基本概念，着重说明电流、电压的参考方向和功率正、负号的意义，为后续电路问题的分析奠定基础。

1. 电流

电荷有规则的定向运动形成电流。电流的大小用电流强度衡量。电流强度定义为：单

位时间内通过导体横截面的电荷量，用符号 $i(t)$ 表示。即

$$i(t) = \frac{\mathrm{d}q}{\mathrm{d}t} \tag{1.2-1}$$

式中，q 代表电荷量。在国际单位制中，电荷量的单位是库仑(C)，电流的单位是安培(A)（简称安），时间 t 的单位是秒(s)。电流常用的单位还有千安(kA)、毫安(mA)和微安(μA)，它们之间的换算关系是

$$1 \text{ kA} = 10^3 \text{ A}$$
$$1 \text{ mA} = 10^{-3} \text{ A}$$
$$1 \text{ }\mu\text{A} = 10^{-6} \text{ A}$$

电流不仅有大小，而且有方向。规定正电荷运动的方向为电流的真实方向。

如果电流的大小和方向不随时间变化，则这种电流称为恒定电流，简称直流(Direct Current，简写为 dc 或 DC)，常用大写字母 I 来表示。如果电流的大小和方向都随时间变化，则称为交变电流，简称交流(Alternating Current，简写为 ac 或 AC)。

在一些很简单的直流电路中(见图 1.2-1)，根据电源电压的极性，电流的真实方向为从电源正极流出，经电路流向电源负极，因此很容易判断出各支路电流的真实方向；在较复杂的直流电路中，如图 1.2-2 中 4 Ω 电阻支路的电流，其电流的真实方向就难以判断。此外，当电路中的电流为交流时，电流的真实方向不断改变，因此不可能在电路中用一个固定的箭头标明电流的真实方向。也就是说，当电路比较复杂或电路中的电流为交流时，电流的真实方向往往难以在电路图中标出。为了解决上述问题，我们引入参考方向这一概念。

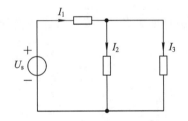
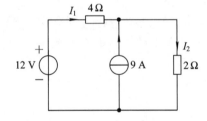

图 1.2-1　简单的直流电路　　　　图 1.2-2　较复杂的直流电路

电流的参考方向可以任意选定，并用箭头标在电路图上。我们规定：如果电流的真实方向与参考方向一致，则电流为正值；如果电流的真实方向与参考方向相反，则电流为负值。这样，电流的真实方向便可由电路图中标示的电流参考方向与计算所得电流值的正、负来表明。例如图 1.2-2 所示的电路，任意选定各支路电流参考方向标示于图中，应用物理学中的电学知识，列方程如下

$$I_1 + 9 = I_2$$
$$4I_1 + 2I_2 = 12$$

解得

$$I_1 = -1 \text{ A}, \quad I_2 = 8 \text{ A}$$

由此可知，I_1 支路电流的真实方向与参考方向相反，I_2 支路电流的真实方向与参考方向一致。显然，在未标示电流参考方向的情况下，电流的正负毫无意义，所以在求解电路时，必须首先选定电流的参考方向。

关于电流的参考方向，需说明以下两点：

（1）电路图中所标示的电流方向均为参考方向，而不是真实方向。

（2）参考方向可任意独立选定，但一经选定，在电路分析计算过程中就不再改变。

2. 电压

由物理学知识我们已经知道，电荷在电场中要受到电场力的作用，在电场力的作用下，电荷作有规则的定向移动，形成电流。处在电场中的电荷具有电位（势）能。当电荷由电路中的一点移至电路中的另一点时，电场力对电荷作了功，电荷的能量发生改变，能量的改变量只与这两点的位置有关，而与移动的路径无关。为了衡量电场力移动电荷作功的能力，我们引入"电压"这一物理量。

图 1.2-3 所示的电路中，a、b 两点间的电压表明了单位正电荷由 a 点移至 b 点能量的改变量，用符号 $u(t)$ 表示，写成数学表达式为

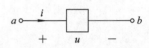

图 1.2-3　电压定义示意图

$$u(t) = \frac{\mathrm{d}w}{\mathrm{d}q} \qquad (1.2-2)$$

式中，$\mathrm{d}q$ 为由 a 点移至 b 点的电荷量，单位为库仑；$\mathrm{d}w$ 为电荷 $\mathrm{d}q$ 在转移过程中能量的改变量，单位为焦耳（J）；电压的单位为伏特（V）。电压常用的单位还有千伏（kV）、毫伏（mV）和微伏（μV），它们之间的换算关系是

$$1\ \mathrm{kV} = 10^{3}\ \mathrm{V}$$

$$1\ \mathrm{mV} = 10^{-3}\ \mathrm{V}$$

$$1\ \mu\mathrm{V} = 10^{-6}\ \mathrm{V}$$

如果正电荷由 a 点移到 b 点获得能量，即能量增加，则 a 点为低电位（负极），b 点为高电位（正极），电位升高，如图 1.2-4(a)所示；如果正电荷由 a 点移到 b 点失去能量，即能量减少，则 a 点为高电位（正极），b 点为低电位（负极），电位降低，如图 1.2-4(b)所示。

(a)　　　　　　　　　　　　　　(b)

图 1.2-4　电压极性说明图

与电流一样，电压不仅有大小，也有方向。规定电位降低的方向为电压的真实方向。

如果电压的大小和方向（极性）都不随时间变化，则称为恒定电压或直流电压，常用大写字母 U 表示。如果电压的大小和方向都随时间变化，则称为交流电压。

如同需要为电流选定参考方向一样，也需要为电压选定参考极性。电压的参考极性可以任意选定，在电路图中用"+"、"−"符号表示，如图 1.2-4 所示；或用带下标的电压符号表示，如电压 u_{ab} 表示电压 u 的参考方向为由 a 点指向 b 点，即 a 点为正极性端，b 点为负极性端，并且有

$$u_{ab} = -u_{ba} \qquad (1.2-3)$$

类似地，我们规定：如果电压的真实极性与参考极性一致，则电压为正值；如果电压的真实极性与参考极性相反，则电压为负值。这样，电压的真实极性便可由电路图中标示的电压参考极性与电压值的正、负来表明。再次强调说明，电路图中所标示的电流、电压

方向均为参考方向，不是真实方向；参考方向可以任意独立选定，一经选定，在电路分析计算过程中不应改变。

综上所述，在分析电路时，既要为通过元件的电流选定参考方向，又要为元件两端的电压选定参考极性，它们彼此可以独立无关地任意选定。但为了分析方便，常常采用关联的参考方向：电流的参考方向与电压降的参考方向一致，如图 1.2 - 5(a)所示。这样，在关联参考方向下，在电路图上就只需标出电流的参考方向或电压的参考极性，如图 1.2 - 5(b)、(c)所示。

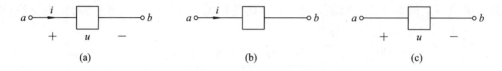

$$\text{(a)}\qquad\qquad\qquad\text{(b)}\qquad\qquad\qquad\text{(c)}$$

图 1.2 - 5　电压、电流关联的参考方向

3. 电功率

下面以图 1.2 - 6 所示的 ab 段电路来阐述功率的概念。当电路工作时，电场力推动电荷在电路中定向移动，电场力对电荷作功。电路在单位时间内吸收的能量称为电路的电功率，简称功率，即功率是衡量电路中能量变化速率的物理量，用符号 $p(t)$ 表示。功率的数学定义式为

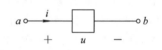

图 1.2 - 6　电压、电流参考方向
　　　　　　关联情况

$$p(t) = \frac{\mathrm{d}w}{\mathrm{d}t} \qquad (1.2 - 4)$$

将上式改变一下，有

$$p(t) = u\frac{\mathrm{d}q}{\mathrm{d}t}$$

因

$$u(t) = \frac{\mathrm{d}w}{\mathrm{d}q}$$

$$i(t) = \frac{\mathrm{d}q}{\mathrm{d}t}$$

故得

$$p(t) = ui \qquad (1.2 - 5)$$

式(1.2 - 5)表明，在电压、电流参考方向关联的条件下，一段电路在任一时刻 t 吸收的功率等于该时刻这段电路的端电压与端电流的乘积。功率的单位是瓦特(W)，简称瓦。常用的功率单位还有千瓦(kW)、毫瓦(mW)等。

如果电压、电流的参考方向非关联，如图 1.2 - 7 所示，则功率的计算公式应改为

$$p(t) = -ui \qquad (1.2 - 6)$$

因此，在计算功率时，应根据电压、电流参考方向是否关联来选用相应的计算功率的公式。

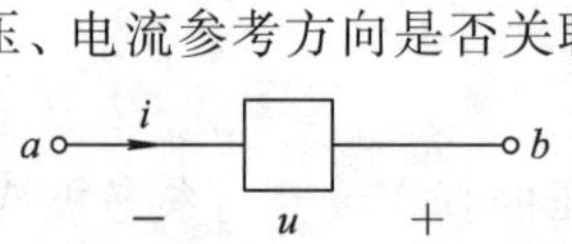

图 1.2 - 7　电压、电流参考方向非关联情况

当运用式(1.2-5)或式(1.2-6)计算一段电路的功率时，若算得的功率为正，$p>0$，则表明该段电路吸收功率；若算得的功率为负，$p<0$，则表明该段电路吸收负功率，亦即该段电路产生功率或提供功率。

【例 1.2-1】 元件情况如图 1.2-8 所示。

(1) 若元件 A 吸收的功率为 10 W，求电压 u_A。

(2) 若元件 B 产生的功率为 12 W，求电流 i_B。

图 1.2-8　例 1.2-1 用图

解　(1) 对图(a)所示的元件 A 来说，电压、电流参考方向关联，故由式(1.2-5)可得，元件 A 吸收的功率为

$$p_A = u_A i_A$$

将已知数据代入，有

$$10 = u_A \times 2 \quad \rightarrow \quad u_A = 5 \text{ V}$$

(2) 对图(b)所示的元件 B 来说，电压、电流参考方向非关联，故由式(1.2-6)可得，元件 B 吸收的功率为

$$p_B = -u_B i_B$$

将已知数据代入，有

$$-12 = -3i_B \quad \rightarrow \quad i_B = 4 \text{ A}$$

【例 1.2-2】 元件情况如图 1.2-9 所示，求两元件吸收或产生的功率。

图 1.2-9　例 1.2-2 用图

解　对图(a)，元件 C 的电压、电流参考方向关联，由式(1.2-5)得

$$p_C = u_C i_C = (-2) \times 1 = -2 \text{ W}$$

即元件 C 吸收功率-2 W，或者说元件 C 产生功率 2 W。

对图(b)，元件 D 的电压、电流参考方向非关联，由式(1.2-6)得

$$p_D = -u_D i_D = -3 \times (-2) = 6 \text{ W}$$

即元件 D 吸收功率 6 W。

【例 1.2-3】 电路如图 1.2-10 所示，已知 $i_1=3$ A，$i_3=-4$ A，$i_4=-1$ A，$u_1=10$ V，$u_2=4$ V，$u_3=-6$ V，试计算各元件吸收的功率。

解　元件 2、3、4 的电压、电流参考方向关联，故吸收功率

$$p_2 = u_2 i_1 = 4 \times 3 = 12 \text{ W}$$

$$p_3 = u_3 i_3 = -6 \times (-4) = 24 \text{ W}$$

$$p_4 = u_4 i_4 = (-u_3)i_4 = 6 \times (-1) = -6 \text{ W}$$

元件 1 的电压、电流参考方向非关联，故吸收功率

$$p_1 = -u_1 i_1 = -10 \times 3 = -30 \text{ W}$$

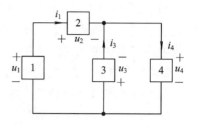

由此例可以看出，电路中各元件吸收功率的总和

$$\sum p_{吸收} = 12 + 24 = 36 \text{ W}$$

而产生功率的总和

$$\sum p_{产生} = -6 - 30 = -36 \text{ W}$$

图 1.2-10　例 1.2-3 用图

由此例可以看出，对一完整的电路来说，它产生的总功率等于吸收的总功率，或者说电路各部分吸收功率的代数和为零，这称为功率平衡。这一点根据能量守恒原理是很容易理解的。

本节我们阐述了电路分析中常用的电路变量——电流、电压和功率的基本概念，其中功率又可由电压、电流算得。因此，电路分析问题往往侧重于求解电流和电压。求解电流、电压时，必须先选定所求量的参考方向。原则上参考方向可以任意选定，不过为了避免计算公式中出现较多负号，习惯上凡是一看便知电流、电压真实方向的，就选定参考方向与真实方向一致；对于不易看出真实方向的，就任意选定参考方向。今后，在电路图中凡未同时标示电流、电压参考方向的，均采用关联的参考方向。

前面已经介绍了电流、电压和功率的国际制单位，也简单提及了它们的几种辅助单位，今后在学习和实际应用中还会遇到其他量的单位问题。表 1.2-1 给出了部分 SI（即国际单位制）词头，供读者换算单位时查阅。

表 1.2-1　部分国际单位制词头

因　　数	词　头　名　称		符　　号
	英文	中文	
10^9	giga	吉[咖]	G
10^6	mega	兆	M
10^3	kilo	千	k
10^{-3}	milli	毫	m
10^{-6}	micro	微	μ
10^{-9}	nano	纳[诺]	n
10^{-12}	pico	皮[可]	p

1.3　基尔霍夫定律

基尔霍夫定律概括了电路中电流和电压分别遵循的基本规律，是分析一切集总参数电路的根本依据。基尔霍夫定律包含两个内容：基尔霍夫电流定律和基尔霍夫电压定律。电路中所有连接在同一节点的各支路电流之间要受到基尔霍夫电流定律的约束，任一回路中的各支路（元件）电压之间要受到基尔霍夫电压定律的约束，这种约束关系与电路元件的特性无关，只取决于元件的互联方式，称为拓扑约束。在具体介绍基尔霍夫定律之前，下面

先介绍几个表述电路结构的常用术语。

（1）支路（branch）：由一个电路元件或多个电路元件串联构成电路的一个分支，这个分支上流经同一个电流，称为一条支路。图 1.3-1 所示的电路中有 6 条支路（$b=6$）。

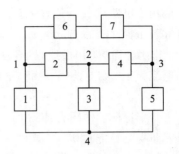

（2）节点（node）：电路中三条或三条以上支路的连接点称为节点。图 1.3-1 所示的电路中有 4 个节点（$n=4$）。

（3）回路（loop）：电路中由若干支路构成的任一闭合路径称为回路。图 1.3-1 所示的电路中，元件 1、2、3，元件 3、4、5，元件 1、2、4、5 等均构成回路。

图 1.3-1　说明电路术语用图

（4）网孔（mesh）：对于平面电路而言，其内部不包含支路的回路称为网孔。图 1.3-1 所示的电路中有 3 个网孔（$m=3$）。网孔一定是回路，但回路不一定是网孔。

1．基尔霍夫电流定律（KCL）

基尔霍夫电流定律（Kirchhoff's Current Law，简称 KCL）反映了电路中汇合到任一节点的各支路电流间相互制约的关系。它可表述为：对于集总参数电路中的任一节点而言，在任一时刻，流出（或流入）该节点的所有支路电流的代数和恒等于零。用数学式表达为

$$\sum_{k=1}^{m} i_k(t) = 0 \qquad (1.3-1)$$

式中，$i_k(t)$ 为流出（或流入）该节点的第 k 条支路的电流，m 为与该节点相连的支路数。式（1.3-1）称为节点电流方程，简写为 KCL 方程。建立 KCL 方程时，要根据各支路电流的参考方向是流出节点或是流入节点来决定在它们前面取"＋"号或"－"号。例如，对图 1.3-2 所示电路中的节点 a，若指定流出节点的电流取正号，则流入节点的电流就取负号，该节点的 KCL 方程为

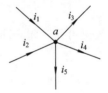

图 1.3-2　基尔霍夫电流定律示例用图

$$i_3 + i_4 + i_5 - i_1 - i_2 = 0$$

上式可改写为

$$i_3 + i_4 + i_5 = i_1 + i_2$$

可见，流出节点的电流等于流入节点的电流。于是 KCL 又可表述为：对于集总参数电路中的任一节点而言，在任一时刻，流出该节点的支路电流之和等于流入该节点的支路电流之和，即

$$\sum i_{出}(t) = \sum i_{入}(t) \qquad (1.3-2)$$

就其实质来说，基尔霍夫定律是电荷守恒定律在电路理论中的具体表述，它揭示了电路中电流的连续性。电荷在电路中流动，在任一点（包括节点），它既不能创造，也不会堆积和消失。因此，任一时刻流入节点的电荷必等于同一时刻流出节点的电荷，也就是流入节点的电流等于流出节点的电流。

KCL 不仅适用于电路中的任一节点，还可推广应用于电路中任一假设的闭合面，这种闭合面也称为电路的广义节点。图 1.3-3 所示的电路中，作闭合面 S，用虚线表示，若指定流入闭合面的电流为正，则对此闭合面列 KCL 方程有

$$i_1 - i_3 - i_5 = 0$$

特别提醒：作闭合面 S 时，闭合面所切割的每一条支路只能被切割一次。

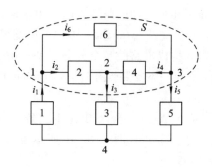

图 1.3-3　KCL 应用于闭合面 S

【**例 1.3-1**】　试求图 1.3-4 所示各电路中的未知电流。

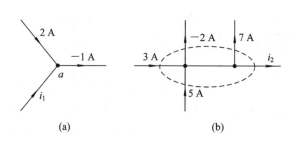

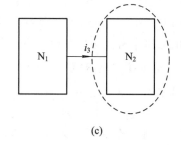

图 1.3-4　例 1.3-1 用图

解　对图(a)，对节点 a 列 KCL 方程为

$$2 + i_1 = -1 \quad \rightarrow \quad i_1 = -3 \text{ A}$$

对图(b)，可作一闭合面，如虚线所示，对闭合面列 KCL 方程有

$$3 + 5 = (-2) + 7 + i_2 \quad \rightarrow \quad i_2 = 3 \text{ A}$$

对图(c)，也可以作一闭合面，只有一条支路电流流入闭合面，根据 KCL，有

$$i_3 = 0$$

2. 基尔霍夫电压定律(KVL)

基尔霍夫电压定律(Kirchhoff's Voltage Law，简称 KVL)反映了一个回路中各支路（或各元件）电压之间相互制约的关系。它可表述为：对于集总参数电路中的任一回路而言，在任一时刻，沿选定的回路方向，该回路中所有支路（或元件）电压降的代数和恒等于零。用数学式表达为

$$\sum_{k=1}^{m} u_k(t) = 0 \qquad (1.3-3)$$

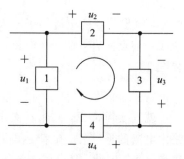

式中，$u_k(t)$ 为该回路中第 k 条支路（或第 k 个元件）上的电压，m 为该回路中所包含的支路数（或元件数）。式 (1.3-3) 称为回路电压方程，简写为 KVL 方程。建立 KVL 方程时，必须先对所考虑的回路选定一个绕行方向（称回路方向），并标示在电路图中。凡支路（或元件）电压的参考方向（电压降方向）与回路绕行方向一致的，该电压取正号，反之取负号。例如，对图 1.3-5 所示的

图 1.3-5　基尔霍夫电压定律示意图

电路，选回路的绕行方向为顺时针方向，标示于图中，该回路的 KVL 方程为

$$u_2 - u_3 + u_4 - u_1 = 0$$

上式可写为

$$u_2 + u_4 = u_1 + u_3$$

于是有 KVL 的另一种表述形式：对于集总参数电路中的任一回路而言，在任一时刻，沿选定的回路方向，各支路电压降之和等于各支路电压升之和，即

$$\sum u_{\text{降}}(t) = \sum u_{\text{升}}(t) \tag{1.3-4}$$

基尔霍夫电压定律是能量守恒定律在集总参数定律中的表现。由电压的定义容易理解 KVL 的正确性。单位正电荷从某点（如 a 点）出发，沿一回路绕行一周又回到原出发点 a，即 $u_{aa} = u_a - u_a = 0$，由 $u(t) = \dfrac{\mathrm{d}w}{\mathrm{d}q}$ 可知，单位正电荷的能量变化为零。这说明单位正电荷沿一个闭合回路绕行一周能量的得失总是平衡的，也即获得的能量总和与失去的能量总和相等。

KVL 不仅适用于由电路元件构成的具体回路，也可推广应用于任一想象的闭合回路。

【例 1.3 - 2】　如图 1.3 - 6 所示的电路，求 a、b 两点间的电压 U_{ab} 和 b、d 两点间的电压 U_{bd}。

解　先求 U_{ab}。选回路 A 如图所示，列 KVL 方程

$$U_{ab} + U_{bc} + U_{ca} = 0$$

解得

$$U_{ab} = -U_{ca} - U_{bc} = U_{ac} + U_{cb} = 1 + 2 = 3 \text{ V}$$

再求 U_{bd}。假设 b、d 间接有一条支路，选假想回路 B 如图所示，其 KVL 方程为

$$U_{bd} + U_{dc} + U_{cb} = 0$$

解得

$$U_{bd} = -U_{cb} - U_{dc} = U_{bc} + U_{cd}$$
$$= -2 + 3 = 1 \text{ V}$$

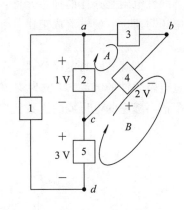

图 1.3 - 6　例 1.3 - 2 用图

也可选假想回路 $abdca$，对其列 KVL 方程，有

$$U_{bd} + U_{dc} + U_{ca} + U_{ab} = 0$$

解得

$$U_{bd} = -U_{ab} - U_{ca} - U_{dc} = U_{ba} + U_{ac} + U_{cd} = -3 + 1 + 3 = 1 \text{ V}$$

由此例可见：

(1) 集总参数电路中两点间的电压等于连接这两点间各支路电压的代数和。

(2) 任意两点间的电压值与计算电压时所选择的路径无关，电压具有单值性。这一结论可按电位的观点来理解，即单位正电荷由一点出发，沿着任意一条路径移至另一点，因这两点的电位不会发生变化，故这两点之间的电位差（电压）也就不会改变。

综上所述，KCL 是电荷守恒定律在集总参数电路中的表现，它反映了电路中各支路电流间的约束关系；KVL 是能量守恒定律在集总参数电路中的表现，它反映了电路中各支路电压间的约束关系。这两个定律仅与电路中元件的连接方式有关，与元件的特性无关。无论元件是线性的还是非线性的，是时变的还是非时变的，KCL 和 KVL 总是成立的。

1.4　电阻元件

电路是由各种理想电路元件（简称元件）相互连接组成的，各种元件都有精确的定义，且反映着电路中的某种物理现象。电路元件分为两大类：无源元件和有源元件。如果元件在所有时间 $t \geqslant -\infty$ 吸收的能量大于等于零，即不对外提供能量，则此元件称为无源元件；反之，称为有源元件。电阻元件是消耗电能的元件，是电路中常用的无源元件之一，是从实际电阻器抽象出来的模型。本节讨论电阻元件的电压与电流关系，即伏安关系（VAR），以及其功率和能量。

1. 电阻元件的伏安特性

一个二端元件，如果在任一时刻 t，其端电压 $u(t)$ 与端电流 $i(t)$ 之间的关系可用代数方程表示，则此二端元件称为电阻元件，简称电阻。描述其 u、i 关系的代数方程称为电阻元件的伏安特性或伏安关系。根据电阻元件的伏安特性是线性的还是非线性的，是时变的还是非时变的，电阻元件可分为线性电阻与非线性电阻、时变电阻与非时变电阻。本书只讨论线性非时变电阻。

线性电阻是这样的理想元件：当电压与电流取关联参考方向时，在任一时刻，其两端的电压与通过它的电流成正比，用公式表达为

$$u(t) = Ri(t) \tag{1.4-1}$$

式（1.4-1）就是欧姆定律公式。式中，$u(t)$ 为电阻元件两端的电压，单位为伏（V）；$i(t)$ 为通过电阻元件的电流，单位为安（A）；R 为电阻元件的电阻值，单位为欧姆（Ω），R 为常数，其阻值不随它的电压或电流数值变化。线性电阻元件的符号如图 1.4-1(a) 所示。

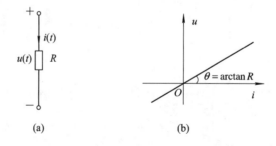

(a)　　　　　　　　(b)

图 1.4-1　线性电阻的电路符号及伏安特性

式（1.4-1）是描述电阻元件两端的电压与通过它的电流之间关系的代数方程，为电阻元件的伏安特性。由式（1.4-1）可绘出电阻元件的伏安特性曲线，如图 1.4-1(b) 所示，它是一条通过坐标原点的直线，直线的斜率为电阻 R，是一常数。

电阻的倒数称为电导，用符号 G 表示，即

$$G = \frac{1}{R} \tag{1.4-2}$$

在国际单位制中，电导的单位是西门子，简称西（S）。

应用电导参数来表示电阻元件的电流和电压之间的关系时，欧姆定律公式（1.4-1）可写为

$$i(t) = Gu(t) \tag{1.4-3}$$

电阻 R 和电导 G 都是电阻元件的参数，它们是反映电阻元件性能的互为倒数的两个参数，均可用以表示电压和电流之间的关系。电阻反映一个电阻元件对电流的阻力作用，而电导反映了电阻元件导电能力的大小。

如果电阻 R 上的电压电流的参考方向非关联，如图 1.4-2 所示，则欧姆定律公式(1.4-1)或式(1.4-3)应改写为

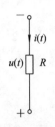

$$u(t) = - Ri(t) \tag{1.4-4}$$

或

$$i(t) = - Gu(t) \tag{1.4-5}$$

由欧姆定律公式或图 1.4-1(b)所示的电阻元件的伏安特性曲线可见，在任一时刻 t，线性电阻的电压(或电流)是由该时刻的电流(或电压)所决定的。也就是说，

图 1.4-2　线性电阻的电压、电流参考方向非关联

线性电阻的电压(或电流)不能记忆电流(或电压)在历史上(t 时刻以前)起过的作用。所以，电阻元件是无记忆元件，又称为即时元件。

电阻值随着其上的电压或电流的大小甚至方向改变，不是常数，这类电阻元件称为非线性电阻。非线性电阻的伏安特性曲线不是一条通过原点的直线，而是曲线。例如半导体二极管，其电路符号和伏安特性如图 1.4-3 所示。二极管的伏安特性曲线是一条曲线，各时刻的电压 u 与电流 i 之比不为常数，故它是一个非线性电阻。

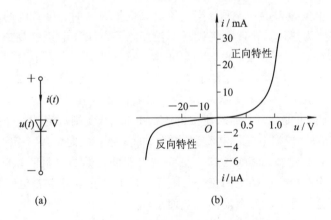

图 1.4-3　二极管的电路符号及伏安特性

2. 电阻元件的功率与能量

在电压、电流参考方向关联的条件下，由功率计算式(1.2-5)，并结合欧姆定律公式(1.4-1)或式(1.4-3)，可得线性电阻 R 吸收的功率为

$$p(t) = u(t)i(t) = Ri(t) \cdot i(t) = Ri^2(t) \tag{1.4-6}$$

或

$$p(t) = u(t)i(t) = u(t) \cdot Gu(t) = Gu^2(t) \tag{1.4-7}$$

在直流电路中，以上两式可写为

$$P = UI = RI^2 = GU^2 \tag{1.4-8}$$

从上述计算式可看出，电阻元件吸收的功率与通过元件的电流的平方或元件的端电压的平方成正比。若电阻 $R \geqslant 0$，则任一时刻它吸收的功率 $p(t) \geqslant 0$，这说明电阻元件是一个消耗电能的元件，它将电能转换成其他形式的能量（如光能、热能、机械能等）。

下面再来讨论电阻元件消耗的能量。根据功率的数学定义式（1.2-4）可导出

$$dw = p(t)\,dt$$

设 t_0 时刻元件的能量为 $w(t_0)$，t 时刻元件的能量为 $w(t)$，对上式从 t_0 到 t 积分，可求得在时间段 $[t_0, t]$ 内元件吸收的能量为

$$w(t) = \int_{t_0}^{t} p(\zeta)\,d\zeta \tag{1.4-9}$$

如果 $w(t) \geqslant 0$，则此元件称为无源元件，亦即无源元件从不向外提供能量；反之，则称为有源元件。对于电阻元件，将其功率计算式（1.4-6）或式（1.4-7）代入，得在时间段 $[t_1, t_2]$ 内电阻元件消耗（或吸收）的能量为

$$w_R = \int_{t_1}^{t_2} p_R(t)\,dt = \int_{t_1}^{t_2} Ri^2(t)\,dt = \int_{t_1}^{t_2} Gu^2(t)\,dt \tag{1.4-10}$$

若 R 为正电阻，则它吸收的能量 $w_R \geqslant 0$，所以正电阻元件是无源元件。显然，负电阻元件属有源元件。

通常，"电阻"一词指具有正实常数 R 的线性正电阻。

顺便指出，虽然能量的单位为焦耳（J），但在电力系统中，常用"千瓦时"作为电能的计量单位。1 kW 的用电器具通电使用 1 小时（1 h）所消耗的电能为 1 千瓦时（1 kW·h），即日常生活中所指的 1 度电。

最后介绍一下电气设备的额定值。当电流通过电气设备时，设备内的电阻将消耗一定的能量，把电能转变为热能，导致电气设备的温度增高。如果电压过高或电流过大，则设备发热过度还会被烧坏。为了保证电气设备正常工作，制造厂家在电气设备的铭牌上都要标出电压、电流或功率的限额，称为额定值。例如，一只灯泡上标明"220 V，40 W"，说明这只灯泡应接 220 V 电压，消耗功率为 40 W。如果所接电压超过 220 V，则灯泡消耗功率大于 40 W，灯泡就有可能烧坏；如果所接电压低于 220 V，则灯泡消耗功率小于 40 W（较暗），也属使用不合理。根据电压、电流和功率间的关系，额定值不一定全部给出。例如，电灯泡通常只给出额定电压和额定功率，许多电阻器件只标明电阻值和额定功率。在实际选用电阻器件时，除选择合适的电阻值外，还要考虑其额定功率，若电阻器件使用时所消耗的能量大于其额定功率，就可能因过热而损坏。

【例 1.4-1】　一个"4 kΩ，10 W"的电阻器，在使用时电压、电流不能超过多大的数值？若把这个电阻器接在 220 V 的直流电源上，它能否正常工作？

解　由 $P = \dfrac{U^2}{R}$，得

$$U = \sqrt{PR} = \sqrt{10 \times 4 \times 10^3} = 200\ \text{V}$$

又由 $P = I^2 R$，得

$$I = \sqrt{\frac{P}{R}} = \sqrt{\frac{10}{4 \times 10^3}} = 50\ \text{mA}$$

故在使用时电压不得超过 200 V，电流不得超过 50 mA。若把这个电阻器接在 220 V 的直流电源上，则此时电阻器的功率为

$$P' = \frac{U^2}{R} = \frac{220^2}{4 \times 10^3} = 12.1 \text{ W}$$

P' 超过了其额定功率 10 W，就有可能使电阻器烧坏，所以不能这样使用。

【例 1.4 - 2】　某家庭有 3 盏"220 V，40W"的照明灯，平均每天使用 4 小时，每月（按30 天计算）该家庭照明用电多少度？

解　前面已介绍，1 度电＝1 千瓦时(kW·h)，是计量电能的一种单位。由此，可计算出该家庭每月的照明用电为

$$W = Pt = 40 \times 3 \times 4 \times 30 = 14\,400 \text{ W} \cdot \text{h} = 14.4 \text{ kW} \cdot \text{h}$$

即 14.4 度电。

【例 1.4 - 3】　电路如图 1.4 - 4 所示，求电阻 R。

解　由欧姆定律可知，要求电阻 R，需计算其端电压和电流。为了分析方便，设流过电阻 R 的电流为 I_R，流过电阻 4 Ω 的电流为 I_1，参考方向如图 1.4 - 4 所示。由 KVL 得电压 U_{ab} 为

$$U_{ab} = -3 \times 2 + 10 = 4 \text{ V}$$

应用电阻元件的伏安关系，有

$$I_1 = \frac{U_{ab}}{4} = \frac{4}{4} = 1 \text{ A}$$

对节点 a 列 KCL 方程，可得

$$I_R = 3 - I_1 = 3 - 1 = 2 \text{ A}$$

根据欧姆定律，求得电阻

$$R = \frac{U_{ab}}{I_R} = \frac{4}{2} = 2 \text{ Ω}$$

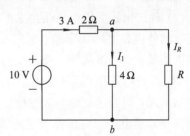

图 1.4 - 4　例 1.4 - 3 用图

1.5　理　想　电　源

众所周知，一个电路要工作，必须有电源提供能量。按功能的不同，电源一般分为两类：一类是为电路提供能量的能量源，如干电池、蓄电池和发电机等；另一类是向电路输入的信号，称为信号源，如电子电路中的交流信号。无论是能量源还是信号源，它们都是电路的激励，统称为激励源，又称为独立源。根据电源元件的不同特性，激励源有两种电路模型：一种用电压形式来表示，称为电压源；另一种用电流形式来表示，称为电流源。本节所要讲述的理想电源，在一定条件下是从实际电源抽象出来的理想模型。

1. 理想电压源

理想电压源是一个二端元件，其端电压为一恒定值 U_s（直流电压源）或是一定的时间函数 $u_s(t)$，与流过它的电流（端电流）无关。其电路符号如图 1.5 - 1 所示。

根据理想电压源的定义，在图 1.5 - 1 所示的参考方向下，对任意端电流 $i(t)$，理想电压源的端电压 $u(t)$ 为

$$u(t) = u_s(t) \qquad (1.5 - 1)$$

在任一时刻 t，理想电压源的端电压与端电流的关系曲线（称为伏安特性）如图 1.5 - 2所示。它是一条平行于 i 轴的直线，表明任一时刻理想电压源的端电压与端电流无关。

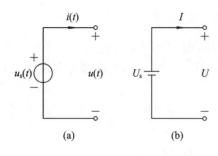

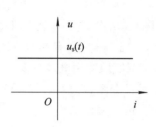

图 1.5-1　理想电压源的电路符号　　　　图 1.5-2　理想电压源的伏安特性

为了深刻理解理想电压源的概念，这里归纳如下三点：

(1) 理想电压源的端电压（又称源电压）是定值 U_s 或是一定的时间函数 $u_s(t)$，与流过它的电流无关，即与外电路无关。

(2) 理想电压源的电压是由它本身确定的，而流经它的电流（端电流）是由它以及与之相连接的外电路共同决定的。电流可从不同的方向流过电压源，因此电压源既可以对外电路提供能量，也可以从外电路接受能量，视电流的方向而定，故它是一种有源元件。

(3) 理想电压源在 $u_s(t)=0$ 的特殊情况下，相当于"短路"。当然，这种情形在电路中不应当出现，因为这与建立理想电压源模型所作的假设相矛盾。但在叠加定理的应用中，会遇到令理想电压源电压等于零的情形。

需要说明的是，将 $u_s(t)$ 不相等的理想电压源并联是没有意义的，因为违背了 KVL。

由于理想电压源允许端电流 $i(t)$ 为任意值，因此若 $i(t)$ 为无穷大，则意味着它可以提供无穷大的功率，是一个无穷大的功率源，显然，这种理想电压源实际上是不存在的。然而，对于某些实际电源（如市电电网、容量很大的蓄电池），当外电路负载在一定范围内变化时，可以保持端电压基本不变，理想电压源可作为实际电源的近似模型。在某些场合，若不能把实际电源看做理想电源，则可用理想电压源串联一电阻或理想电流源并联一电阻作为其模型。关于实际电源模型，将在第 2 章中讨论。

2. 理想电流源

理想电流源是另一种理想电源，它也是从实际电源抽象出来的理想模型。

理想电流源是一个二端元件，其输出电流为一恒定值 I_s（直流电流源）或是一定的时间函数 $i_s(t)$，与端电压无关。其电路符号如图 1.5-3 所示。

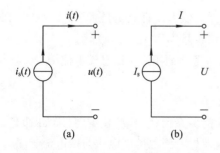

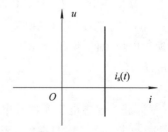

图 1.5-3　理想电流源的电路符号　　　　图 1.5-4　理想电流源的伏安特性

根据理想电流源的定义，在图 1.5-3 所示的参考方向下，对任意端电压 $u(t)$，理想电流源的端电流为

$$i(t) = i_s(t) \qquad\qquad (1.5-2)$$

在任一时刻 t，理想电流源的伏安特性如图 1.5-4 所示。它是一条平行于 u 轴的直线，表明任一时刻理想电流源的端电流与端电压无关。

为了深刻理解理想电流源的概念，这里归纳如下三点：

(1) 理想电流源的输出电流（又称源电流）是一定值 I_s 或是一定的时间函数 $i_s(t)$，与端电压无关，即与外电路无关。

(2) 理想电流源的电流是由它本身确定的，而它两端的电压是由它以及与之相连接的外电路共同决定的。理想电流源的两端电压可以有不同的极性，因此它既可以向外电路提供能量，也可以从外电路接受能量，视其两端电压的极性而定，故理想电流源是一种有源元件。

(3) 理想电流源在 $i_s(t)=0$ 的特殊情况下相当于"开路"。当然，这种情形在电路中不应当出现，因为这与建立理想电流源模型所作的假设相矛盾。但在叠加定理的应用中，会遇到令理想电流源电流为零的情形。

还需说明的是，将 $i_s(t)$ 不相等的理想电流源串联是没有意义的，因为违背了 KCL。

理想电流源实际上也是不存在的，其道理与理想电压源类似。但是，实际中有一些电源（如光电池电源、电子线路中晶体管的输出电流）在一定条件下，可以近似地用一个理想电流源表示。

【例 1.5-1】　图 1.5-5 所示的电路中，虚线框部分为与理想电流源相连接的外电路，已知 $I_s=8\ \text{A}$，试计算图(a)和图(b)所示电路中理想电流源的端电流 I 和端电压 U。

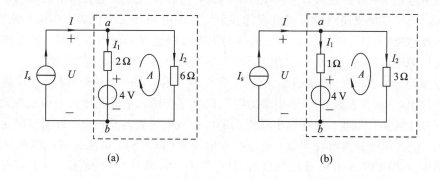

(a)　　　　　　　　　　　(b)

图 1.5-5　例 1.5-1 用图

解　(1) 对图(a)，理想电流源的端电流为

$$I = I_s = 8\ \text{A}$$

其端电压可这样求取。选回路 A 如图(a)所示，应用 KVL，有

$$6I_2 - 4 - 2I_1 = 0$$

对节点 a 列 KCL 方程

$$I_1 + I_2 = I_s = 8\ \text{A}$$

解以上二式得

$$I_1 = 5.5\ \text{A}, \quad I_2 = 2.5\ \text{A}$$

故理想电流源的端电压为

$$U = 6I_2 = 6 \times 2.5 = 15 \text{ V}$$

（2）对图（b），理想电流源的端电流为

$$I = I_s = 8 \text{ A}$$

其端电压的求取方式与图（a）相同。选回路 A 如图（b）所示，列 KVL 方程，有

$$3I_2 - 4 - 1I_1 = 0$$

对节点 b 列 KCL 方程

$$I_1 + I_2 = I_s = 8 \text{ A}$$

联立求解，得

$$I_1 = 5 \text{ A}, \quad I_2 = 3 \text{ A}$$

故理想电流源的端电压为

$$U = 3I_2 = 3 \times 3 = 9 \text{ V}$$

由此例可看出，理想电流源的端电流不随外电路改变，总保持定值 $I_s = 8$ A，而其两端电压 U 随外电路变化。

1.6 受 控 源

前面讨论的理想电压源和理想电流源都是独立电源，简称独立源。所谓独立，是指理想电压源的电压或理想电流源的电流是由自身决定的，是独立存在的，与相连接的外电路无关。

在电子电路中，常会遇到另一种性质的电源，它们的电压或电流不由其自身决定，而是受同一电路中其他支路的电压或电流的控制，这种电源称为受控源，亦称非独立电源，也是一种理想电路元件。例如，晶体三极管的集电极电流受基极电流控制，场效应管的漏极电流受栅源电压控制，所以在这类电子器件的电路模型中都要用到受控源。

受控源是一种双口元件（或四端元件），它有两个端口，一个是输入端口（控制端口），另一个是输出端口（受控端口）。输出端的电压或电流受输入端的电压或电流的控制。输入端的电压或电流是控制量，而在输出端得到的电压或电流则是受控量。根据控制量和受控量的不同，受控源可分为四种类型：电压控制电压源（VCVS）、电流控制电压源（CCVS）、电压控制电流源（VCCS）和电流控制电流源（CCCS），如图 1.6 - 1 所示。为了与理想电源（独立源）相区别，受控源用菱形符号表示。下面对这四种受控源作一简要介绍。

图 1.6 - 1(a)是电压控制电压源（VCVS）。这种理想受控源，其输出端的电压受输入端的电压控制。也就是说，如果输入端（控制端）的电压为 u_1，那么输出端（受控端）的电压为

$$u_2 = \mu u_1$$

式中，μ 是控制系数，无量纲，称为转移电压比。

图 1.6 - 1(b)是电流控制电压源（CCVS）。这种理想受控源，其输出端的电压 u_2 受输入端的电流 i_1 控制，表示为

$$u_2 = \gamma i_1$$

式中，γ 是控制系数，具有电阻的量纲，称为转移电阻。

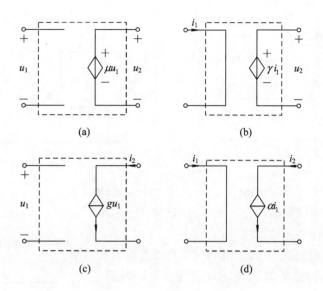

图 1.6 - 1　四种理想受控源模型

图 1.6 - 1(c)是电压控制电流源(VCCS)。这种理想受控源，其输出端的电流 i_2 受输入端的电压 u_1 控制，表示为

$$i_2 = gu_1$$

式中，g 是控制系数，具有电导的量纲，称为转移电导。

图 1.6 - 1(d)是电流控制电流源(CCCS)。这种理想受控源，其输出端的电流 i_2 受输入端的电流 i_1 控制，表示为

$$i_2 = \alpha i_1$$

式中，α 是控制系数，无量纲，称为转移电流比。

由图 1.6 - 1 可见，凡输入端的控制量是电压的受控源，其控制支路是开路的，说明这类受控源输出端的电压或电流只取决于输入端的电压，而不取决于输入端的电流；凡输入端的控制量是电流的受控源，其控制支路是短路的，说明这种受控源输出端的电压或电流只取决于输入端的电流，而不取决于输入端的电压。

若受控源的控制系数(μ、γ、g、α)是常数，受控量与控制量成正比，则称此类受控源为线性受控源。本书中所涉及到的受控源均为线性受控源。为表述简明，一般略去线性二字，称为受控源。

还应指出，独立源和受控源在电路中的作用完全不同。独立源作为电路的输入，代表着外界对电路的激励作用，是实际电路中电能量或电信号的理想化模型；受控源是用来表征在电子器件中所发生的物理现象的一种模型，它反映了电路中某处的电压或电流对另一处的电压或电流的控制关系，它不是电路的激励。

为了简便，受控源不一定要专门画成图 1.6 - 1 所示的形式，一般只要在电路图中画出受控源的符号并标明控制量的位置及参考方向即可。例如，图 1.6 - 2(a)所示的含受控源电路可以改画成图 1.6 - 2(b)所示的形式。显然，图 1.6 - 2(b)比图 1.6 - 2(a)简单明了。

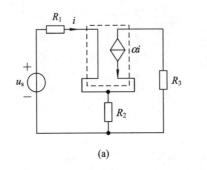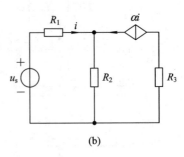

图 1.6 - 2　含受控源电路的习惯画法

【例 1.6 - 1】　电路如图 1.6 - 3 所示，已知 $I_s = 5$ A。

（1）试求电路中各元件的功率；

（2）若将独立电流源 I_s 从 ab 端断开，再求受控源的功率。

　解　（1）选回路 A 如图所示，应用 KVL 列写方程，有

$$2I_2 + 10I_1 - 3I_1 = 0$$

又对节点 a 列 KCL 方程

$$I_s = I_1 + I_2$$

将 $I_s = 5$ A 代入，解以上二式得

$$I_1 = -2 \text{ A}, \quad I_2 = 7 \text{ A}$$

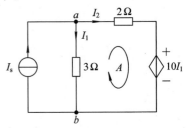

图 1.6 - 3　例 1.6 - 1 用图（一）

于是可求得各元件功率如下：

独立源：

$$P_{I_s} = -U_{ab}I_s = -3I_1 \cdot I_s = -3 \times (-2) \times 5 = 30 \text{ W} \qquad \text{（吸收功率）}$$

受控源：

$$P_{10I_1} = 10I_1 \cdot I_2 = 10 \times (-2) \times 7 = -140 \text{ W} \qquad \text{（产生功率）}$$

电阻元件：

$$P_{3\,\Omega} = 3I_1^2 = 3 \times (-2)^2 = 12 \text{ W} \qquad \text{（消耗功率）}$$

$$P_{2\,\Omega} = 2I_2^2 = 2 \times 7^2 = 98 \text{ W} \qquad \text{（消耗功率）}$$

　由以上计算可看出，电路中产生的功率等于吸收与消耗的功率之和，功率平衡，说明计算结果正确。

　（2）将独立电流源 I_s 从 ab 端断开，电路如图 1.6 - 4 所示。根据 KCL，显然有

$$I_1 + I_2 = 0 \quad \rightarrow \quad I_2 = -I_1$$

对回路列 KVL 方程为

$$2I_2 + 10I_1 - 3I_1 = 0$$

将 $I_2 = -I_1$ 代入上式，得

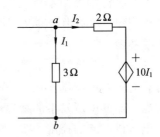

图 1.6 - 4　例 1.6 - 1 用图（二）

$$5I_1 = 0 \quad \rightarrow \quad I_1 = 0$$

受控源功率为

$$P_{10I_1} = 10I_1 \cdot I_2 = 0$$

本例表明，受控源虽然也能向外输出功率(如例1.6-1(1))，但它的这种作用依赖于同一电路中的独立源。如果电路中没有独立源(如例 1.6-1(2))，则受控源的控制量为零，无功率输出。

1.7　电路中电位的概念及计算

在电路分析中，特别是在电子电路的分析中，常应用电位这个概念。

什么是电位呢？单位正电荷处在一定位置上所具有的电场能量之值即为电位。它类似于物体在地球引力场中处在一定高度时，该物体所具有的势能(亦称位能)。决定物体势能大小的高度，是相对于地平面或海平面这一参照系来说的。同样，电路中的电位也是相对于某一参考点而言的。参考点是指定的零电位点。在电力工程中，常选大地为参考点，即认为大地的电位为零。在实际电气、电子设备中，机壳、衬底往往与接地极相连，常选其作为参考点，称为接"地"点。参考点一般用符号"⊥"表示。

电路中某点的电位就是该点对参考点的电压。因此，计算电路中各点电位时，必须首先指定一个参考点，参考点的电位为零。当然，参考点可视情况任意指定，一旦指定，则不再变更。

【例 1.7-1】　电路如图 1.7-1 所示。

(1) 试以 d 点为参考点，如图 1.7-1(a)所示，计算 a 点和 b 点的电位，以及 ab 两点间的电压。

(2) 若改以 b 点为参考点，如图 1.7-1(b)所示，重新进行上述计算。

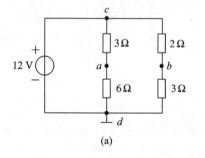 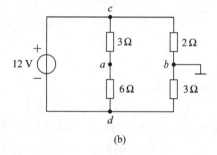

图 1.7-1　例 1.7-1 用图

解　(1) 若以 d 点为参考点，如图(a)所示，则 d 点电位为零，$U_d = 0$。a、b 点的电位是 a、b 两点到参考点的电压，分别记为 U_a 和 U_b，应用电阻分压公式，得

$$U_a = U_{ad} = \frac{6}{3+6} \times 12 = 8 \text{ V}$$

$$U_b = U_{bd} = \frac{3}{2+3} \times 12 = 7.2 \text{ V}$$

ab 两点间的电压等于这两点的电位之差，即

$$U_{ab} = U_a - U_b = 8 - 7.2 = 0.8 \text{ V}$$

(2) 若改以 b 点为参考点，如图(b)所示，则 b 点的电位为零，$U_b = 0$。由电阻分压公式，得 a 点的电位为

$$U_a = U_{ab} = U_{ad} + U_{db} = U_{ad} - U_{bd} = \frac{6}{3+6} \times 12 - \frac{3}{2+3} \times 12 = 0.8 \text{ V}$$

ab 两点间的电压为

$$U_{ab} = U_a - U_b = 0.8 - 0 = 0.8 \text{ V}$$

通过上例分析，关于电位的概念及计算，我们简要归纳如下几点：

（1）电路中某点的电位等于该点与参考点（零电位点）之间的电压。所以，计算电路中某点的电位时，一定要有确定的参考点。

（2）参考点可视情况任意指定，并标上"接地"符号"⊥"，这里的"地"并非真正的大地。参考点的电位为零。

（3）任意两点间的电压值等于这两点的电位之差。

（4）参考点选得不同，电路中的电位值也随之不同（电位与参考点有关），但电路中任意两点之间的电压值不因所选参考点的不同而改变，即电压与参考点的选取无关。

【例 1.7-2】　电路如图 1.7-2 所示，求 A 点电位 U_A 和 B 点电位 U_B。

解　本题已选 C 点为参考点。若以 C 点为内点画一封闭面，由 KCL 可知，BC 支路电流为零，于是 B 点电位，即 B 点到参考点的电压为

$$U_B = U_{BC} = 6 \text{ V}$$

下面求 A 点的电位 U_A。选回路 1 如图所示。由于 BC 支路电流为零，所以回路 1 中流过各元件的电流是同一电流，设为 I，应用 KVL，有

$$1I + 6 - 3 + 2I = 0$$

解得

$$I = -1 \text{ A}$$

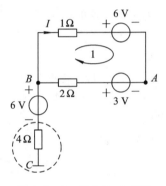

图 1.7-2　例 1.7-2 用图

A 点电位为 A 点到参考点的电压，它等于自 A 点到参考点的任一条路径上各段电路电压的代数和，所以有

$$U_A = U_{AB} + U_{BC} = -3 + 2I + 6 = -3 + 2 \times (-1) + 6 = 1 \text{ V}$$

这里顺便介绍电子电路的习惯画法。为了使电路图简明，对于有一端接地（接参考点）的电压源，不画出电源符号，而只在电压源的非接地一端处标明电源的电压值和极性。例如，图 1.7-3(a) 所示的电路可画为图 (b) 所示的形式。

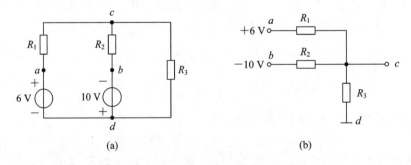

图 1.7-3　用电位表示的电路简图

【例 1.7-3】　电路如图 1.7-4 所示，求 A 点电位 U_A。

解　设备支路的电流参考方向如图 1.7 - 4 所示。对 A
点列写 KCL 方程,有

$$I_1 = I_2 + I_L$$

由电阻元件的伏安关系,得

$$I_1 = \frac{12 - U_A}{R_1} = \frac{12 - U_A}{10}$$

$$I_2 = \frac{U_A - (-12)}{R_2} = \frac{U_A + 12}{5}$$

$$I_L = \frac{U_A}{R_L} = \frac{U_A}{20}$$

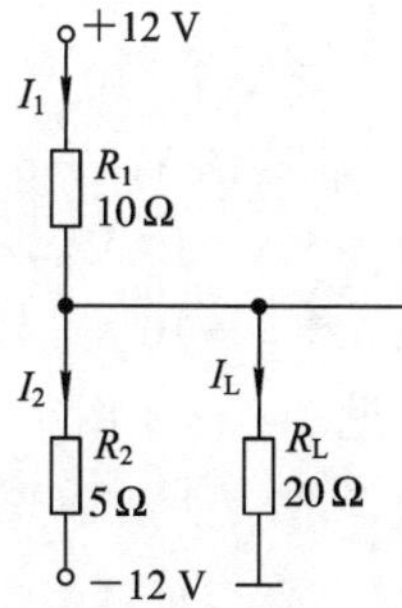

将以上三式代入已列的 KCL 方程中,得

$$\frac{12 - U_A}{10} = \frac{U_A + 12}{5} + \frac{U_A}{20}$$

解得

$$U_A = -\frac{24}{7} \approx -3.43 \text{ V}$$

图 1.7 - 4　例 1.7 - 3 用图

U_A 为负值,表示 A 点的电位低于参考点(接地点)的电位。

习　题　1

1-1　填空题。

(1) 若干电气设备或器件按照一定方式组合起来,构成电流的通路,称为_____。

(2) 电流的真实方向规定为_____运动的方向。

(3) 电路图中所标示的电流电压方向均为_____。

(4) 关联参考方向是指_____与_____一致。

(5) 当电路中某支路的电流为零时,则该支路可看成_____;当电路中 A、B 两点
间的电压值为零时,则 A、B 两点可看成_____。

(6) 电路中 A、B 两点的电位差,称为 A、B 两点之间的_____。

(7) 电路中 A 点的电位就是该点对参考点的_____。

(8) 若电压、电流参考方向关联,则元件的功率 $p = $_____;若 $p > 0$,则表明该元
件_____,若 $p < 0$,则表明该元件_____。

(9) 受控源可分为四种类型,分别是_____、_____、_____、_____。

1-2　选择题。

(1) 一个 220 V、40 W 的白炽灯,如果每天用电 5 小时,那么一个月(按 30 天计)用电
量为(　　　)。

(A) 6 度　　　　　(B) 12 度

(C) 20 度　　　　　(D) 30 度

(2) 题 1 - 2 - 2 图所示电路,电压源功率为(　　　)。

(A) 9 W　　　　　(B) 0 W

(C) 12 W　　　　　(D) 16 W

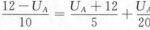

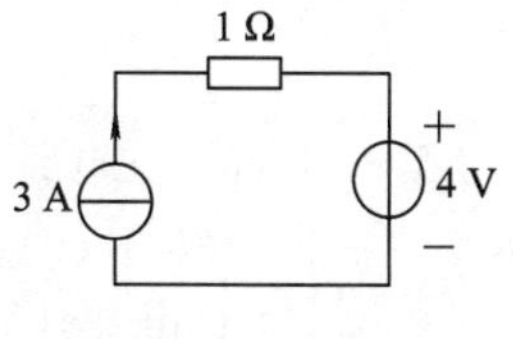

题 1 - 2 - 2 图

(3) 题 1-2-3 图所示为一局部电路，U_a、U_b、U_{ab} 分别为(　　　　)。

(A) -5 V，-10 V，5 V

(B) 5 V，10 V，-5 V

(C) -5 V，10 V，-15 V

(D) 5 V，-10 V，15 V

(4) 题 1-2-4 图所示电路，电流 I 为(　　　　)。

(A) 2 A　　　　(B) 5 A　　　　(C) 3 A　　　　(D) 1 A

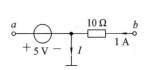

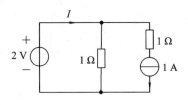

题 1-2-3 图　　　　　　　　　　题 1-2-4 图

(5) 题 1-2-5 图所示电路，电压 U 为(　　　　)。

(A) 30 V　　　　(B) 20 V　　　　(C) 10 V　　　　(D) 40 V

(6) 题 1-2-6 图所示电路，电压 U_{ab} 为(　　　　)。

(A) 0 V　　　　(B) 8 V　　　　(C) 16 V　　　　(D) 4 V

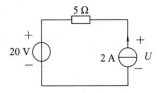

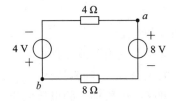

题 1-2-5 图　　　　　　　　　　题 1-2-6 图

(7) 题 1-2-7 图所示电路，A 点电位 U_A 为(　　　　)。

(A) 2 V　　　　(B) 3 V　　　　(C) 4 V　　　　(D) 12 V

(8) 题 1-2-8 图所示电路，负载吸收的功率 P 等于(　　　　)。

(A) 5 W　　　　(B) 10 W　　　　(C) 20 W　　　　(D) 25 W

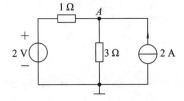

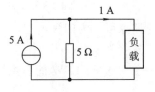

题 1-2-7 图　　　　　　　　　　题 1-2-8 图

1-3　若流过电路中某点的电流为 $i(t)=2e^{-2t}$ A$(t \geqslant 0)$，试求流经该点电荷 $q(t)$ 的表达式，并求 $t=0.5$ s 时流过该点的总电荷。

1-4　1 C 电荷从 a 点移到 b 点时，能量的改变量为 12 J，试求如下条件下 a、b 两点间的电压 U_{ab}：

（1）若电荷为正且失去能量；

（2）若电荷为正且获得能量；

（3）若电荷为负且失去能量；

（4）若电荷为负且获得能量。

1-5　各元件情况如题 1-5 图所示。

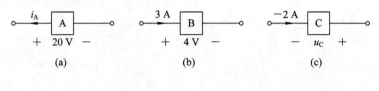

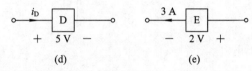

题 1-5 图

（1）若元件 A 吸收的功率为 30 W，求 i_A；

（2）求元件 B 吸收的功率；

（3）若元件 C 产生的功率为 10 W，求 u_C；

（4）若元件 D 产生的功率为 -10 W，求 i_D；

（5）求元件 E 吸收的功率。

1-6　试求题 1-6 图所示各电路中的未知电流。

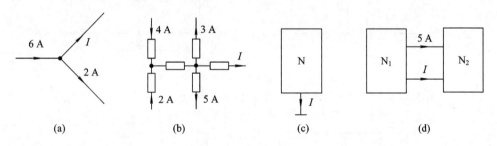

题 1-6 图

1-7　试求题 1-7 图所示两电路中的未知电压。

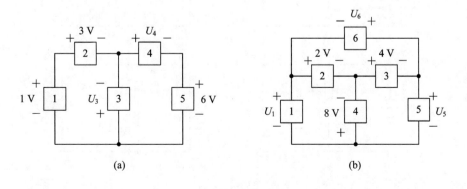

题 1-7 图

1-8　有一个 $100\ \Omega$、$1\ W$ 的碳膜电阻用于直流电路，请问在使用时电流、电压不得超过多大数值？

1-9　电路如题 1-9 图所示，求电阻 R 之值和该单口电路的功率。

1-10　题 1-10 图所示的电路中，网络 N 向 ab 右端电路提供的功率为 $18\ W$，试计算电流 I 值。

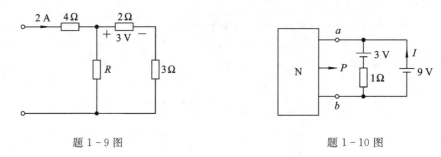

题 1-9 图　　　　　　　　　　　　　　题 1-10 图

1-11　某学校有 20 间大教室，每间大教室有 15 盏额定功率为 $40\ W$、额定电压为 $220\ V$ 的日光灯，平均每天用 8 小时，那么每月（按 30 天计算）该校这 20 间大教室共用电多少度？

1-12　求题 1-12 图所示两电路中的电压 u。

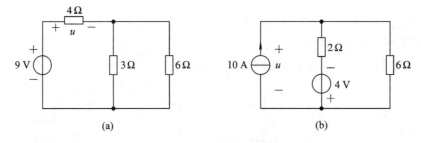

(a)　　　　　　　　　　　　　　(b)

题 1-12 图

1-13　试求题 1-13 图所示电路中的电压 u 或电流 i。

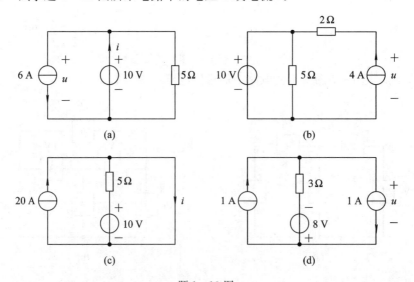

(a)　　　　　　　　　　　　　　(b)

(c)　　　　　　　　　　　　　　(d)

题 1-13 图

1-14　试求题 1-14 图所示各电路中每个元件的功率，并利用功率平衡关系来检验答案是否正确。

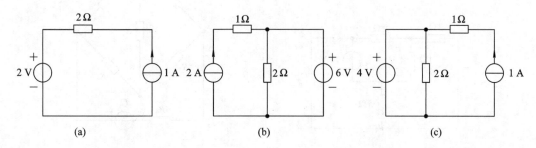

题 1-14 图

1-15　求题 1-15 图所示电路中的电流 I、电压源电压 U_s 和电阻 R。

1-16　电路如题 1-16 图所示，求电阻 R。

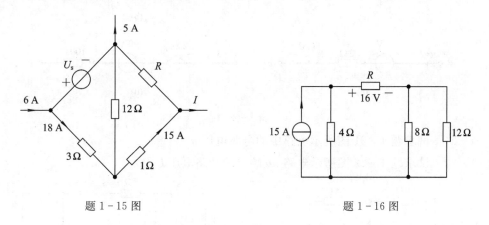

题 1-15 图　　　　　　　　　题 1-16 图

1-17　求题 1-17 图中各含源支路的未知量。图(d)中的 P_{is} 表示电流源吸收的功率。

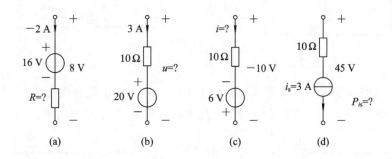

题 1-17 图

1-18　试求题 1-18 图所示电路中的电阻 R。

1-19　题 1-19 图所示的惠斯登电桥电路中，当电流 $I_g = 0$ 时，电桥处于平衡状态。试证明电桥的平衡条件为 $R_1 R_4 = R_2 R_3$。

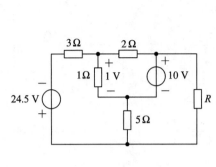

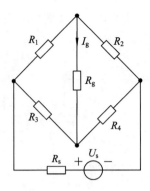

题 1-18 图　　　　　　　　　　　　题 1-19 图

1-20　试求题 1-20 图所示各段电路中的电压 U_{ab}。

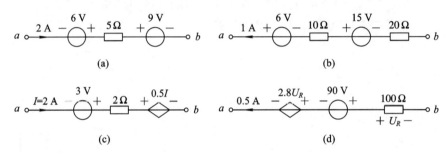

题 1-20 图

1-21　试求题 1-21 图所示电路中的电源电压 u_s。

1-22　试求题 1-22 图所示电路 ab 端口的开路电压 U_{oc}。

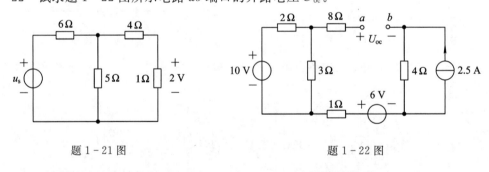

题 1-21 图　　　　　　　　　　　　题 1-22 图

1-23　电路如题 1-23 图所示，已知电流 $i_1 = 6$ A，求电流源电流 i_s。

1-24　试求题 1-24 图所示电路中电压源的电压 u_s 及受控源功率。

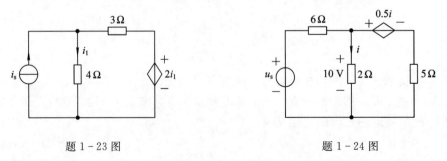

题 1-23 图　　　　　　　　　　　　题 1-24 图

1-25 电路如题 1-25 图所示，求电阻 R。

1-26 电路如题 1-26 图所示，求电压 u。

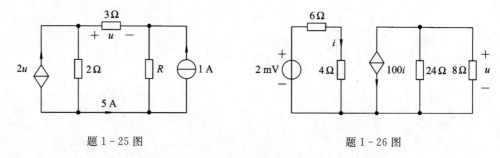

题 1-25 图   题 1-26 图

1-27 试求题 1-27 图所示两电路中 a 点的电位 U_a。

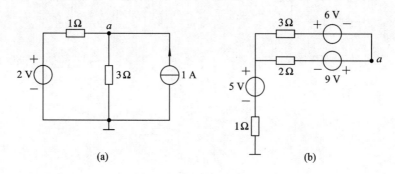

(a)   (b)

题 1-27 图

1-28 计算题 1-28 图所示各电路在开关 S 打开和闭合时的 U_a、U_b、U_{ab}。

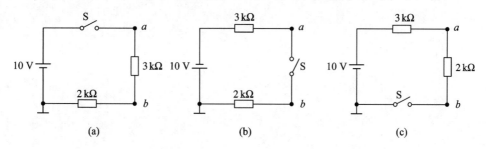

(a)   (b)   (c)

题 1-28 图

1-29 电路如题 1-29 图所示，试求在开关 S 打开和闭合两种情况下 A 点的电位 U_A。

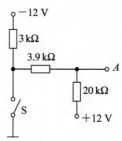

题 1-29 图

1-30　电路如题 1-30 图所示，求电流 I、电压源电压 U_s 和 a 点电位 U_a。

1-31　电路如题 1-31 图所示，求电压源电压 U_s。

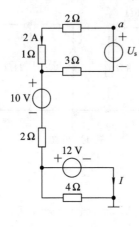

题 1-30 图

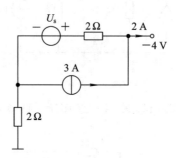

题 1-31 图

第 2 章　电路的等效变换

"等效"是电路理论中一个很重要的概念，应用电路的"等效"概念，可以把多个元件组成的电路化简为只有少数几个元件或一个元件组成的电路，使电路结构得到简化，电路问题分析更为简便。电路的等效变换方法是电路中常用的方法。本章首先阐述单口电路等效的概念，然后重点讨论常见单口电路的等效变换，主要包括无源单口电路的等效化简、实际电源的两种模型及其等效互换、含源单口电路的等效化简，最后介绍三端电阻电路的等效变换，即 Y-△ 变换。

2.1　单口电路等效的概念

对外只有两个端钮的电路称为二端电路或单口电路，图 2.1-1 所示为两个单口电路 N_1 和 N_2。

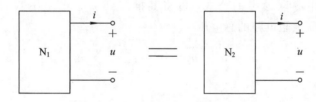

图 2.1-1　单口电路等效概念说明图

如果单口电路 N_1 和单口电路 N_2 端口的伏安关系完全相同，则这两个单口电路对端口以外的电路而言是等效的，可进行等效互换。尽管这两个单口电路可以具有完全不同的结构，但对任一外电路来说，它们却具有完全相同的作用。

为了便于理解上述等效的概念，下面我们通过推导串联电阻公式和并联电阻公式来加以说明。

先讨论电阻的串联等效。设有两个单口电路 N_1 和 N_2，如图 2.1-2 所示，N_1 由两个电阻 R_1、R_2 串联而成，N_2 仅由一个电阻 R_{eq} 构成。在图 2.1-2 所示的电压、电流关联参考方向下，由 KVL 及欧姆定律，对图(a)有

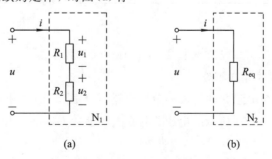

(a)　　　　　　　　　　(b)

图 2.1-2　两个电阻串联等效

$$u = u_1 + u_2 = R_1 i + R_2 i = (R_1 + R_2) i \tag{2.1-1}$$

对图(b)有

$$u = R_{eq} i \tag{2.1-2}$$

根据单口电路等效的定义，如果

$$R_{eq} = R_1 + R_2 \tag{2.1-3}$$

则 N_1 和 N_2 端口的伏安关系完全相同，因而 N_1 和 N_2 便是等效的。式(2.1-3)称为这两个单口电路的等效条件，这便是我们熟知的串联电阻等效公式。由式(2.1-3)可以看出：电阻串联的等效电阻等于各串联电阻之和。

电阻串联有分压关系。若已知串联电阻电路两端的总电压，则各电阻上分有的电压为

$$\begin{cases} u_1 = R_1 i = \dfrac{R_1}{R_1 + R_2} u \\[2mm] u_2 = R_2 i = \dfrac{R_2}{R_1 + R_2} u \end{cases} \tag{2.1-4}$$

式(2.1-4)为两串联电阻的分压公式。该式表明：串联电阻的分压与其电阻值成正比，即电阻越大，分得的电压越大。

以上是两个电阻串联导出的公式，可将其推广到 n 个电阻串联的一般情况，如图2.1-3 所示，则串联电阻电路的总电压

$$u = u_1 + u_2 + \cdots + u_n = \sum_{k=1}^{n} u_k \tag{2.1-5}$$

等效电阻

$$R_{eq} = R_1 + R_2 + \cdots + R_n = \sum_{k=1}^{n} R_k \tag{2.1-6}$$

分压公式

$$u_k = R_k i = \frac{R_k}{R_{eq}} u \tag{2.1-7}$$

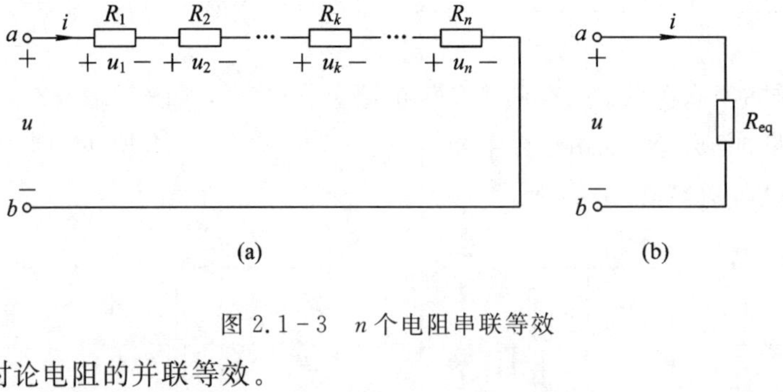

(a)　　　　　　　　　　　(b)

图 2.1-3　n 个电阻串联等效

下面再来讨论电阻的并联等效。

图 2.1-4(a)是两个电阻并联构成的单口电路 N_1，图 2.1-4(b)是仅由一个电阻构成的单口电路 N_2。在图 2.1-4 所示的电压、电流关联参考方向下，由 KCL 和欧姆定律，对图(a)有

$$i = i_1 + i_2 = \frac{u}{R_1} + \frac{u}{R_2} = \left(\frac{1}{R_1} + \frac{1}{R_2} \right) u \tag{2.1-8}$$

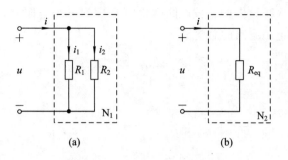

图 2.1-4　两个电阻并联等效

对图(b)有

$$i = \frac{u}{R_{eq}} \qquad (2.1-9)$$

根据单口电路等效的定义，如果

$$\frac{1}{R_{eq}} = \frac{1}{R_1} + \frac{1}{R_2} \qquad (2.1-10)$$

即

$$G_{eq} = G_1 + G_2 \qquad (2.1-11)$$

则 N_1 和 N_2 端口的伏安关系完全相同，因而 N_1 和 N_2 是等效的。式(2.1-10)称为这两个单口电路的等效条件，这便是我们熟悉的并联电阻等效公式。由式(2.1-10)或式(2.1-11)可以看出：电阻并联其等效电阻的倒数等于各并联电阻的倒数之和，或其等效电导等于各并联电导之和。

由式(2.1-10)可得到两个电阻并联时的等效电阻公式为

$$R_{eq} = \frac{R_1 R_2}{R_1 + R_2} \qquad (2.1-12)$$

此式在电路分析中经常用到，应当记住。为了书写方便，我们常用符号"//"表示电阻的并联。如图 2.1-4(a)所示，并联等效电阻可写为

$$R_{eq} = R_1 \; /\!/ \; R_2 \qquad (2.1-13)$$

电阻并联有分流关系。若已知并联电阻电路的总电流，则两并联电阻支路上的电流分别为

$$\begin{cases} i_1 = \dfrac{u}{R_1} = \dfrac{R_2}{R_1 + R_2} i \\[2mm] i_2 = \dfrac{u}{R_2} = \dfrac{R_1}{R_1 + R_2} i \end{cases} \qquad (2.1-14)$$

或

$$\begin{cases} i_1 = G_1 u = \dfrac{G_1}{G_1 + G_2} i \\[2mm] i_2 = G_2 u = \dfrac{G_2}{G_1 + G_2} i \end{cases} \qquad (2.1-15)$$

式(2.1-14)和式(2.1-15)为两并联电阻的分流公式。它们表明：并联电阻中的分流与其电阻值成反比，即电阻越大，分得的电流越小；或并联电导中的电流与其电导值成正比，即电导越大，分得的电流越大。

以上是两个电阻并联导出的公式，同样也可推广到 n 个电阻并联的一般情况，如图 2.1-5 所示，则并联电阻电路的总电流

$$i = i_1 + i_2 + \cdots + i_n = \sum_{k=1}^{n} i_k \tag{2.1-16}$$

等效电阻

$$\frac{1}{R_{eq}} = \frac{1}{R_1} + \frac{1}{R_2} + \cdots + \frac{1}{R_n} = \sum_{k=1}^{n} \frac{1}{R_k} \tag{2.1-17}$$

亦可写为

$$R_{eq} = \frac{1}{\sum\limits_{k=1}^{n} \dfrac{1}{R_k}} \tag{2.1-18}$$

或等效电导

$$G_{eq} = G_1 + G_2 + \cdots + G_n = \sum_{k=1}^{n} G_k \tag{2.1-19}$$

分流公式

$$i_k = G_k u = \frac{G_k}{G_{eq}} i \tag{2.1-20}$$

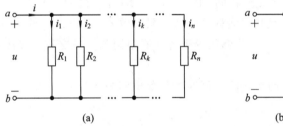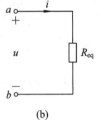

图 2.1-5　n 个电阻并联等效

由以上分析可看出，运用等效的概念，可以把一个结构复杂的单口电路用一个结构简单的单口电路去替换，从而简化了电路的计算。

2.2　实际电源的两种模型及其等效互换

在 1.5 节中我们介绍了理想电压源和理想电流源两种理想电源模型及其伏安特性，这种理想电源事实上是不存在的。实际电源（如蓄电池或发电机）都有一定的内阻，其端电压不可能保持为一恒定值。为了测试其外特性（伏安特性），我们将一个实际电源外接一负载电阻 R，见图 2.2-1(a)。调节电阻 R，随着 R 的不同，端电压 u 和电流 i 也不同，测得实际电源的外特性（即 u-i 关系曲线）如图 2.2-1(b)所示。根据此特性曲线，可作出实际电源的两种电路模型。

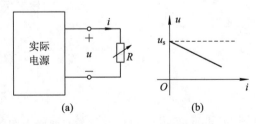

图 2.2-1　实际电源的外特性测试

2.2.1　实际电源的两种模型

1. 实际电源的电压源模型

由图 2.2-1(b)所示的实际电源的外特性可看出，实际电源的端电压 u 随着输出电流 i 的增大而逐渐下降。为了表征这一特性，可用一个理想电压源和一个电阻串联组合来作为实际电源的电路模型，如图 2.2-2(a)所示，称为实际电源的电压源模型。图中，u_s 称为源电压，为实际电源端口开路(不接外电路)时的端电压，也称为开路电压；R_s 为实际电源的内电阻。根据 KVL，得端口伏安关系为

$$u = u_s - R_s i \tag{2.2-1}$$

由式(2.2-1)绘出其伏安特性曲线如图 2.2-2(b)所示。该特性曲线为一条直线，直线的斜率为 $-R_s$。实际电源的内电阻 R_s 越小，其特性越接近于理想电压源。

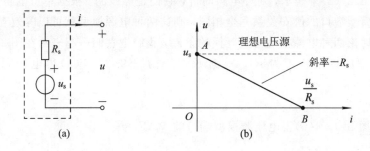

图 2.2-2　实际电源的电压源模型及其伏安特性

2. 实际电源的电流源模型

实际电源还可用一个理想电流源 i_s 和一个电阻 R_s 的并联组合作为其电路模型，如图 2.2-3(a)所示，称为实际电源的电流源模型。图中，i_s 称为源电流，为电源产生的定值电流；R_s 为实际电源的内电阻，也可用电导 G_s 表示，称为内电导。根据 KCL，得端口的伏安关系为

$$i = i_s - \frac{u}{R_s} \tag{2.2-2}$$

由式(2.2-2)绘出其伏安特性曲线如图 2.2-3(b)所示。该特性曲线也是一条直线，直线的斜率为 $-\dfrac{1}{R_s}$。显然，实际电源的内电阻 R_s 越大，其特性越接近于理想电流源。

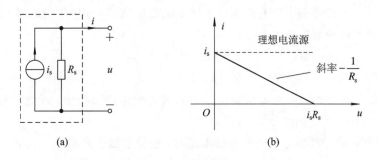

图 2.2-3　实际电源的电流源模型及其伏安特性

　　理论上，图 2.2-2(a)和图 2.2-3(a)都可作为实际电源的电路模型，采用哪一种模型都是可以的，它们各自从不同的角度反映实际电源对外的表现。但在实用中，当电源内阻 R_s（与外部电阻相比）较小时，如电池、发电机等电源，一般采用理想电压源串联电阻模型，这种电源的特性较接近于理想电压源，称为实际电压源；当电源内阻 R_s（与外部电阻相比）较大时，如光电池等电源，一般采用理想电流源并联电阻模型，这种电源的特性比较接近于理想电流源，称为实际电流源，实际电流源不能开路。

2.2.2　两种实际电源模型的等效互换

　　前面已讨论，一个实际电源根据其测试的伏安特性，可用理想电压源串联电阻组合或理想电流源并联电阻组合作为其电路模型。这两种模型反映实际电源的外特性，就是说它们反映同一个实际电源的外特性，其端口上的伏安关系（又称为电源的外特性）分别用式(2.1-1)和式(2.2-2)来表示，对外电路而言，它们是等效的。根据单口电路等效的定义，如果两种电源模型端口的伏安关系完全相同，则这两种电源模型就可以等效互换。

　　为了便于讨论两种电源模型等效互换的条件，我们把它们一起表示在图 2.2-4 中，并将电流源模型中的内阻暂记为 R_s'。根据 KVL，由图 2.2-4(a)得电压源模型端口的 VAR 为

$$u = u_s - R_s i \qquad (2.2-3)$$

根据 KCL，由图 2.2-4(b)得电流源模型端口的 VAR 为

$$i = i_s - \frac{u}{R_s'} \qquad (2.2-4)$$

将上式改写为

$$u = R_s' i_s - R_s' i \qquad (2.2-5)$$

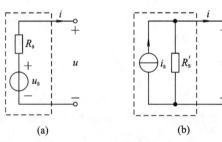

图 2.2-4　两种电源模型的等效互换

　　如果两种电源模型等效，则它们端口的伏安关系应该完全相同。比较式(2.2-3)和式(2.2-5)，可得到两种电源模型的等效条件为

$$\begin{cases} u_s = R_s' i_s \\ R_s = R_s' \end{cases} \qquad (2.2-6)$$

由式(2.2-6)，可方便地由一个电压源模型得到其等效电流源模型，反之亦然。两种实际电源模型的等效互换关系如图 2.2-5 所示。

　　应用两种实际电源模型等效关系分析电路时，应注意以下几点：

　　(1) 实际电压源模型与实际电流源模型的等效关系是只对外电路而言的，或者说是对图 2.2-4 所示电路的虚线框的外部等效，而对电源内部是不等效的。为了说明这一点，我

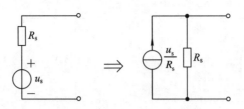

(a) 电压源模型等效为电流源模型

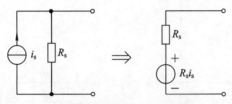

(b) 电流源模型等效为电压源模型

图 2.2 - 5　两种实际电源模型的等效互换

们只需考虑当外部不接负载(即端口开路)时，电压源模型的输出电流为零，内阻 R_s 上无功率损耗；电流源模型内部有电流流过，内阻 R_s 上有功率损耗，且损耗最大。

（2）两种实际电源模型中内电阻 R_s 是一样的，注意互换时电压源电压的极性与电流源电流的方向之间的关系。

（3）理想电压源与理想电流源不能等效互换，因为理想电压源串联的内电阻为零，而理想电流源并联的内电阻无限大。它们的外特性也完全不同，不可能等效。

（4）两种实际电源模型等效互换的方法可推广应用。凡是与理想电压源串联的电阻，不管是不是电源内电阻，都可把它当作内电阻，一起等效互换为实际电流源模型；凡是与理想电流源并联的电阻，也都可把它当作内电阻处理，一起等效互换为实际电压源模型。

在电路分析中，图 2.2 - 5 所示的两种实际电源模型的等效互换是很有用的，必须很好地掌握。

上述两种实际电源模型的等效互换方法也适用于受控源，即受控电压源串联电阻组合与受控电流源并联电阻组合可以等效互换。但应注意，在变换过程中，控制量必须保留。例如，图 2.2 - 6(a)所示的受控电流源并联电阻组合可等效为图 2.2 - 6(b)所示的受控电压源串联电阻组合。

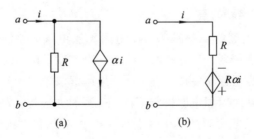

图 2.2 - 6　受控源的等效互换

【例 2.2 - 1】　试求图 2.2 - 7(a)所示电源的等效电流源模型和图 2.2 - 7(b)所示电源的等效电压源模型。

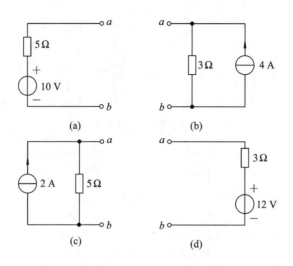

图 2.2 - 7　例 2.2 - 1 用图

解　由图 2.2 - 5(a)所示的电压源模型等效为电流源模型可知，对图 2.2 - 7(a)所示的电压源模型，其等效电流源的电流为 $\dfrac{u_s}{R_s}=\dfrac{10}{5}=2$ A，并联电阻 $R_s=5$ Ω，故得等效电流源如图 2.2 - 7(c)所示。

由图 2.2 - 5(b)所示的电流源模型等效为电压源模型可知，对图 2.2 - 7(b)所示的电流源模型，其等效电压源的电压为 $R_s i_s=3\times4=12$ V，串联电阻 $R_s=3$ Ω，故得等效电压源如图 2.2 - 7(d)所示。

应注意两种电源等效互换时电压源电压极性与等效电流源电流方向的关系。

2.3　不含独立源单口电路的等效

如果一个单口电路只含有电阻，或只含有受控源和电阻，则为不含独立源单口电路，称为无源单口电路。就其端口特性而言，无源单口电路可等效为一个电阻。下面分两种情况进行讨论。

1. 纯电阻无源单口电路的等效

我们把只含电阻的无源单口电路称为纯电阻无源单口电路。在纯电阻无源单口电路中，电阻的连接方式既有串联，又有并联，称为电阻混联。其等效电阻的计算可用前面介绍的串、并联等效化简方法逐步完成。由于这种电阻混联单口电路中各电阻的串、并联关系不易分辨出，所以往往要对原电路进行改画。改画的方法是：先把原电路中各节点标上字母，如 a、b、c 等，接着从端口的其中一端找一条主路径(包含的电阻个数最多的路径)走至另一端，然后把剩余的其他电阻连接到相应的节点之间。这样，改画后的电路各电阻的串、并联关系就一目了然了，再运用电阻串、并联等效方法，就可方便地计算出纯电阻无源单口电路的等效电阻。

【**例 2.3 - 1**】　如图 2.3 - 1(a)所示的单口电路，求 ab 端的等效电阻。

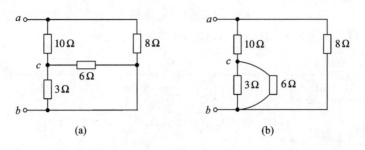

图 2.3-1　例 2.3-1 用图

解　该单口电路是由电阻混联组成的，为了能更清楚地判别出电阻的串、并联关系，我们将电路适当改画。先选一条路径，从端钮 a 点经 c 点至端钮 b 点，然后将剩余的电阻 $6\,\Omega$ 和 $8\,\Omega$ 连接到相应的节点之间，改画后的电路如图 2.3-1(b) 所示。对图(b)，应用串、并联电阻等效公式，可方便地求得 ab 端的等效电阻

$$R_{ab} = (10 + 3 /\!/ 6) /\!/ 8 = \left(10 + \frac{3 \times 6}{3 + 6}\right) /\!/ 8$$

$$= 12 /\!/ 8 = \frac{12 \times 8}{12 + 8} = 4.8\,\Omega$$

【例 2.3-2】　求图 2.3-2(a) 所示电路 ab 端和 cd 端的等效电阻。

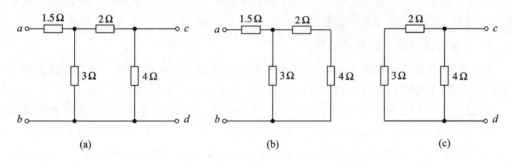

图 2.3-2　例 2.3-2 用图

解　(1) 求图 2.3-2(a) 中 ab 端的等效电阻。相应电路如图 2.3-2(b) 所示。由图(b)得

$$R_{ab} = 1.5 + 3 /\!/ (2 + 4) = 3.5\,\Omega$$

(2) 求图 2.3-2(a) 中 cd 端的等效电阻。相应电路如图 2.3-2(c) 所示。由图(c)得

$$R_{cd} = 4 /\!/ (2 + 3) = \frac{20}{9} \approx 2.33\,\Omega$$

由此例可看出，在同一电路中，从不同端口看进去的等效电阻是不同的，因为从不同端口看时各电阻的串、并联关系不同。这个问题可以这样理解：计算某个端口的等效电阻，可以看做是外部的激励源施加于这个端口上，电流从该端口的一个端钮流入，从另一个端钮流出，根据电流流经的路径，判别出电阻的串、并联关系，从而求得该端口的等效电阻。例如，在计算 R_{ab} 时，我们可设想 ab 端外接了一个激励源，电流从 a 点流入，从 b 点流出，$2\,\Omega$ 和 $4\,\Omega$ 电阻通过同一电流(因为 cd 端开路，无分流)，所以它们是串联关系，其串联等效电阻为 $2+4=6\,\Omega$，此 $6\,\Omega$ 电阻与 $3\,\Omega$ 电阻的电压相同，是并联关系，相应的等效电阻为 $6 /\!/ 3 = 2\,\Omega$，该 $2\,\Omega$ 电阻与 $1.5\,\Omega$ 电阻通过同一电流，是串联关系，于是最后求得 ab 端的

等效电阻 $R_{ab}=1.5+2=3.5\ \Omega$。计算 cd 端的等效电阻 R_{cd} 也采用类似的方法。

【例 2.3 - 3】 求图 2.3 - 3(a)所示电路 ab 端的等效电阻。

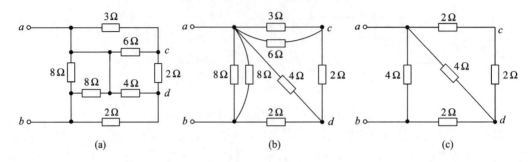

图 2.3 - 3 例 2.3 - 3 用图

解 为了判断电阻的串、并联关系，我们对电路进行改画。先把原电路图 2.3 - 3(a)中的节点标上字母，接着选一条主路径，从端钮 a 点经 c、d 点至端钮 b 点，然后将剩余的电阻连接到相应的节点之间，改画后的电路如图 2.3 - 3(b)所示。将图(b)中能看出串、并联关系的电阻用其等效电阻代替，得图 2.3 - 3(c)。由图(c)可方便地求得

$$R_{ab} = [(2+2)\ /\!/\ 4 + 2]\ /\!/\ 4 = 2\ \Omega$$

由以上例子的分析可知，对一个只含电阻的无源单口电路，利用串、并联等效电阻的概念，可以将它化简为一个等效电阻。

2. 含受控源无源单口电路的等效

我们把仅含受控源和电阻的单口电路称为含受控源无源单口电路。含受控源无源单口电路与纯电阻无源单口电路一样，可以等效为一电阻。

例如，图 2.3 - 4(a)所示的电路仅含有受控源和电阻，不含独立源，为含受控源无源单口电路。应用两种实际电源模型的等效互换，将图 2.3 - 4(a)中受控电流源并联电阻组合等效变换为受控电压源串联电阻组合，如图 2.3 - 4(b)所示。设端口电压为 u，端口电流为 i，根据 KVL，有

$$u = (3+2)i + 4u_1$$

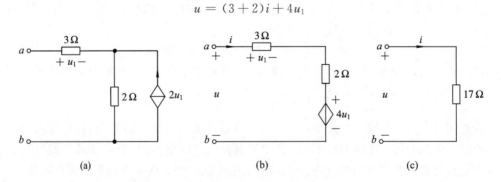

图 2.3 - 4 含受控源无源单口电路的等效

由电阻欧姆定律知 $u_1 = 3i$，将其代入上式得

$$u = 5i + 4\times 3i = 17i$$

此式表明，端口电压与端口电流成正比，其比值为

$$R_{eq} = \frac{u}{i} = 17 \ \Omega$$

也就是说，含受控源无源单口电路等效为一电阻，如图 2.3 - 4(c)所示。

　　含受控源无源单口电路等效电阻的求取常采用的方法是"外加激励法"，即在单口电路端口加电压 u，产生端口电流 i，或在其端口加电流 i，产生端口电压 u（注意：所设 u、i 的参考方向对单口电路来说是关联的），然后由电路列写出端口的 VAR，则其等效电阻为

$$R_{eq} = \frac{u}{i} \tag{2.3-1}$$

【例 2.3 - 4】　求图 2.3 - 5(a)所示的无源单口电路的等效电阻。

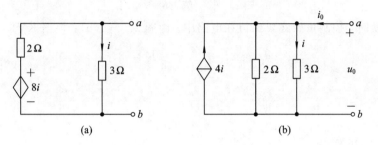

图 2.3 - 5　例 2.3 - 4 用图

　　解　本题电路为含受控源无源单口电路，其等效电阻的求取采用外加激励法。在 ab 端外加电压 u_0，产生端电流 i_0，u_0 与 i_0 对单口电路来说参考方向关联，利用电源等效变换将受控电压源串联电阻组合等效为受控电流源并联电阻组合，如图 2.3 - 5(b)所示。根据 KCL 和欧姆定律得

$$i_0 + 4i = \frac{u_0}{2} + i$$

把 $i = \frac{u_0}{3}$ 代入上式，有

$$i_0 + 4 \times \frac{u_0}{3} = \frac{u_0}{2} + \frac{u_0}{3}$$

移项整理可得

$$i_0 = -\frac{1}{2} u_0$$

所以端口等效电阻

$$R_{ab} = \frac{u_0}{i_0} = -2 \ \Omega$$

上述结果表明，一个含受控源的无源单口电路，其等效电阻可能为负。之所以出现负电阻，是因为单口电路中的受控源向外电路提供能量。因此，含受控源的无源单口电路可能等效为一个负电阻，而纯电阻无源单口电路总是消耗能量，其等效电阻恒为正值。

【例 2.3 - 5】　无源单口电路如图 2.3 - 6(a)所示，求其等效电阻。

　　解　本题无源单口电路含受控源，应采用外加激励法求其等效电阻。在 ab 端外加电压 U，产生电流 I，如图 2.3 - 6(b)所示。为便于写出 ab 端口的伏安关系式，利用电阻并联电流关系和电阻并联等效电阻公式，将图(a)变换为图(b)。这里应注意，在对含受控源电路

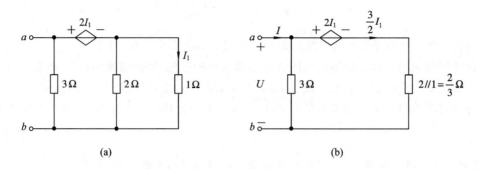

图 2.3-6 例 2.3-5 用图

进行等效变换时，控制量始终要保留在电路中。由图 2.3-6(b)，根据 KVL，有

$$U = 2I_1 + \frac{2}{3} \times \frac{3}{2} I_1 = 3I_1$$

又由 KCL 得

$$I = \frac{U}{3} + \frac{3}{2} I_1$$

联立以上两式，整理得

$$I = \frac{5}{6} U$$

故端口等效电阻为

$$R_{ab} = \frac{U}{I} = \frac{6}{5} = 1.2 \ \Omega$$

由本节所述可见：一个不含独立源，仅含电阻或仅含受控源和电阻的无源单口电路，对端口以外电路而言，可等效为一电阻。其中，纯电阻无源单口电路等效电阻的求取可应用电阻串、并联等效化简方法逐步完成；含受控源无源单口电路等效电阻的求取可采用"外加激励法"，写出端口的伏安关系式，从而求得等效电阻 $R_{eq} = \dfrac{u}{i}$。

最后介绍一下无源单口电路输入电阻和输出电阻的概念。如果单口电路的端口是输入端口，接激励源（或信号源），则称其端口等效电阻为输入电阻，记为 R_i。如果单口电路的端口是输出端口，接负载，则称其端口等效电阻为输出电阻，记为 R_o。求单口电路输入电阻和输出电阻的方法是完全一样的。

2.4 含独立源单口电路的等效

前面已讨论，一个仅由电阻或仅由受控源和电阻构成的无源单口网络，对任意外电路而言，可等效为一个电阻，即可用一个等效电阻代替。同理，一个含有独立源的单口电路（称为含源单口电路），也可以通过等效化简的方法等效为理想电压源串联电阻组合或理想电流源并联电阻组合。下面分几种情况研究含源单口电路的等效。

1. 理想电压源串联等效

图 2.4-1(a)所示是 n 个理想电压源串联组成的单口电路。根据 KVL，很容易证明在

任何外接电路下，可等效为一个理想电压源，如图 2.4 - 1(b) 所示，等效理想电压源的电压

$$u_{\mathrm{s}} = u_{\mathrm{s}1} + u_{\mathrm{s}2} + \cdots + u_{\mathrm{s}n} = \sum_{k=1}^{n} u_{\mathrm{s}k} \qquad (2.4-1)$$

式中，$u_{\mathrm{s}k}$ 的正负号视其与等效电压源 u_{s} 的极性是否一致而定，一致则取"+"号，不一致则取"−"号。式 (2.4 - 1) 和图 (2.4 - 1) 表明：n 个理想电压源串联电路可等效为一个理想电压源，等效理想电压源的电压 u_{s} 等于各串联理想电压源电压的代数和。

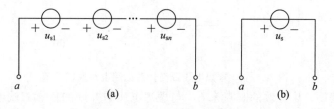

图 2.4 - 1　理想电压源串联等效

还需指出，只有电压相等、极性一致的理想电压源才允许并联，其等效电路为其中任一理想电压源；电压不相等或极性相反的理想电压源不能并联，因为它们组成的回路不满足 KVL，而且还会损坏电源。

2. 理想电流源并联等效

图 2.4 - 2(a) 所示是 n 个理想电流源并联组成的单口电路。根据 KCL，在任何外接电路下，可等效为一个理想电流源，如图 2.4 - 2(b) 所示，等效理想电流源的电流

$$i_{\mathrm{s}} = i_{\mathrm{s}1} + i_{\mathrm{s}2} + \cdots + i_{\mathrm{s}n} = \sum_{k=1}^{n} i_{\mathrm{s}k} \qquad (2.4-2)$$

式中，$i_{\mathrm{s}k}$ 的正负号视其与等效电流源 i_{s} 的参考方向是否一致而定，一致则取"+"号，不一致则取"−"号。式 (2.4 - 2) 和图 (2.4 - 2) 表明：n 个理想电流源并联电路可等效为一个理想电流源，等效理想电流源的电流 i_{s} 等于各并联理想电流源电流的代数和。

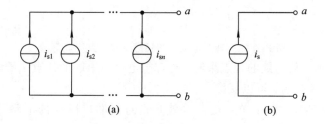

图 2.4 - 2　理想电流源并联等效

这里仍需指出，只有电流相等、方向一致的理想电流源才允许串联，其等效电路为其中任一理想电流源；电流不相等或方向相反的理想电流源不能串联，因为违背了 KCL。

3. 任意二端电路与理想电压源并联等效

图 2.4 - 3(a) 所示是任意二端电路 N_1 与理想电压源并联组成的单口电路。N_1 可由电阻、独立源和受控源等元件构成。图 (a) 所示的单口电路的 VAR 是

$$u = u_{\mathrm{s}} \quad （对任意端电流 i） \qquad (2.4-3)$$

显然，式(2.4-3)与理想电压源的 VAR 相同。因此，根据等效的定义，图 2.4-3(a)所示的单口电路可等效为图(b)所示的电路。

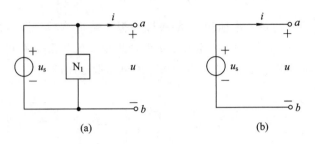

图 2.4-3　理想电压源与任意二端电路并联等效

图 2.4-3 表明：从等效的观点来看，与理想电压源并联的任意二端电路，对端口以外的电路而言，都是多余的，可以断开。

4. 任意二端电路与理想电流源串联等效

图 2.4-4(a)所示是任意二端电路 N_1 与理想电流源串联组成的单口电路。N_1 可由电阻、独立源和受控源构成。图(a)所示的单口电路的 VAR 是

$$i = i_s \quad \text{（对任意端电压 } u \text{）} \tag{2.4-4}$$

显然，式(2.4-4)与理想电流源的 VAR 相同。根据等效的定义，图 2.4-4(a)所示的单口电路可等效为图(b)所示的电路。

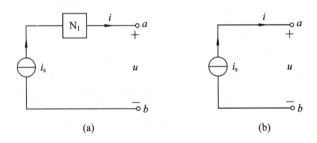

图 2.4-4　理想电流源与任意二端电路串联等效

图 2.4-4 表明：从等效的观点来看，与理想电流源串联的任意二端电路，对端口以外的电路而言，都是多余的，可以短接。

需要再次强调的是，两个单口电路等效是指对其端口以外的电路等效，对内部并不等效。

【例 2.4-1】　图 2.4-5(a)所示为含源单口电路，试用等效变换方法求其最简等效电路。

解　图(a)中，8 V 理想电压源与 6 A 理想电流源串联，由图 2.4-4 所示的二端电路与理想电流源串联等效可知，8 V 理想电压源是多余的，可以短接，于是得到图(b)。再将图(b)中 10 V 理想电压源串联 5 Ω 电阻组合等效为 2 A 理想电流源并联 5 Ω 电阻组合，得到图(c)。最后将图(c)中两理想电流源并联等效，得到图(d)，即该单口电路的最简等效电路。也就是说，图(a)所示的含源单口电路经逐步等效化简，最后等效为图(d)所示的实际电流源模型。

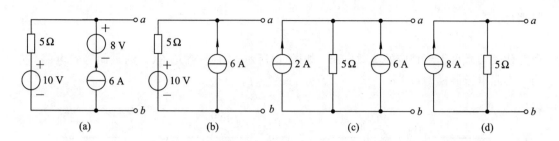

图 2.4 - 5　例 2.4 - 1 用图

【例 2.4 - 2】　利用电路的等效变换，求图 2.4 - 6(a)所示的含源单口电路的最简等效电路。

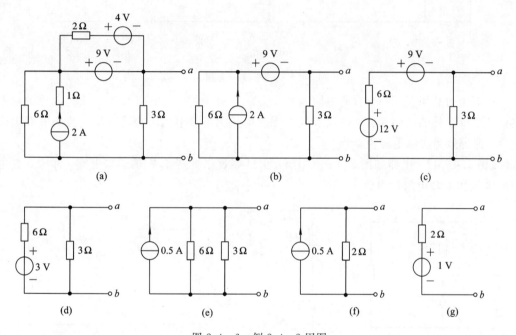

图 2.4 - 6　例 2.4 - 2 用图

解　应用任意二端电路与理想电流源串联等效，图(a)中与 2 A 理想电流源串联的 1 Ω 电阻是多余的，可予以短接；应用任意二端电路与理想电压源并联等效，图(a)中与 9 V 理想电压源并联的支路(2 Ω 电阻和 4 V 理想电压源串联支路)是多余的，可予以断开，得到图(b)。将图(b)中 2 A 理想电流源并联 6 Ω 电阻组合等效为 12 V 理想电压源串联 6 Ω 电阻组合，得到图(c)。应用理想电压源串联等效，将图(c)等效为图(d)。图(d)中，为了使 6 Ω 电阻与 3 Ω 电阻并联，将 3 V 理想电压源串联 6 Ω 电阻组合等效为 0.5 A 理想电流源并联 6 Ω 电阻组合，得到图(e)。最后将图(e)中两并联电阻等效，得到图(f)。这就是说，图(a)所示的含源单口电路可等效化简为图(f)所示的实际电流源模型或图(g)所示的实际电压源模型。

【例 2.4 - 3】　求图 2.4 - 7(a)所示的含源单口电路的最简等效电路。

解　将图(a)中受控电流源并联电阻组合等效为受控电压源串联电阻组合，得到图(b)。根据 KVL，对图(b)列写端口伏安关系得

$$U = 10 + (4 + 2)I - 4U$$

整理得

$$U = 2 + 1.2I$$

由此伏安关系可作出相应的等效电路，如图(c)所示。图(c)就是图(a)的最简等效电路，亦为一实际电压源模型。

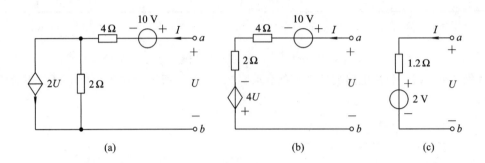

图 2.4-7　例 2.4-3 用图

由以上分析可见：一个含有电阻及独立源或含有受控源、电阻及独立源的含源单口电路，对端口以外的电路而言，可以等效为理想电压源串联电阻组合或理想电流源并联电阻组合，即等效为实际电源模型。

【例 2.4-4】　电路如图 2.4-8(a)所示，试等效化简 ab 以左的单口电路，并求 $3\ \Omega$ 电阻的电压和 $1\ \Omega$ 电阻的电流。

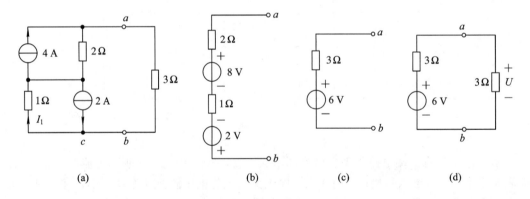

图 2.4-8　例 2.4-4 用图

解　首先等效化简 ab 以左的单口电路。将图(a)中 $3\ \Omega$ 电阻支路移去，余下电路为 ab 以左的单口电路。把图中两个理想电流源并联电阻组合等效为两个理想电压源串联电阻组合，得到图(b)。将图(b)进一步等效为图(c)，即 ab 以左的单口电路的最简等效电路。

然后求 $3\ \Omega$ 电阻的电压。把 $3\ \Omega$ 电阻接于图(c)的 ab 端，得到图(d)。在图(d)所示的电压参考极性下，由电阻分压公式得

$$U = \frac{3}{3+3} \times 6 = 3\ \text{V}$$

最后求 $1\ \Omega$ 电阻的电流。由于 $1\ \Omega$ 电阻位于 ab 以左的单口电路内部，所以应回到原电路图(a)进行分析。设 $1\ \Omega$ 电阻的电流参考方向如图(a)所示，对节点 c 应用 KCL，有

$$I_1 = 2 + \frac{U}{3} = 2 + \frac{3}{3} = 3 \text{ A}$$

由此例分析可看出，单口电路等效是对端口以外的电路等效，对内并不等效。当分析涉及到单口电路内部时，需回到原电路进行求解。

*2.5　电阻 Y 形连接与△形连接的等效变换

前面几节详细介绍了常用的典型二端电路（单口电路）的等效变换方法，如电阻的串并联等效、电压源模型与电流源模型的等效互换、无源单口电路的等效和含源单口电路的等效。这些等效变换方法在电路分析中很重要，应该熟练掌握。但有时我们会遇到一些电路，不能用上述方法进行等效化简，例如图 2.5 - 1(a)所示的电路，电阻间的连接方式既非串联，又非并联，无法用电阻的串并联等效来计算 ab 端的等效电阻。如果能设法将图(a)中虚线框部分等效变换为图(b)中虚线框部分，那么对图(b)就可用电阻的串并联等效方法求得 ab 端的等效电阻。本节介绍的电阻 Y 形连接和△形连接的等效变换可解决这类问题。

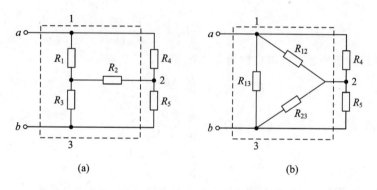

(a)　　　　　　　　　　　　(b)

图 2.5 - 1　电阻 Y - △连接电路

将三个电阻的一端连接于一个节点上，而它们的另一端分别连接到三个不同的端钮上，这样就构成了如图 2.5 - 2(a)所示的 Y 形（星形）连接电阻电路，也称 T 形电路。如果将三个电阻分别接在每两个端钮之间，使三个电阻构成一个回路，如图 2.5 - 2(b)所示，这样就构成了△形（三角形）连接的电阻电路，也称 Ⅱ 形电路。

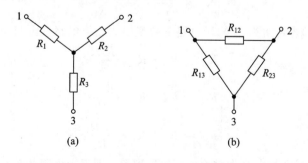

(a)　　　　　　　　　　　　(b)

图 2.5 - 2　Y 形和△形连接电路

　　Y形电路和△形电路是两个典型的三端电阻电路，下面推导它们的等效条件。

　　为使图 2.5-2(a)、(b)所示的电路对端钮 1、2、3 以外的电路等效，根据等效的定义，要求两电路对应端口的伏安关系完全相同。由于 Y形电路和△形电路由纯电阻构成，因此其端口的伏安关系可表示为 $R = \dfrac{u}{i}$，即两电路对应端口的伏安关系相同，表现为对应端口的等效电阻相等。

　　对于 Y形电路，由图 2.5-2(a)得各端口的等效电阻

$$\begin{cases} R_{Y12} = R_1 + R_2 \\ R_{Y23} = R_2 + R_3 \\ R_{Y13} = R_1 + R_3 \end{cases} \tag{2.5-1}$$

这里计算某端口的等效电阻(如 R_{Y12})时，设想在 1、2 端外接了一个激励源，电流从端钮 1 流入，由端钮 2 流出，根据电流流经的路径，判别出电流的串并联关系。

　　对于△形电路，由图 2.5-2(b)得各端口的等效电阻

$$\begin{cases} R_{\triangle 12} = R_{12} \mathbin{/\!/} (R_{13} + R_{23}) = \dfrac{R_{12}(R_{13} + R_{23})}{R_{12} + R_{23} + R_{13}} \\[2mm] R_{\triangle 23} = R_{23} \mathbin{/\!/} (R_{12} + R_{13}) = \dfrac{R_{23}(R_{12} + R_{13})}{R_{12} + R_{23} + R_{13}} \\[2mm] R_{\triangle 13} = R_{13} \mathbin{/\!/} (R_{12} + R_{23}) = \dfrac{R_{13}(R_{12} + R_{23})}{R_{12} + R_{23} + R_{13}} \end{cases} \tag{2.5-2}$$

　　两电路等效的条件是对应端口的等效电阻相等，于是有

$$\begin{cases} R_1 + R_2 = \dfrac{R_{12}(R_{13} + R_{23})}{R_{12} + R_{23} + R_{13}} \\[2mm] R_2 + R_3 = \dfrac{R_{23}(R_{12} + R_{13})}{R_{12} + R_{23} + R_{13}} \\[2mm] R_1 + R_3 = \dfrac{R_{13}(R_{12} + R_{23})}{R_{12} + R_{23} + R_{13}} \end{cases} \tag{2.5-3}$$

由式 (2.5-3)解得由△形电路等效变换为 Y形电路各电阻间的关系为

$$\begin{cases} R_1 = \dfrac{R_{12}R_{13}}{R_{12} + R_{23} + R_{13}} \\[2mm] R_2 = \dfrac{R_{23}R_{12}}{R_{12} + R_{23} + R_{13}} \\[2mm] R_3 = \dfrac{R_{13}R_{23}}{R_{12} + R_{23} + R_{13}} \end{cases} \tag{2.5-4}$$

同样，由式(2.5-3)也可解得由 Y形电路等效变换为△形电路各电阻间的关系为

$$\begin{cases} R_{12} = R_1 + R_2 + \dfrac{R_1 R_2}{R_3} \\[2mm] R_{23} = R_2 + R_3 + \dfrac{R_2 R_3}{R_1} \\[2mm] R_{13} = R_1 + R_3 + \dfrac{R_1 R_3}{R_2} \end{cases} \tag{2.5-5}$$

　　如果 Y形电路或△形电路为对称三端电阻电路，即三个电阻相等，则由式(2.5-4)或式(2.5-5)可得如下变换关系

$$R_{\mathrm{Y}} = \frac{1}{3}R_{\triangle} \tag{2.5-6}$$

这里，R_{Y}、$R_{\triangle}$ 分别表示 Y 形和 △ 形电路中的每个电阻。

在某些电路中，利用电阻 Y-△ 等效变换可以把非串并联的电阻电路等效为串并联电阻电路，使电路得以简化。

【例 2.5-1】 电路如图 2.5-3(a)所示，求 ab 端口的等效电阻。

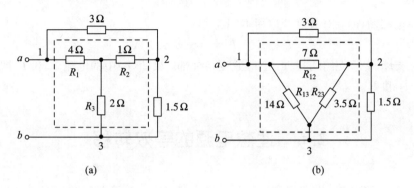

图 2.5-3　例 2.5-1 用图

解　图(a)中电阻间的连接方式不是串并联，因此，先利用电阻 Y-△ 电路等效变换，将图(a)虚线框部分的 Y 形连接等效为 △ 形连接，得图(b)。其中

$$R_{12} = R_1 + R_2 + \frac{R_1 R_2}{R_3} = 4 + 1 + \frac{4 \times 1}{2} = 7 \ \Omega$$

$$R_{23} = R_2 + R_3 + \frac{R_2 R_3}{R_1} = 1 + 2 + \frac{1 \times 2}{4} = 3.5 \ \Omega$$

$$R_{13} = R_1 + R_3 + \frac{R_1 R_3}{R_2} = 4 + 2 + \frac{4 \times 2}{1} = 14 \ \Omega$$

再应用电阻串并联等效公式，由图(b)得 ab 端口的等效电阻

$$R_{ab} = (3 /\!/ 7 + 3.5 /\!/ 1.5) /\!/ 14 \approx 2.57 \ \Omega$$

【例 2.5-2】 电路如图 2.5-4(a)所示，求电流 I。

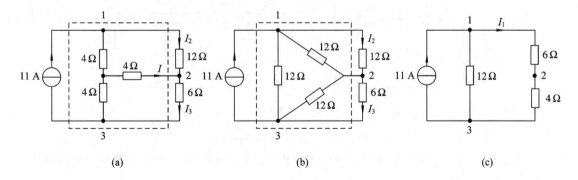

图 2.5-4　例 2.5-2 用图

解　利用电阻 Y-△ 等效变换，将图(a)等效为图(b)，再应用电阻并联公式，得到图(c)。对图(c)，根据电阻分流公式，得

$$I_1 = \frac{12}{12 + 6 + 4} \times 11 = 6 \text{ A}$$

回到图(b)，又由电阻分流公式计算得

$$I_2 = \frac{I_1}{2} = \frac{6}{2} = 3 \text{ A}$$

$$I_3 = \frac{12}{12 + 6} I_1 = \frac{12}{12 + 6} \times 6 = 4 \text{ A}$$

最后回到原电路图(a)，对节点 2 应用 KCL，得

$$I = I_3 - I_2 = 4 - 3 = 1 \text{ A}$$

此例中，I_2 支路和 I_3 支路均在 Y-△ 等效变换外部，故图(b)中的电流 I_2 和 I_3 即为原电路图(a)中的 I_2 和 I_3。

2.6　理想电源的等效转移

在 2.2.2 节两种实际电源模型的等效互换中已指出，理想电压源与理想电流源不能等效互换。因此，当对含有理想电源的电路进行等效化简时，会遇到困难。本节介绍的理想电源的等效转移，就是将理想电压源转移到邻近支路中，或是将理想电流源转移到它所在回路的其他支路中，从而构成实际电源的两种模型，然后应用前面讲过的等效变换方法化简电路。

1. 理想电压源的等效转移

图 2.6-1(a)所示的电路中，有一理想电压源连接于节点 a 与节点 b 之间，可通过节点 a 或节点 b 将理想电压源转移到与该节点相连接的支路中，使这些支路组成实际电压源模型。这里，我们通过节点 a 将理想电压源转移到与之相连接的支路中，如图 2.6-1(b)所示。图(b)与图(a)的等效性是显然的，因为图(b)中节点 a 的电位与图(a)中节点 a 的电位是相等的。若将图(b)中两个极性相同且等值的理想电压源并联，则恢复为原电路图(a)。

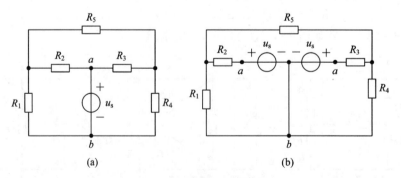

图 2.6-1　理想电压源的转移

理想电压源经转移之后，图(b)中已无理想电压源支路，于是可按前述的等效变换方法对电路进行化简。

2. 理想电流源的等效转移

图 2.6-2(a)所示的电路中，含有一理想电流源支路，可将理想电流源沿着它所在的回路转移到该回路的其他各个支路中，使这些支路组成实际电流源模型。这里，我们沿着

理想电流源所在的回路 A 将其转移到该回路中的 da 支路和 ac 支路中，如图 2.6-2(b)所示，原理想电流源支路已不存在，可按前述的等效变换方法对电路进行化简。图(b)与图(a)也是等效的，因为理想电流源转移前后，电路中相应节点的 KCL 方程是相同的。

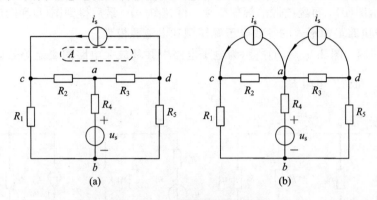

图 2.6-2　理想电流源的转移

需注意的是理想电流源转移后的电流方向。如果原电路图(a)中理想电流源的电流是由 d 点流出，c 点流入，那么图(b)中转移后的第一个理想电流源的电流是由 d 点流出，最后一个理想电流源的电流是由 c 点流入。

【例 2.6-1】　试将图 2.6-3(a)所示的单口电路等效化简为最简形式的电压源模型和电流源模型。

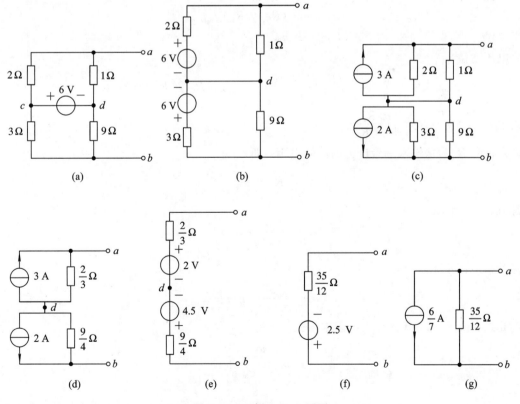

图 2.6-3　例 2.6-1 用图

解 首先根据理想电压源的等效转移，将图(a)中连接于节点 c 与节点 d 之间的 6 V 理想电压源通过节点 c 转移到与之相连接的 ca 支路和 cb 支路中，如图(b)所示。然后将图(b)中的电压源模型等效变换为电流源模型，得到图(c)。对图(c)，应用电阻的并联公式，得到图(d)。由图(d)，再经电源的等效变换，得到图(e)，最后得到图(f)和图(g)，即图(a)所示含源单口电路最简形式的等效电压源模型和电流源模型。

【例 2.6 - 2】 图 2.6 - 4(a)所示为电子电路中共基放大电路的交流等效电路，试求电压增益 $A_\mathrm{u}=\dfrac{u_\mathrm{o}}{u_\mathrm{i}}$ 和输入电阻 R_i。

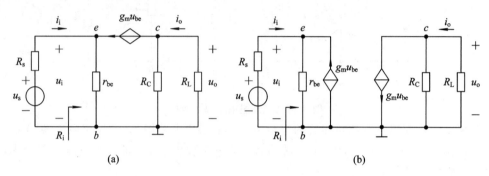

图 2.6 - 4　例 2.6 - 2 用图

解 根据理想电流源的等效转移，将受控电流源沿着它所在的回路转移到该回路中的 cb 支路和 be 支路中，如图 2.6 - 4(b)所示。对图(b)，有

$$u_\mathrm{o}=-(R_\mathrm{C}\;/\!/\;R_\mathrm{L})g_\mathrm{m}u_\mathrm{be}$$

$$u_\mathrm{i}=-u_\mathrm{be}$$

故电压增益

$$A_\mathrm{u}=\frac{u_\mathrm{o}}{u_\mathrm{i}}=\frac{-(R_\mathrm{c}\;/\!/\;R_\mathrm{L})g_\mathrm{m}u_\mathrm{be}}{-u_\mathrm{be}}=g_\mathrm{m}(R_\mathrm{C}\;/\!/\;R_\mathrm{L})=g_\mathrm{m}R_\mathrm{L}'$$

式中，$R_\mathrm{L}'=R_\mathrm{C}\;/\!/\;R_\mathrm{L}=\dfrac{R_\mathrm{C}R_\mathrm{L}}{R_\mathrm{C}+R_\mathrm{L}}$。

输入电阻 R_i 为从输入端看进去的等效电阻，即

$$R_\mathrm{i}=\frac{u_\mathrm{i}}{i_\mathrm{i}}$$

对节点 e，由 KCL 得

$$i_\mathrm{i}+g_\mathrm{m}u_\mathrm{be}=\frac{u_\mathrm{i}}{r_\mathrm{be}}$$

移项整理，可得

$$i_\mathrm{i}=\frac{u_\mathrm{i}}{r_\mathrm{be}}-g_\mathrm{m}u_\mathrm{be}$$

将此式和 $u_\mathrm{i}=-u_\mathrm{be}$ 代入输入电阻求解式中，得

$$R_\mathrm{i}=\frac{u_\mathrm{i}}{i_\mathrm{i}}=\frac{-u_\mathrm{be}}{\dfrac{-u_\mathrm{be}}{r_\mathrm{be}}-g_\mathrm{m}u_\mathrm{be}}=\frac{r_\mathrm{be}}{1+g_\mathrm{m}r_\mathrm{be}}$$

习　题　2

2-1　填空题。

(1) 如果两个单口电路端口的伏安关系完全相同，则这两个单口电路对端口以外的电路而言是_____的。

(2) 已知两电阻元件，$R_1 = 40\ \Omega$，$R_2 = 10\ \Omega$，它们串联后的等效电阻为_____，它们并联后的等效电阻为_____。

(3) 一个无源单口电路，对任意外电路而言，可等效为一个_____。

(4) 与理想电压源并联的任意二端电路，对端口以外的电路而言，都是多余的，可以_____；与理想电流源串联的任意二端电路，对端口以外的电路而言，都是多余的，可以_____。

(4) 当实际电压源的内阻 $R_s = 0$ 时，可将其看做_____；当实际电流源的内阻 $R_s \to \infty$ 时，可将其看做_____。

(5) 一个含源单口电路，对端口以外的电路而言，可等效为_____或_____。

2-2　选择题。

(1) 两电路等效是指对(　　　　)等效。

(A) 电源　　　　　(B) 负载　　　　　(C) 外电路　　　　　(D) 所有电路

(2) 题 2-2-2 图所示电路，等效电阻 R_{ab} 为(　　　　)。

(A) 3 Ω　　　　　(B) 2 Ω　　　　　(C) 5 Ω　　　　　(D) 8 Ω

(3) 题 2-2-3 图所示电路，等效电阻 R_{ab} 为(　　　　)。

(A) 5 Ω　　　　　(B) 10 Ω　　　　　(C) -5 Ω　　　　　(D) 15 Ω

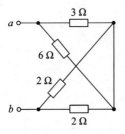

题 2-2-2 图

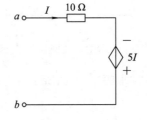

题 2-2-3 图

(4) 题 2-2-4 图所示电路，ab 端口电压 u 和电流 i 的关系式为(　　　　)。

(A) $u = u_s + R_s i$ 　　　　　　(B) $u = u_s - R_s i$

(C) $u = -u_s + R_s i$ 　　　　　(D) $u = -u_s - R_s i$

(5) 题 2-2-5 图所示电路，可等效为(　　　　)。

(A) 3 A 理想电流源

(B) 6 V 理想电压源和 2 Ω 电阻串联

(C) 3 A 理想电流源和 2 Ω 电阻并联

(D) 6 A 理想电流源和 2 Ω 电阻并联

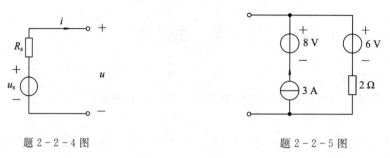

题 2-2-4 图　　　　　　　　　题 2-2-5 图

2-3　求题 2-3 图所示两电路中的电流 i_1 和 i_2。

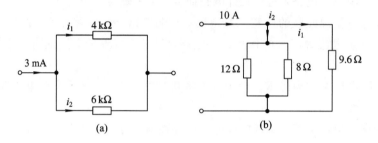

(a)　　　　　　　　　　　　(b)

题 2-3 图

2-4　电路如题 2-4 图所示，求电流 i。

2-5　电路如题 2-5 图所示，求电压 u_{ab}。

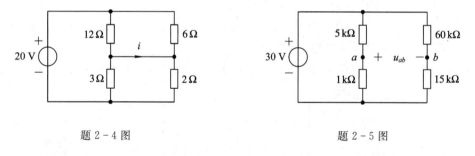

题 2-4 图　　　　　　　　　题 2-5 图

2-6　试求题 2-6 图所示各电路中的待求量 I、U_s。

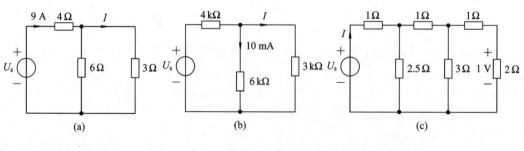

(a)　　　　　　　　(b)　　　　　　　　(c)

题 2-6 图

2-7　题 2-7 图为一多量程直流电压表电路。表头的满偏电流为 $50\ \mu A$，R_0 为一可变电阻，用来调节使表头部分的等效电阻为 $2.5\ \mathrm{k\Omega}$。若电压表的量程为 $2.5\ \mathrm{V}$、$10\ \mathrm{V}$、$50\ \mathrm{V}$ 和 $250\ \mathrm{V}$，求电阻 R_1、R_2、R_3 和 R_4 的值。

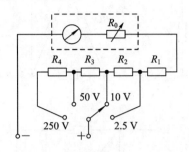

题 2-7 图

2-8　题 2-8 图为一多量程直流电流表电路。表头的满偏电流为 $200\ \mathrm{\mu A}$，内阻为 $490\ \Omega$，若电流表的量程为 $10\ \mathrm{mA}$、$50\ \mathrm{mA}$、$100\ \mathrm{mA}$ 和 $500\ \mathrm{mA}$，求电阻 R_1、R_2、R_3 和 R_4 的值。

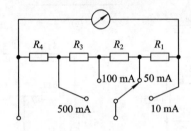

题 2-8 图

2-9　试求题 2-9 图所示电路的等效电压源模型。

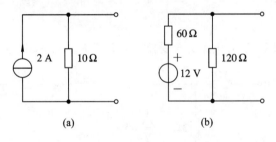

题 2-9 图

2-10　试求题 2-10 图所示电路的等效电流源模型。

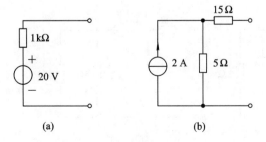

题 2-10 图

2-11　求题 2-11 图所示各电路 ab 端的等效电阻 R_{ab}。

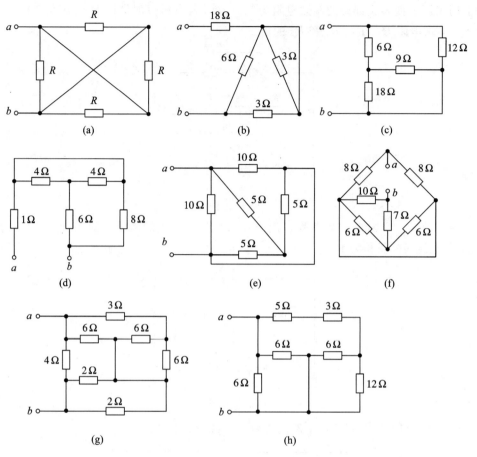

题 2-11 图

2-12 题 2-12 图所示各电路为含受控源的无源单口电路，试求 ab 端的等效电阻 R_{ab}。

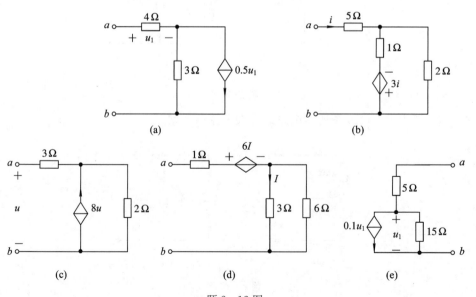

题 2-12 图

2 - 13　试等效化简题 2 - 13 图所示的各电路。

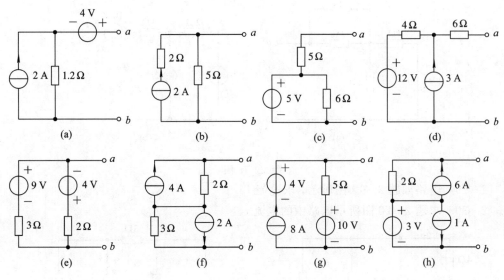

题 2 - 13 图

2 - 14　含源单口电路如题 2 - 14 图所示，试求 ab 以左的最简等效电路。

2 - 15　试等效化简题 2 - 15 图所示的含源单口电路，并写出端口的 VAR 表达式。

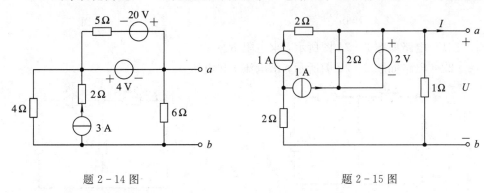

题 2 - 14 图　　　　　　　　　　　题 2 - 15 图

2 - 16　试等效化简题 2 - 16 图所示的含源单口电路。

2 - 17　试计算题 2 - 17 图所示电路中的电流 I。

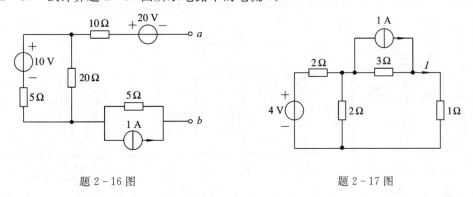

题 2 - 16 图　　　　　　　　　　　题 2 - 17 图

2 - 18　试等效化简题 2 - 18 图所示的两含源单口电路。

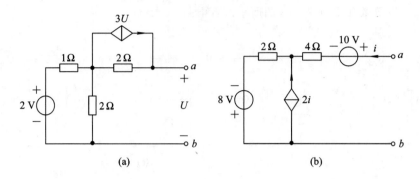

题 2-18 图

2-19　电路如题 2-19 图所示，求电流 i。

2-20　求题 2-20 图所示电路中的电流 i。

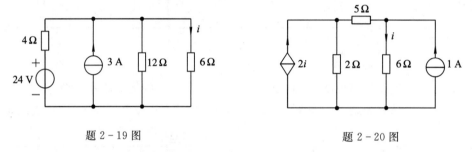

题 2-19 图　　　　　　　　　　　　题 2-20 图

2-21　电路如题 2-21 图所示，求电阻 R。

2-22　电路如题 2-22 图所示，求电流 i 和电压 u。

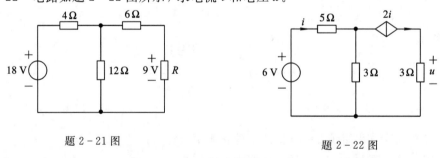

题 2-21 图　　　　　　　　　　　　题 2-22 图

2-23　试计算题 2-23 图所示各电路中 ab 两点间的等效电阻 R_{ab}。

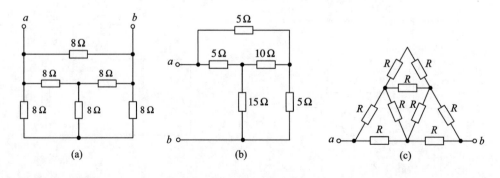

题 2-23 图

2-24　电路如题 2-24 图所示，求 20 V 电压源产生的功率。

2-25　试利用理想电源的等效转移将题 2-25 图所示的电路化为最简形式。

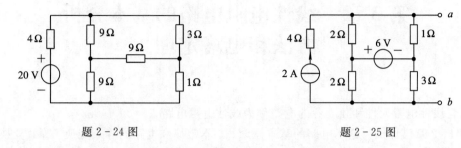

题 2-24 图　　　　　　　　　　　　　题 2-25 图

2-26　试利用理想电源的等效转移求题 2-26 图所示电路中的电流 I_1 和 I_2。

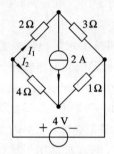

题 2-26 图

第3章　线性电阻电路的基本分析方法和电路定理

只含线性电阻元件和独立源的电路称为线性电阻电路。

第1、2章已详细讨论了电路的基本概念、基本定律和电路的等效变换。等效变换主要是将电路化简，使电路问题分析更为简便。然而当电路比较复杂时，或者需要对整个电路进行分析计算时，这种方法就不够方便了。由此，本章将根据电路的两类约束关系（元件约束和拓扑约束）导出线性电阻电路的基本分析方法。

本章介绍的各种分析方法均力图减少求解电路所需方程的数目，即选择适当的电路变量，根据两类约束关系，得到一组数目最少的电路方程。依据电路变量的不同，可形成线性电阻电路的基本分析方法。这些分析方法适用于直流电路，也同样适用于正弦交流电路。

此外，本章还将介绍几个常用的电路定理，这些定理在电路理论的研究和分析计算中十分有用。线性电路最重要的基本性质就是叠加特性，因此，我们首先讨论叠加定理，它是分析线性电路的基础；其次讨论替代定理，该定理适用于具有唯一解的任何电路，包括线性、非线性、时变和非时变电路；之后由上述两个定理推导出戴维南定理和诺顿定理，这两个定理不仅具有重要的理论意义，也是分析计算线性复杂电路的重要方法，是本章的又一学习重点；然后介绍互易定理，该定理不适用于含受控源的电路；最后简要讨论电路的对偶性。

3.1　支　路　电　流　法

支路电流法是以电路中各支路电流为未知量（求解对象），根据元件的 VAR 和 KCL、KVL 约束关系，列写独立的 KCL 方程和独立的 KVL 方程，解出各支路电流。如果有必要，则进一步计算其他待求量，如电压或功率等。

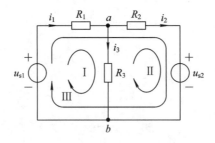

图 3.1-1　支路电流法示意图

现以图 3.1-1 所示电路为例，说明支路电流法分析电路的全过程。在本电路中，支路数 $b=3$，节点数 $n=2$，网孔数 $m=2$。就本例而言，需要列出含支路电流 i_1、i_2 和 i_3 的 3 个独立方程。

（1）选定各支路电流参考方向标示于图中。

（2）根据 KCL 建立节点电流方程。

节点 a：$\qquad\qquad\qquad i_1-i_2-i_3=0 \qquad\qquad\qquad$ (3.1−1)

节点 b：$\qquad\qquad\qquad -i_1+i_2+i_3=0 \qquad\qquad\qquad$ (3.1−2)

显然，由式(3.1−1)乘以−1就得到式(3.1−2)，这两个式子是非独立的方程。因此，对具有两个节点的电路，应用 KCL 只能列出 2−1=1 个独立方程。

一般来说，对具有 n 个节点的电路，应用基尔霍夫电流定律 KCL 只能得到 $n-1$ 个独立电流方程。

（3）根据 KVL，建立回路电压方程。

该电路有三个回路，在列回路电压方程前，先将回路的绕行方向标示于图中。

回路 Ⅰ：$\qquad\qquad\qquad R_1 i_1+R_3 i_3=u_{s1} \qquad\qquad\qquad$ (3.1−3)

回路 Ⅱ：$\qquad\qquad\qquad R_2 i_2-R_3 i_3=-u_{s2} \qquad\qquad\qquad$ (3.1−4)

回路 Ⅲ：$\qquad\qquad\qquad R_1 i_1+R_2 i_2=u_{s1}-u_{s2} \qquad\qquad\qquad$ (3.1−5)

观察式(3.1−3)～式(3.1−5)，任何一式可由其他两式相加或相减而得到，它们是非独立的。所以只能取其中的两个方程作为独立方程，其独立方程数正好等于电路的网孔数。经推广，如果电路中有 b 条支路，n 个节点，则独立回路数（即网孔数）$m=b-(n-1)$。因此列 KVL 方程不一定选网孔，可选任意 m 个独立回路。但网孔肯定是独立回路，所以一般总是列网孔的 KVL 方程。

由以上分析可知，独立节点数与网孔数之和等于支路数 b，即根据 KCL 和 KVL 可列出 b 个独立方程，所以能解出 b 个支路电流。

【例 3.1−1】 电路如图 3.1−2 所示，试求各支路电流。

解　选定各支路电流的参考方向和回路的参考方向，并标示于图中。

该电路中，节点数 $n=2$，网孔数 $m=2$。应用基尔霍夫定律列出一个独立节点电流方程和两个独立回路电压方程如下：

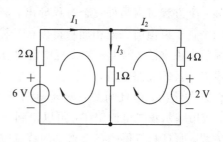

$$I_1=I_2+I_3$$
$$2I_1+1I_3=6$$
$$4I_2-1I_3=-2$$

图 3.1−2　例 3.1−1 用图

解之，得

$$I_1=2\,\mathrm{A},\quad I_2=0\,\mathrm{A},\quad I_3=2\,\mathrm{A}$$

综上所述，用支路电流法分析电路的一般步骤如下：

（1）选定各支路电流的参考方向和独立回路的绕行方向。

（2）根据 KCL 对 $n-1$ 个独立节点列节点电流方程。

（3）根据 KVL 对独立回路列回路电压方程，其中独立回路数等于网孔数。

（4）联立求解所列的 b 个电路方程，解出 b 个支路电流，进而可求得其他待求的电压、功率等。

当用支路电流法时，可把理想电流源并联电阻组合等效变换为理想电压源串联电阻组合，以简化计算。

支路电流法是以支路电流为变量（求解对象），列出 KCL、KVL 方程共 b 个，然后解方程组求出各支路电流。如果支路数多，则要联立求解的方程也多，计算较繁，所以通常只在分析较简单的电路时采用这一方法。

3.2 节点分析法

3.1 节介绍的支路电流法虽然能用来求解电路，但所需的独立方程数与电路的支路数相同，对于支路数较多的复杂电路，计算工作量较大。为了克服支路电流法的缺点，我们可以选取一组适当的电流或电压作为独立变量，力图使求解电路所需的独立方程数目最少，从而减少计算工作量。本节介绍的节点分析法是以节点电压为变量列写电路方程，然后进行分析求解。

3.2.1 节点电压

下面以图 3.2-1 所示的直流电路为例。这个电路中有 4 个节点、6 条支路，标明各支路电流参考方向，如图 3.2-1 所示。应用基尔霍夫电流定律，对这 4 个节点建立 KCL 方程，有：

节点 1： $i_2 - i_1 - i_{s6} = 0$
节点 2： $i_4 + i_3 - i_2 = 0$
节点 3： $i_5 + i_{s6} - i_3 = 0$
节点 4： $i_1 - i_4 - i_5 = 0$

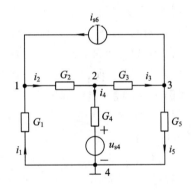

图 3.2-1 节点分析法用图

这四个方程中只有三个是独立的。也就是说，其中某一个方程可由另外三个方程导出。例如，本例中第四个式子可由前三式相加减得出，而余下的三个方程显然是独立的，因为每个方程中包含有其余两个方程没有涉及的支路电流，所以任一方程不可能由另外两个方程导出。由此可见，对于具有四个节点的电路，应用基尔霍夫电流定律，可以得到三个独立的节点方程，而且只能得到三个独立的节点方程。

我们把能够提供独立的 KCL 方程的节点称为独立节点。对于具有 n 个节点的电路，独立节点数 n_i 恒等于节点数减 1，即 $n_i = n-1$。自然地，余下的那个节点称为非独立节点，即参考节点（或接地点），一般用电路符号"⊥"表示。参考节点的电位设置为零，故又称为"零电位点"。

节点电压（或节点电位）是指独立节点到参考节点的电压降，是一组完备的独立的电压变量，就 KVL 来说，它们是线性无关的，即任一节点电压不可能用该电路中的其他节点电压来表示。以图 3.2-1 所示电路为例，若选节点 4 为参考节点（$u_4 = 0$），则其余的三个节点为独立节点，它们对参考节点的电压降（即节点电压）分别为 u_1、u_2、u_3。

节点分析法就是以节点电压（各独立节点对参考节点的电压降）为变量，对每个独立节点列写 KCL 方程，然后根据欧姆定律，将各支路电流用节点电压表示，联立求解方程，求得各节点电压。解出节点电压后，就可进一步求得其他待求的电压、电流和功率等。所以，节点分析法又称为节点电压法，该法对平面电路或非平面电路都适用。

3.2.2　节点方程

下面以图 3.2-1 所示电路为例来阐明节点方程的导出。

首先选定参考节点，这里选节点 4 为参考节点，并标明各支路电流的参考方向，如图 3.2-1 所示。

然后根据 KCL 对独立节点 1、2、3 列写 KCL 方程（节点电流方程），设流出节点的电流取正号，流入节点的电流取负号，则有

$$\begin{cases} i_2 - i_1 - i_{s6} = 0 & \text{节点 1} \\ i_4 + i_3 - i_2 = 0 & \text{节点 2} \\ i_5 + i_{s6} - i_3 = 0 & \text{节点 3} \end{cases} \tag{3.2-1}$$

根据欧姆定律，将各支路电流用节点电压表示，即

$$\begin{cases} i_1 = -G_1 u_1 \\ i_2 = G_2(u_1 - u_2) \\ i_3 = G_3(u_2 - u_3) \\ i_4 = G_4(u_2 - u_{s4}) \\ i_5 = G_5 u_3 \end{cases} \tag{3.2-2}$$

将式（3.2-2）代入式（3.2-1）中，得

$$\begin{cases} G_2(u_1 - u_2) - (-G_1 u_1) - i_{s6} = 0 \\ G_4(u_2 - u_{s4}) + G_3(u_2 - u_3) - G_2(u_1 - u_2) = 0 \\ G_5 u_3 + i_{s6} - G_3(u_2 - u_3) = 0 \end{cases} \tag{3.2-3}$$

式（3.2-3）经移项整理可得

$$\begin{cases} (G_1 + G_2)u_1 - G_2 u_2 = i_{s6} \\ -G_2 u_1 + (G_2 + G_3 + G_4)u_2 - G_3 u_3 = G_4 u_{s4} \\ -G_3 u_2 + (G_3 + G_5)u_3 = -i_{s6} \end{cases} \tag{3.2-4}$$

式（3.2-4）就是我们想要得到的以节点电压为变量的节点方程。解这三个方程，可求得节点电压，进而可算出电路中所有的支路电压和电流。

需要指出的是，由于式（3.2-4）来源于式（3.2-1），式（3.2-1）是一组独立的 KCL 方程，因而式（3.2-4）这组方程也是独立的，式中的任一个方程都不能由其他两个方程导出。记住，一个具有 n 个节点的电路可列出 $n-1$ 个独立的节点方程。

对于只含独立源和电阻的电路，建立像式（3.2-4）这样的一组节点方程是很容易的。观察式（3.2-4）与对应的电路图 3.2-1，可概括得出具有三个独立节点电路的节点方程的一般形式：

$$\begin{cases} G_{11}u_1 + G_{12}u_2 + G_{13}u_3 = i_{s11} & (3.2-5(a)) \\ G_{21}u_1 + G_{22}u_2 + G_{23}u_3 = i_{s22} & (3.2-5(b)) \\ G_{31}u_1 + G_{32}u_2 + G_{33}u_3 = i_{s33} & (3.2-5(c)) \end{cases}$$

式中，G_{11}、G_{22}、G_{33} 分别称为节点 1、节点 2、节点 3 的自电导（self conductance），它们分别等于与相应节点相连的所有支路电导之和，如 $G_{11} = G_1 + G_2$，$G_{22} = G_2 + G_3 + G_4$，$G_{33} = G_3 + G_5$。

$G_{12}=G_{21}$ 称为节点 1 与节点 2 之间的互电导（mutual conductance），其值等于跨接在节点 1、2 之间的所有支路电导之和并冠以负号，如 $G_{12}=G_{21}=-G_2$；同理，$G_{13}=G_{31}$ 是节点 1 与节点 3 之间的互电导，此处 $G_{13}=G_{31}=0$，这是因为节点 1 与节点 3 之间没有跨接的支路电导；$G_{23}=G_{32}$ 是节点 2 与节点 3 之间的互电导，$G_{23}=G_{32}=-G_3$。

i_{s11}、i_{s22}、i_{s33} 分别为流入节点 1、节点 2、节点 3 的电流源电流的代数和，如 $i_{s11}=i_{s6}$，$i_{s22}=G_4u_{s4}$，$i_{s33}=-i_{s6}$。凡是电流源电流流入相应独立节点的，电流源电流取正号，反之取负号。

值得注意的是，自电导恒为正值，互电导恒为负值。这是因为我们在建立 KCL 方程时约定流出节点的电流为正而流入节点的电流为负的缘故。

下面以式（3.2-5(a)）为例说明节点方程的物理意义。

等号左边第一项 $(G_1+G_2)u_1$ 表示节点电压 u_1 单独作用（$u_2=u_3=0$）时，流出节点 1 的电导支路电流；第二项表示节点电压 u_2 单独作用（$u_1=u_3=0$）时，流入节点 1 的电导支路电流。等号右边则是流入节点 1 的电流源电流的代数和。因此节点方程的物理意义是：在各节点电压的共同作用下，由独立节点流出的电导支路电流的代数和等于流入该节点的电流源电流的代数和。

式（3.2-5）是节点方程的一般形式，很好记忆，根据其规律性，就可以由电路图直接写出节点方程，而不必逐步推导。

应用节点分析法求解电路的步骤如下：

（1）选定参考节点，标注各节点电压，这是一组独立的电路变量。

（2）对各独立节点按节点方程的一般形式列写节点方程。

（3）解方程求出各节点电压。

（4）根据节点电压进一步求得其他待求的电压、电流和功率等。

下面通过具体例子说明节点分析法求解电路的步骤。

【例 3.2-1】 电路如图 3.2-2 所示，求各支路电流。

解 （1）选参考节点，设节点电压。

该电路有两个节点，选其中一个为参考节点（本例选节点 2 为参考节点），标以接地符号"⊥"，如图所示。设节点 1 的节点电压为 u_1。

（2）按节点方程的一般形式列写节点方程。

通常用节点分析法建立节点方程时，可以先算出各独立节点的自电导、互电导以及流入节点的电流源电流的代数和，再代入节点方程的一般形式中，从而写出节点方程。另外，若电

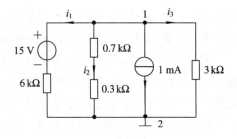

图 3.2-2　例 3.2-1 用图

路中有理想电压源串联电阻的支路，则利用实际电源的等效变换，将实际电压源模型等效为实际电流源模型。本例电路只有一个独立节点，故仅需对节点 1 列写节点方程，有

$$G_{11}=\frac{1}{6\times10^3}+\frac{1}{(0.7+0.3)\times10^3}+\frac{1}{3\times10^3}=1.5\times10^{-3}\ \text{S}$$

$$I_{s11}=-1\times10^{-3}+\frac{15}{6\times10^3}=1.5\times10^{-3}\ \text{A}$$

将上述数据代入式(3.2-5)(节点方程的一般形式)，得节点方程为

$$1.5 \times 10^{-3} u_1 = 1.5 \times 10^{-3}$$

(3) 解方程求出节点电压。解上述方程得

$$u_1 = 1 \text{ V}$$

(4) 由求得的节点电压，根据支路的特性方程，求出各支路电流。

$$i_1 = \frac{u_1 - 15}{6 \times 10^3} = \frac{1 - 15}{6 \times 10^3} = -\frac{7}{3} \text{ mA}$$

$$i_2 = \frac{u_1}{(0.7 + 0.3) \times 10^3} = \frac{1}{1 \times 10^3} = 1 \text{ mA}$$

$$i_3 = \frac{u_1}{3 \times 10^3} = \frac{1}{3 \times 10^3} = \frac{1}{3} \text{ mA}$$

从此例的分析求解中可以看出，对于只有两个节点的电路，任取一个节点作为参考节点，另一个节点即为独立节点，令其节点电压为 u，则节点方程简化为

$$\sum Gu = \sum i_s$$

式中，$\sum G$ 为各支路(包括有源支路)电导之和；$\sum i_s$ 为将所有实际电压源等效变换为实际电流源后流入独立节点的电流源电流的代数和。

【例 3.2-2】　电路如图 3.2-3 所示，用节点分析法求电流 i 和 4 V 电压源产生的功率。

解　本题电路有三个节点，选其中一个节点为参考节点，其余两个节点为独立节点，标示于图中。设独立节点 1 和节点 2 的节点电压分别为 u_1 和 u_2。节点方程如下：

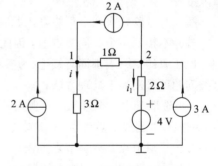

节点 1：$\left(\dfrac{1}{3} + \dfrac{1}{1}\right)u_1 - \dfrac{1}{1}u_2 = 2 + 2$

节点 2：$-\dfrac{1}{1}u_1 + \left(\dfrac{1}{1} + \dfrac{1}{2}\right)u_2 = -2 + 3 + \dfrac{4}{2}$

解之，得

$$u_1 = 9 \text{ V}$$
$$u_2 = 8 \text{ V}$$

图 3.2-3　例 3.2-2 用图

接下来由求得的节点电压，求解电流 i 和 4 V 电压源产生的功率。电流 i 为

$$i = \frac{u_1}{3} = \frac{9}{3} = 3 \text{ A}$$

设流过 4 V 电压源支路的电流为 i_1，参考方向标示于图中，则 4 V 电压源的功率为

$$P = 4i_1 = 4 \times \frac{u_2 - 4}{2} = 4 \times \frac{8 - 4}{2} = 8 \text{ W}$$

即 4 V 电压源产生的功率为 -8 W。

由以上分析可见，节点分析法适用于节点数少而支路数多的电路分析。

3.2.3　特殊电路节点方程的处理方法

1. 含理想电压源电路的节点方程

在应用节点分析法分析电路时，有时会遇到电路中含有理想电压源支路的情况，此时

按节点方程的一般形式列写节点方程将产生困难，因为节点方程是根据 KCL 导出的。如何列写这类电路的节点方程呢？下面举例说明。

【例 3.2-3】　电路如图 3.2-4 所示，试列写其节点方程。

解　本题电路中含有一个理想电压源支路。

（1）若原电路没有指定参考节点，则可采用如下处理方法：选理想电压源的一端作为参考节点，例如本题选节点 4 为参考节点，这样 $u_2 = u_{s1}$，于是无需再对节点 2 列节点方程，即减少了一个节点方程的列写。本题所列的节点方程如下：

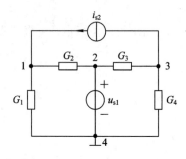

图 3.2-4　例 3.2-3 用图

节点 1：　$(G_1 + G_2)u_1 - G_2 u_2 = i_{s2}$

节点 2：　$u_2 = u_{s1}$

节点 3：　$-G_3 u_2 + (G_3 + G_4)u_3 = -i_{s2}$

（2）若原电路的参考节点已给定，且不是理想电压源的端节点，这种情况下的处理方法为：设流过理想电压源支路的电流为 i_{s1}（这是因为节点方程是根据 KCL 列写的），在列写节点方程时，理想电压源支路可当作理想电流源 i_{s1} 对待，这样还需要增加一个补充方程，即理想电压源电压与节点电压相联系的方程。例 3.2-4 说明了该处理方法。

【例 3.2-4】　电路如图 3.2-5 所示，试列写其节点方程。

解　此电路含有两个理想电压源支路，而且它们的一端并不接到一个共同节点上，因此不可能使两个理想电压源的某一端都同时接地（为参考节点）。对于这类问题可采用如下处理方法：

（1）选取其中一个理想电压源的一端作为参考节点。例如，本题选节点 4 为参考节点，这样 $u_2 = u_{s1}$，从而减少了对节点 2 列写节点方程。

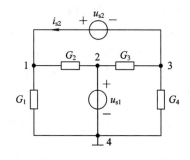

图 3.2-5　例 3.2-4 用图

（2）设流过另一个理想电压源的电流为 i_{s2}，参考方向标示于图中（因节点方程是依据 KCL 列写的节点电流方程，所有与该节点相连的每一支路电流都必须计算在内），并增列一个补充方程，即理想电压源电压与节点电压相联系的方程。本题 $u_{s2} = u_1 - u_3$。

对本题所示电路列节点方程和补充方程如下：

节点 1：　　　　　　　$(G_1 + G_2)u_1 - G_2 u_2 = i_{s2}$

节点 2：　　　　　　　$u_2 = u_{s1}$

节点 3：　　　　　　　$-G_3 u_2 + (G_3 + G_4)u_3 = -i_{s2}$

补充方程：　　　　　　$u_{s2} = u_1 - u_3$

注意：节点方程一般形式中的 i_{s11}、i_{s22} 和 i_{s33} 可理解为流入各独立节点的所有已知的电流源电流以及未知的理想电压源电流的代数和。

2. 含受控源电路的节点方程

对含受控源的电路列写节点方程时，可先将受控源按独立源处理，写出节点方程。所不同的是，因多了一个未知量（受控源的控制量），故需增列一个补充方程，即将受控源的控制量用节点电压表示的方程。

【例 3.2 - 5】　电路如图 3.2 - 6 所示，求电流 i。

解　本题电路含有两个节点，选节点 2 为参考节点，标于图中。此电路含有受控源，将受控源暂时看做独立源，列写节点方程如下：

节点 1：　$\left(\dfrac{1}{1}+\dfrac{1}{3}\right)u_1=\dfrac{12}{1}+\dfrac{2i}{3}+6$

上式方程有两个未知量，需再列一个补充方程，将控制量 i 用节点电压表示：

$$i=\dfrac{12-u_1}{1}=12-u_1$$

联立求解上述两个方程，得

$$u_1=13\text{ V}$$

$$i=-1\text{ A}$$

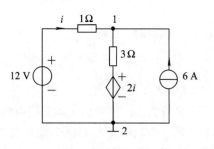

图 3.2 - 6　例 3.2 - 5 用图

【例 3.2 - 6】　试用节点分析法求解图 3.2 - 7 所示电路中受控电流源的端电压 u。

解　本题电路含有一个理想电压源支路，故选取理想电压源的一端（节点 3）为参考节点。此电路含有受控源，按上例所述方法列写节点方程和补充方程：

节点 1：　　　$(2+3)u_1-3u_2=3+10i_1$

节点 2：　　　$u_2=5$

补充方程：　　$i_1=2u_1$

解上方程组，可得

$$u_1=-\dfrac{6}{5}\text{ V}$$

$$u_2=5\text{ V}$$

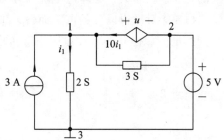

图 3.2 - 7　例 3.2 - 6 用图

于是有

$$u=u_1-u_2=-\dfrac{6}{5}-5=-6.2\text{ V}$$

【例 3.2 - 7】　电路如图 3.2 - 8 所示，试用节点分析法求节点电压 u_1、u_2 和 u_3（参考节点已指定）。

解　原电路已指定了参考节点，就不能另选参考节点。这种情况下，需设流过理想电压源支路的电流为 i_s，参考方向示于图中。列写节点方程和补充方程如下：

节点 1：　　　$(4+4)u_1-4u_3=i_s$

节点 2：　　　$i_s+2i=8$

节点 3：　　　$-4u_1+(4+4)u_3=2i$

补充方程：

$$u_1-u_2=2$$

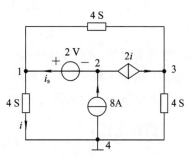

图 3.2 - 8　例 3.2 - 7 用图

$$i = 4u_1$$

解上述方程组，可得

$$u_1 = \frac{4}{5} = 0.8 \text{ V}, \quad u_2 = -\frac{6}{5} = -1.2 \text{ V}, \quad u_3 = \frac{6}{5} = 1.2 \text{ V}$$

【例 3.2 - 8】 电路如图 3.2 - 9 所示，试用节点分析法求支路电流 i 和受控电流源端电压 u。

解 本题电路含有两个理想电压源，选取其中一个理想电压源的一端（节点 4）为参考节点，按前几例所述的处理方法列写节点方程和补充方程。只是这里要注意，在列写节点方程之前，需对电路进行等效化简，即与理想电压源并联的元件或单口电路，对端口以外的电路而言，都是多余的，可予以断开；与理想电流源串联的元件或

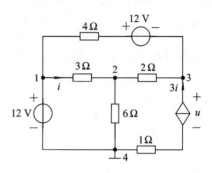

图 3.2 - 9　例 3.2 - 8 用图

单口电路，对端口以外的电路而言，都是多余的，可予以短接。所以，在列写节点方程时，与受控电流源串联的 1 Ω 电阻不应考虑。

节点 1：　　　　　　　　$u_1 = 12$

节点 2：　　　　　　　　$-\frac{1}{3}u_1 + \left(\frac{1}{3} + \frac{1}{6} + \frac{1}{2}\right)u_2 - \frac{1}{2}u_3 = 0$

节点 3：　　　　　　　　$-\frac{1}{4}u_1 - \frac{1}{2}u_2 + \left(\frac{1}{2} + \frac{1}{4}\right)u_3 = 3i - \frac{12}{4}$

补充方程：　　　　　　　$i = \frac{u_1 - u_2}{3}$

解方程组，可得

$$u_1 = 12 \text{ V}, \quad u_2 = 9 \text{ V}, \quad u_3 = 10 \text{ V}, \quad i = 1 \text{ A}$$

求受控电流源端电压 u 时，因分析涉及到等效化简的单口电路内部，故需将被短接的 1 Ω 电阻恢复。由原电路可求得

$$u = u_3 + 1 \times 3i = u_3 + 3i = 10 + 3 \times 1 = 13 \text{ V}$$

注意：在列写节点方程时，不能将与电流源串联的电阻计入节点电导之中。

3.3 回 路 分 析 法

与节点分析法一样，回路分析法同样是分析和计算线性电路的一种重要方法。节点分析法是以一组完备的独立节点电压为变量来建立电路方程的，而回路分析法是以一组完备的独立回路电流为变量来建立电路方程的，其目的均是减少联立求解电路方程的个数。

3.3.1 回路电流

下面以图 3.3 - 1 所示的电路为例介绍回路电流。图 3.3 - 1 所示电路是一个平面电路，该电路的支路数 $b = 6$，节点数 $n = 4$，网孔 $m = b - (n - 1) = 3$，回路数若干。对每个回路列

写 KVL 方程，可列出若干个电路方程，但其中只有三个 KVL 方程是彼此独立的，即独立的 KVL 方程数等于电路的网孔数，这已在 3.1 节做过说明。于是有如下结论：对于一个平面电路而言，独立的 KVL 方程数等于该平面电路的网孔数，我们把能够提供独立的 KVL 方程的回路称为独立回路。显然，对于平面电路，独立回路数等于网孔数。即

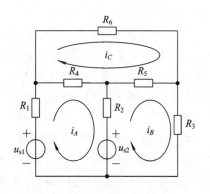

图 3.3-1　回路分析法用图

$$l = b - (n-1)$$

回路分析法是以一组完备的独立回路电流为变量来建立电路方程的。回路电流是沿着独立回路流动的假想环行电流，如图 3.3-1 所示的 i_A、i_B 和 i_C。自然地，沿着网孔边界流动的假想环行电流称为网孔电流。以网孔电流为变量建立电路方程，这种方法称为网孔分析法。图 3.3-1 所示的电路中，我们选取网孔为独立回路，则回路电流即为网孔电流。

3.3.2　回路方程

本节以图 3.3-1 所示的电路为例来阐明回路方程的导出。首先选定独立回路，并标明各回路电流的参考方向，如图 3.3-1 所示。然后对三个独立回路列写 KVL 方程如下：

回路 i_A：　　　　　$R_1 i_A + R_4(i_A - i_C) + R_2(i_A - i_B) = -u_{s2} + u_{s1}$

回路 i_B：　　　　　$R_2(i_B - i_A) + R_5(i_B - i_C) + R_3 i_B = u_{s2}$

回路 i_C：　　　　　$R_6 i_C + R_5(i_C - i_B) + R_4(i_C - i_A) = 0$

经整理得

$$\begin{cases} (R_1 + R_4 + R_2)i_A - R_2 i_B - R_4 i_C = -u_{s2} + u_{s1} \\ -R_2 i_A + (R_2 + R_5 + R_3)i_B - R_5 i_C = u_{s2} \\ -R_4 i_A - R_5 i_B + (R_6 + R_5 + R_4)i_C = 0 \end{cases} \tag{3.3-1}$$

式(3.3-1)就是以回路电流为变量列写的回路方程。解这三个方程，可求得回路电流，进而可求出所有支路的电流和电压。

需要指出的是，式(3.3-1)中的任意一个方程都不能由其他两个方程导出，这三个方程是彼此独立的。

观察式(3.3-1)与对应的电路图 3.3-1，可概括得出具有三个独立回路电路的回路方程的一般形式：

$$\begin{cases} R_{11} i_A + R_{12} i_B + R_{13} i_C = u_{s11} \\ R_{21} i_A + R_{22} i_B + R_{23} i_C = u_{s22} \\ R_{31} i_A + R_{32} i_B + R_{33} i_C = u_{s33} \end{cases} \tag{3.3-2}$$

式中，R_{11}、R_{22}、R_{33} 分别称为回路 i_A、回路 i_B、回路 i_C 的自电阻(self resistance)，它们分别等于各自回路内所有支路电阻之和，如 $R_{11} = R_1 + R_4 + R_2$，$R_{22} = R_2 + R_5 + R_3$，$R_{33} = R_6 + R_5 + R_4$。自电阻恒为正值，这是因为在建立回路方程时，本回路的回路电流在自电阻上所引起的电阻压降对本回路的绕行方向而言都是正值。

$R_{12} = R_{21}$ 称为回路 i_A 与回路 i_B 的互电阻(mutual resistance)，它们是两相邻独立回路

公共支路上的电阻，如 $R_{12}=R_{21}=-R_2$。

互电阻可为正，亦可为负。当相邻两回路电流流经公共支路时方向一致，互电阻取正；反之，互电阻取负。互电阻有正有负是因为在建立 KVL 方程时，沿着该回路的参考方向来计算，相邻回路电流在公共支路上所引起的压降可能为正，也可能为负，在将回路方程写成规则化的一般形式时，把这类电压降的正负号归算到互电阻之中，所以互电阻相应地有正有负。

同理，$R_{13}=R_{31}=-R_4$ 是回路 i_A 与回路 i_C 的互电阻；$R_{23}=R_{32}=-R_5$ 是回路 i_B 与回路 i_C 的互电阻。

u_{s11}、u_{s22}、u_{s33} 分别为回路 i_A、回路 i_B、回路 i_C 中沿回路电流方向各电压源电位升的代数和，如 $u_{s11}=-u_{s2}+u_{s1}$，$u_{s22}=u_{s2}$，$u_{s33}=0$。

对于平面电路来说，每一网孔均为一独立回路，网孔电流就是回路电流。所以，一般情况下，常选网孔为独立回路，且指定各网孔电流的方向一致，即或者都为顺时针，或者都为逆时针，这样相邻两网孔电流流经公共支路的方向一定是相反的，则互电阻均为负值，省去了对每个互电阻正负号的判断。

应用回路分析法求解电路的步骤如下：

（1）确定独立回路数（等于网孔数），选定回路电流方向，标示于图中。

（2）对各独立回路按回路方程的一般形式列写回路方程。

（3）解方程求出各回路电流。

（4）由求得的回路电流，求解其他的电压、电流和功率等。

下列举例说明回路分析法的应用。

【例 3.3-1】 电路如图 3.3-2 所示，试列写其回路方程，并求各支路电流。

解 （1）确定独立回路数，选定回路电流方向。

本题电路有两个网孔，选网孔为独立回路，且设网孔电流的方向一律为顺时针方向，如图 3.3-2 所示。

（2）对独立回路按回路方程的一般形式列写回路方程。

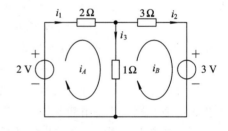

图 3.3-2　例 3.3-1 用图

回路 i_A：　　　　$(2+1)i_A-1i_B=2$

回路 i_B：　　　　$-1i_A+(3+1)i_B=-3$

整理有

$$3i_A-i_B=2$$

$$-i_A+4i_B=-3$$

（3）解方程得各回路电流。解上述方程组，得

$$i_A=\frac{5}{11}\text{ A}, \quad i_B=-\frac{7}{11}\text{ A}$$

（4）由回路电流求解各支路电流。各支路电流为

$$i_1=i_A=\frac{5}{11}\text{ A}$$

$$i_2 = i_B = -\frac{7}{11} \text{ A}$$

$$i_3 = i_A - i_B = \frac{5}{11} - \left(-\frac{7}{11}\right) = \frac{12}{11} \text{ A}$$

如果需要，可由支路电流求电路中任何处的电压、功率。

【例 3.3 - 2】　电路如图 3.3 - 3 所示，试列写其回路方程。

解　该电路有三个网孔，按与例 3.3 - 1 相同的方式，选网孔为独立回路，且选取网孔电流的方向一律为顺时针方向，如图 3.3 - 3 所示，列写回路方程如下：

回路 i_A：　$(2+3)i_A - 2i_C = -6$

回路 i_B：　$(1+2)i_B - 1i_C = 6$

回路 i_C：　$-2i_A - i_B + (1+1+2)i_C = 2$

整理有

$$\begin{cases} 5i_A - 2i_C = -6 \\ 3i_B - i_C = 6 \\ -2i_A - i_B + 4i_C = 2 \end{cases}$$

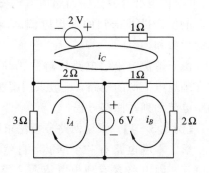

图 3.3 - 3　例 3.3 - 2 用图

3.3.3　特殊电路回路方程的处理方法

1. 含理想电流源电路的回路方程

在应用回路分析法分析电路时，有时会遇到电路中含有理想电流源支路的情况。由于回路方程是由 KVL 导出的，即独立回路内各支路电压降的代数和等于零，因此用上述常规方法来列写回路方程势必会遇到困难。下面举例说明其处理方法。

【例 3.3 - 3】　电路如图 3.3 - 4 所示，试列写其回路方程。

解法一：选理想电流源支路单独属于某一独立回路，即只有一个回路电流流过理想电流源支路。本题选回路电流 i_A 流过理想电流源支路，如图 3.3 - 4 所示，则

$$i_A = i_s$$

所以只需列出回路 i_B 和回路 i_C 的回路方程。本题电路的回路方程列写如下：

回路 i_A：　　　　$i_A = i_s$

回路 i_B：　　　$-R_2 i_A + (R_2 + R_4)i_B - (R_2 + R_4)i_C = u_s$

回路 i_C：　　$(R_1 + R_2)i_A - (R_2 + R_4)i_B + (R_1 + R_3 + R_4 + R_2)i_C = 0$

解法二：假设理想电流源的端电压为 u_0，选网孔为独立回路，网孔电流的方向均为顺时针方向，如图 3.3 - 5 所示。在列写回路方程时，理想电流源可当作理想电压源 u_0 对待，并需增加一个补充方程，即理想电流源与回路电流相联系的方程。按这种处理方法列回路方程如下：

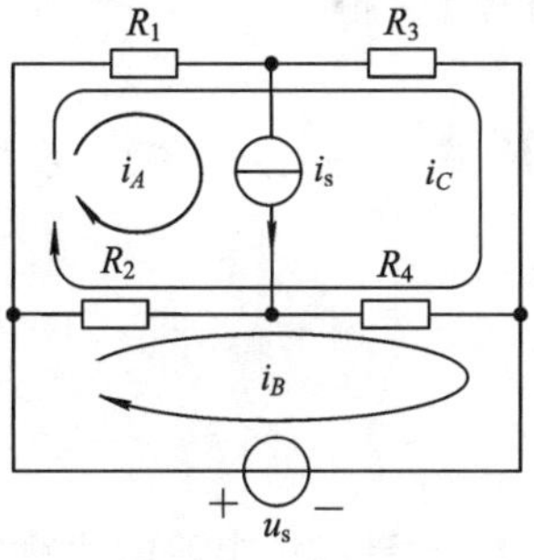

图 3.3 - 4　例 3.3 - 3 用图（一）

回路 i_A：　$(R_1+R_2)i_A-R_2i_B=u_0$

回路 i_B：　$-R_2i_A+(R_2+R_4)i_B-R_4i_C=u_s$

回路 i_C：　$-R_4i_B+(R_3+R_4)i_C=-u_0$

补充方程：　$i_s=i_A-i_C$

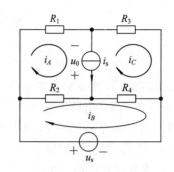

图 3.3-5　例 3.3-3 用图（二）

注意：回路方程一般形式中的 u_{s11}、u_{s22}、u_{s33} 可理解为沿着各独立回路所有已知的理想电压源电位升以及未知的理想电流源端电压电位升的代数和。

由于解法一求解电路较解法二简便，所以，对含理想电流源的电路，一般采用解法一来选取回路电流和列写回路方程。

【例 3.3-4】　试用回路分析法求图 3.3-6 所示电路中各未知支路电流。

解　本题电路有三个网孔，自然有三个回路电流。因电路含有理想电流源支路，故选理想电流源支路单独属于某一独立回路，即只有一个回路电流 i_C 流过理想电流源支路。设各回路电流方向如图 3.3-6 所示，列回路方程如下：

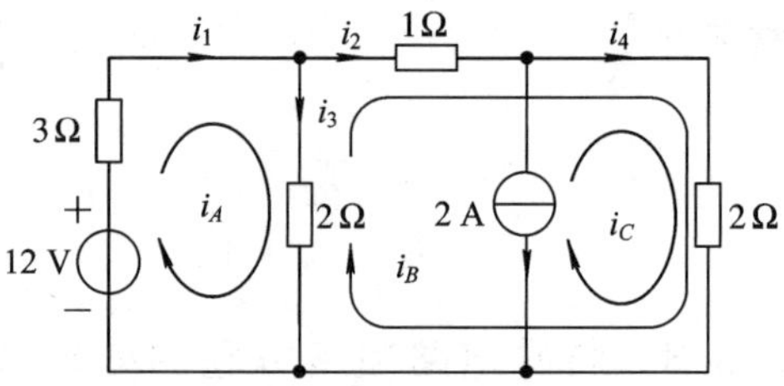

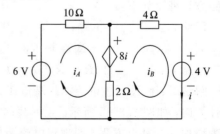

图 3.3-6　例 3.3-4 用图

回路 i_A：　$(3+2)i_A-2i_B=12$

回路 i_B：　$-2i_A+(2+1+2)i_B+2i_C=0$

回路 i_C：　$i_C=-2$

解方程组，得

$$i_A=3.24\text{ A},\quad i_B=2.1\text{ A},\quad i_C=-2\text{ A}$$

最后按图中各支路电流参考方向，求出各支路电流如下：

$$i_1=i_A=3.24\text{ A}$$
$$i_2=i_B=2.1\text{ A}$$
$$i_3=i_A-i_B=3.24-2.1=1.14\text{ A}$$
$$i_4=i_B+i_C=2.1+(-2)=0.1\text{ A}$$

2. 含受控源电路的回路方程

对含受控源的电路列写回路方程时，可先将受控源暂时看做独立源列出回路方程，并增列一个补充方程，将受控源的控制量用回路电流来表示。

【例 3.3-5】　电路如图 3.3-7 所示，试用回路分析求受控源的功率。

解　本题电路有两个网孔，选网孔为独立回路，网孔电流方向如图 3.3-7 所示。此电路含有受控源，按上述处理方法列写回路方程和补充方程如下：

图 3.3-7　例 3.3-5 用图

回路 i_A：　$(10+2)i_A-2i_B=-8i+6$

回路 i_B：$\qquad -2i_A+(4+2)i_B=-4+8i$

补充方程：$\qquad i=i_B$

解方程组，得

$$i_A=-1\text{ A},\quad i_B=3\text{ A}$$

受控源的功率为

$$P=8i\cdot(i_A-i_B)=8\times3\times(-1-3)=-96\text{ W}$$

注：此题中，控制量刚好为回路电流。

【例 3.3-6】 电路如图 3.3-8 所示，试用回路分析法求电压 u_1。

解 本题电路有三个网孔，选网孔为独立回路，网孔电流方向标示于图 3.3-8 中。网孔方程如下：

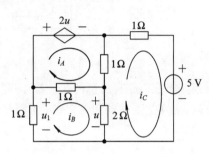

回路 i_A：$\quad(1+1)i_A-1i_B-1i_C=-2u$

回路 i_B：$\quad-1i_A+(1+1+2)i_B-2i_C=0$

回路 i_C：$\quad-1i_A-2i_B+(1+1+2)i_C=-5$

受控源的控制量 u 为未知量，要解上述方程组，需再补充一个方程，即将控制量 u 用网孔电流来表示：

$$u=2(i_B-i_C)$$

将此式代入网孔方程，解得

$$i_A=-\frac{35}{6}\text{ A},\quad i_B=-\frac{15}{4}\text{ A},\quad i_C=-\frac{55}{12}\text{ A}$$

于是有

图 3.3-8 例 3.3-6 用图

$$u_1=-1i_B=\frac{15}{4}=3.75\text{ V}$$

【例 3.3-7】 电路如图 3.3-9 所示，试用回路分析法求电压 u。

解 此电路有三个网孔，自然有三个独立回路。因电路含有理想电流源和受控电流源支路，故选回路电流时使两个电流源支路分别仅有一个回路电流流过，如图 3.3-9 所示。列回路方程如下：

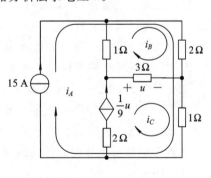

回路 i_A：$\quad i_A=15$

回路 i_B：$\quad2i_A+(1+2+3)i_B-3i_C=0$

回路 i_C：$\quad i_C=\dfrac{1}{9}u$

图 3.3-9 例 3.3-7 用图

再补充一个将控制量 u 用回路电流表示的方程：

$$u=3(i_C-i_B)$$

将此式代入回路方程，解得

$$i_A=15\text{ A},\quad i_B=-4\text{ A},\quad i_C=2\text{ A}$$

于是有

$$u=3(i_C-i_B)=3\times(2+4)=18\text{ V}$$

通常在选独立回路时，需要判定所选回路是否为独立回路，可根据这一回路是否包含有其他回路没有的新支路，若是，则为独立回路。

【例 3.3 - 8】 试用回路分析法求图 3.3 - 10 所示电路中的电流 i。

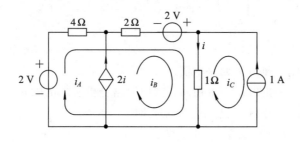

图 3.3 - 10   例 3.3 - 8 用图

解   本题电路有三个网孔，需列三个独立回路方程。因电路含有理想电流源和受控电流源支路，故处理方法同例 3.3 - 7。选回路电流如图 3.3 - 10 所示，列回路方程和补充方程如下：

回路 i_A： $(4+2+1)i_A+(2+1)i_B-1i_C=2+2$

回路 i_B： $i_B=2i$

回路 i_C： $i_C=-1$

补充方程： $i=i_A+i_B-i_C$

联立求解以上方程组，得

$$i=-10 \text{ A}$$

此题的另一解法是：先把 1 A 理想电流源与 1 Ω 电阻的并联组合等效变换为理想电压源与电阻的串联组合，电路就化简为只有两个网孔的电路，从而使计算得到简化。

总之，在应用回路分析法时，如有可能，不妨先对电路的某些部分进行化简，以减少回路方程的数目，使计算更为简单；遇到含有理想电流源（或受控电流源）电路时，只要有可能，尽量使理想电流源（或受控电流源）支路仅有一个回路电流通过，这样可减少列回路方程的数目，对计算很有好处。

由前面的分析可知，节点分析法和回路分析法均力图减少求解电路所需的电路方程的数目。因此，从列写电路方程的个数来看，当电路的独立节点数少于独立回路数时，用节点分析法比较方便；反之，用回路分析法比较方便。此外，对于非平面电路，因其独立回路不那么容易选择，建立回路方程时可能会遇到困难，所以节点分析法又常用于非平面电路。对于含有支路多而节点少的电路，采用节点分析法进行分析尤为方便。许多分析电路的计算机程序都是采用节点分析法编写的。

3.4   叠 加 定 理

由线性元件和独立源组成的电路为线性电路。叠加定理是线性电路固有性质的反映。独立源是电路的输入，对电路起着激励的作用，电路中其他元件的电流、电压则是激励所引起的响应。在一个线性电路中，任何一处的响应与引起该响应的激励之间存在着线性关系，叠加定理则是这一线性规律向多激励源作用的线性电路引申的结果。

例如，图 3.4 - 1 所示为一单输入（激励）的线性
电路，输入激励为独立电压源 u_s，若以流过电阻 R_2
的电流 i_2 为输出（响应），则

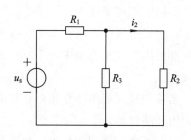

图 3.4 - 1　单输入线性电路

$$i_2 = \frac{u_s}{R_1 + \dfrac{R_2 R_3}{R_2 + R_3}} \cdot \frac{R_3}{R_2 + R_3}$$

$$= \frac{R_3}{R_1 R_2 + R_1 R_3 + R_2 R_3} u_s$$

由于 R_1、R_2 和 R_3 为线性电阻元件（电阻值为常数），
因此上式可表示为如下线性关系：

$$i_2 = \alpha u_s \tag{3.4 - 1}$$

显然，若激励 u_s 增大 k 倍，则响应 i_2 也随之增大 k 倍。这一性质在数学中称为"齐次性"
（homogeneity），在电路理论中则称为"比例性"（proportional city），它是"线性"（linearity）
的一个表现。

又如，图 3.4 - 2 所示为双输入线性电路，含有两个独立源（一个独立电压源 u_s 和一个
独立电流源 i_s），以流过电阻 R_2 的电流 i_2 为输出。应
用节点分析法，选节点 2 为参考节点，列节点方程为

$$\left(\frac{1}{R_1} + \frac{1}{R_2}\right) u_1 = \frac{u_s}{R_1} + i_s$$

又因

$$i_2 = \frac{u_1}{R_2}$$

故由上面两式可解得

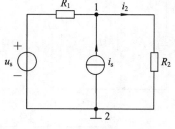

图 3.4 - 2　双输入线性电路

$$i_2 = \frac{1}{R_1 + R_2} u_s + \frac{R_1}{R_1 + R_2} i_s \tag{3.4 - 2}$$

由上式可看到，i_2 由两项组成，第一项与独立电压源 u_s 有关，第二项与独立电流源 i_s 有
关。我们不难算出，式中的第一项是在 u_s 单独作用下（此时，$i_s = 0$，视为开路）R_2 上的电流
（见图 3.4 - 3(a)），这一项与激励 u_s 成比例；第二项是在 i_s 单独作用下（此时，$u_s = 0$，视为
短路）R_2 上的电流（见图 3.4 - 3(b)），这一项与激励 i_s 成比例。也就是说，由两个激励所产
生的响应可表示为每一激励单独作用时所产生的响应之和。这一性质在电路理论中称为
"叠加性"（superposition）。响应与激励之间的这种线性关系，对任何具有唯一解的线性电
路都存在。

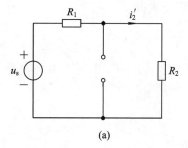
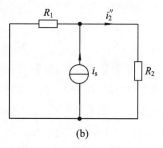

(a)　　　　　　　　　　　　　　　(b)

图 3.4 - 3　说明叠加定理用图

叠加定理可表述为：

在任何由线性电阻、线性受控源及独立源组成的线性电路中，每一元件的电流或电压响应都可以看成是电路中各个独立源单独作用时，在该元件上所产生的电流或电压响应的代数和。

当某一独立源单独作用时，其他独立源应为零值，即独立电压源用短路代替，独立电流源用开路代替。

以上叠加定理的叙述中，在论及线性电路时没有提到线性电容和线性电感等元件，这是因为它们为储能元件，可能具有初始储能，这些初始储能将在电路中引起响应（称为零输入响应）。因此叠加定理可按如下方式叙述：

在任何由线性元件和独立源组成的线性电路中，每一元件的电流或电压响应可以看成是每一激励源（包括独立源和初始储能）单独作用于电路时，在该元件上所产生的电流或电压响应的代数和。

【例 3.4-1】　电路如图 3.4-4(a)所示，试用叠加定理求电流 I。

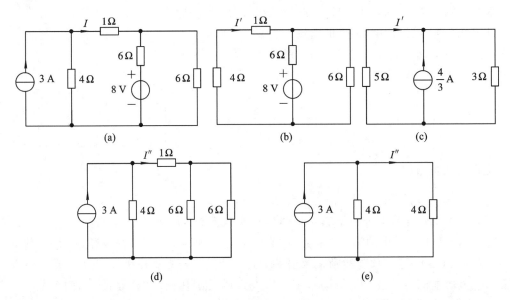

图 3.4-4　例 3.4-1 用图

解　(1) 8 V 电压源单独作用时，其电路如图(b)所示，此时 3 A 电流源作零值处理（开路）。将图(b)等效化简为图(c)，由电阻分流公式得

$$I' = -\frac{3}{3+5} \times \frac{4}{3} = -0.5 \text{ A}$$

(2) 3 A 电流源单独作用时，其电路如图(d)所示，此时 8 V 电压源作零值处理（短路）。将图(d)等效化简为图(e)，由电阻分流公式得

$$I'' = \frac{1}{2} \times 3 = 1.5 \text{ A}$$

(3) 根据叠加定理，将两响应分量叠加，得

$$I = I' + I'' = -0.5 + 1.5 = 1 \text{ A}$$

在应用叠加定理时,应注意以下几点:

(1)当令某一激励源单独作用时,其他激励源应置为零值,即独立电压源短路,独立电流源开路,储能元件的初始储能设为零。

(2)应用叠加定理求每一元件的电压、电流时,是代数和的叠加,即带有正、负号。

(3)若电路中含有受控源,则在应用叠加定理时,受控源不能单独作用。因受控电压源或受控电流源不是独立源,不能作为电路的输入(激励),因此在各独立源单独作用时,受控源要始终保留在电路中。

(4)叠加定理只适用于计算线性电路中的电流和电压响应,不能用来计算功率。仍以图 3.4-2 所示的电路为例,流过电阻 R_2 的电流为 i_2,两端电压为 u_2,根据叠加定理有

$$i_2 = i_2' + i_2''$$
$$u_2 = u_2' + u_2''$$

R_2 的功率为

$$\begin{aligned} P = u_2 i_2 &= (u_2' + u_2'')(i_2' + i_2'') \\ &= u_2' i_2' + u_2'' i_2' + u_2' i_2'' + u_2'' i_2' \\ &\neq u_2' i_2' + u_2'' i_2'' \end{aligned}$$

由此可见,如果用叠加定理来计算功率,那么将失去“交叉乘积”项,所以在计算元件的功率时,可先用叠加定理计算出该元件上的总电压和总电流,然后再用 $P = ui$ 计算它的功率。

(5)叠加的方式是任意的,可以每个独立源单独作用,也可以两个或多个独立源同时作用,方式的选择取决于分析问题的简便与否。

叠加性是线性电路的根本属性。它可用来简化电路的计算,但更重要的是它在理论和概念上的指导作用,我们将在以后的学习中逐步认识到这点。

【例 3.4-2】 电路如图 3.4-5(a)所示,用叠加定理求电流 I。

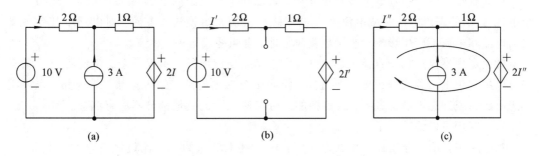

图 3.4-5 　例 3.4-2 用图

解 对含受控源电路运用叠加定理时,受控源和电阻一样,应该始终保留在电路中。

10 V 电压源单独作用时,如图 3.4-5(b)所示,此时 3 A 电流源作零值处理(开路)。这是一个单回路电路,列 KVL 方程为

$$(2+1)I' + 2I' = 10$$

解得

$$I' = 2 \text{ A}$$

3 A 电流源单独作用时，如图 3.4－5(c)所示，此时 10 V 电压源作零值处理（短路）。沿所选回路方向，列 KVL 方程

$$2I'' + 1(I'' + 3) + 2I'' = 0$$

解得

$$I'' = -0.6 \text{ A}$$

最后，将两响应分量叠加得

$$I = I' + I'' = 2 - 0.6 = 1.4 \text{ A}$$

【例 3.4－3】　图 3.4－6 所示为一线性电阻网络 N_R。当 $I_{s1} = 8$ A，$I_{s2} = 12$ A 时，U 为 80 V；当 $I_{s1} = -8$ A，$I_{s2} = 4$ A 时，U 为 0。当 $I_{s1} = I_{s2} = 20$ A 时，U 为多少？

　　解　本题电路为线性电路，运用线性电路的两个性质——齐次性和叠加性，有

$$U = k_1 I_{s1} + k_2 I_{s2}$$

将已知数据代入上式，得

$$\begin{cases} 80 = 8k_1 + 12k_2 \\ 0 = -8k_1 + 4k_2 \end{cases}$$

解方程组得

$$k_1 = 2.5, \quad k_2 = 5$$

于是，当 $I_{s1} = I_{s2} = 20$ A 时，有

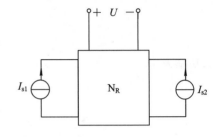

图 3.4－6　例 3.4－3 用图

$$U = k_1 I_{s1} + k_2 I_{s2} = 2.5 \times 20 + 5 \times 20 = 150 \text{ V}$$

通过以上各例可看出，利用叠加定理可以将多个独立源作用的复杂电路的分析，分解为多个只含一个独立源单独作用的较简单电路的分析，这样有时会使分析和计算更为简便。

3.5　置 换 定 理

在具有唯一解的线性或非线性电路中，若已知某一支路的电压 u_k 或电流 i_k，则可用一个电压为 u_k 的理想电压源或电流为 i_k 的理想电流源来置换这条支路，对电路中其余各支路的电压和电流不产生影响，这就是置换定理，也叫替代定理。

置换定理不仅适用于直流电路，也适用于正弦交流电路。不仅一个二端元件或一条支路可以用理想电压源或理想电流源置换，任何一个二端电路，包括有源二端电路，也可用理想电压源或理想电流源置换。被置换的部分与原电路的其他部分不应有耦合。

这一定理可以证明如下：

在电路中任取一条支路，端点为 a、b，已知其端电压为 u_k，流过该支路的电流为 i_k，如图 3.5－1(a)所示。

先证明用理想电压源置换的情况。现在设想在 ab 支路的某一端(b 点)接一理想电压源，其电压等于 ab 支路的端电压 u_k，理想电压源的另一端 c 点悬空，如图 3.5－1(b)所示，这当然不会影响原电路的工作。因 c 点与 a 点等电位，故可以将 ac 两点短路，如图 3.5－1(c)所示，形成 ab 支路与理想电压源并联的结构。根据等效化简规律，与理想电压源并联的任何二端电路，从端口等效的观点来看，都是多余的，可予以断开，结果便得到图 3.5－1(d)，即用一个电压为 u_k 的理想电压源代替了原来的 ab 支路。

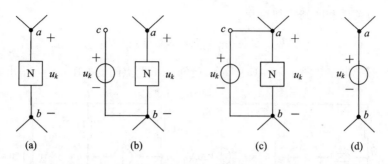

图 3.5-1　置换定理证明示意图(一)

同理也可以证明，ab 支路可以用理想电流源来置换，其过程如图 3.5-2 所示。图 3.5-2(a)表示原 ab 支路，现在设想在 ab 支路的两端并联两个电流方向相反的理想电流源，电流源的电流等于流过 ab 支路的电流 i_k，如图 3.5-2(b)所示。由于两个电流源对外作用相互抵消，因此不会影响原电路的工作。另一方面，左边理想电流源的电流与原 ab 支路的电流等值反向，若将它们的引线合并，则合并后的引线电流显然应等于零，可等效为开路，结果便得到图 3.5-2(c)，即用一个电流为 i_k 的理想电流源代替了原来的 ab 支路。

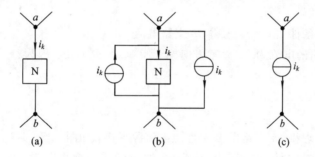

图 3.5-2　置换定理证明示意图(二)

【例 3.5-1】　电路如图 3.5-3(a)所示，已知 $U = 1.5$ V，试用置换定理求电压 U_1。

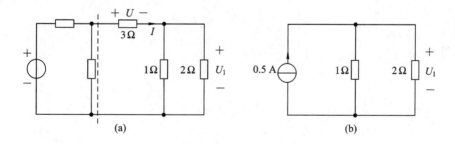

图 3.5-3　例 3.5-1 用图

解　设流过 3 Ω 的电流为 I，参考方向示于图 3.5-3(a)中。由于

$$U = 1.5 \text{ V}, \quad R = 3 \text{ Ω}$$

因此

$$I = \frac{U}{R} = \frac{1.5}{3} = 0.5 \text{ A}$$

根据置换定理，虚线左边的单口电路可用 0.5 A 的理想电流源替代，如图 3.5-3(b)所示，

由并联电阻分流关系和欧姆定律可得

$$U_1 = \frac{1}{1+2} \times 0.5 \times 2 = \frac{1}{3} \text{ V}$$

【例 3.5 - 2】 电路如图 3.5 - 4(a)所示，已知 a、b 两点间的电压 $U_{ab}=0$，求电阻 R 的值。

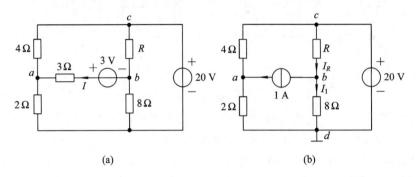

图 3.5 - 4　例 3.5 - 2 用图

解　本题有一个未知电阻 R，直接运用节点分析法或回路分析法求解比较麻烦，因为未知电阻 R 在所列方程的系数部分，整理化简方程的工作量比较大。对本题，我们可采用以下方法来分析求解。

首先根据已知条件 $U_{ab}=0$，求得 ab 支路电流 I。

设流过 ab 支路的电流为 I，参考方向标于图 3.5 - 4(a)中。因为

$$U_{ab} = -3I + 3 = 0$$

所以

$$I = 1 \text{ A}$$

然后由置换定理将 ab 支路用 1 A 理想电流源置换，如图 3.5 - 4(b)所示，此时应用节点分析法求解就比较方便。各节点标于图中，选节点 d 为参考节点。由图可知

$$U_c = 20 \text{ V}$$

对节点 a 列节点方程

$$\left(\frac{1}{4} + \frac{1}{2}\right)U_a - \frac{1}{4}U_c = 1$$

联立求解得

$$U_a = 8 \text{ V}$$

又因

$$U_{ab} = 0$$

所以

$$U_b = U_a = 8 \text{ V}$$

在图(b)中标出支路电流 I_R 和 I_1，由欧姆定律及 KCL 得

$$I_1 = \frac{U_b}{8} = \frac{8}{8} = 1 \text{ A}$$

$$I_R = I_1 + 1 = 1 + 1 = 2 \text{ A}$$

$$R = \frac{U_c - U_b}{I_R} = \frac{20 - 8}{2} = 6 \text{ } \Omega$$

置换定理可用来推导其他电路定理，也可根据具体情况简化线性电路的分析。在非线

性电路中,确定了非线性元件上的响应后,代之以理想电源元件,则电路余下部分的分析计算便可按线性电路处理。

值得注意的是,虽然"置换"与第 2 章介绍的"等效变换"都简化了电路的分析,但它们是两个不同的概念。"置换"是在给定电路的情况下,用理想电压源或理想电流源置换已知端口电压或电流的支路,置换前后,被置换支路以外的电路不能改变,因为一旦改变,被置换支路的端电压或端电流也随之改变,必须重新"置换",也就是说,置换与外电路有关;"等效变换"是指如果两个单口电路端口的 VAR 完全相同,则对任意的外电路而言,它们可等效互换,即等效变换与外电路无关。

3.6　戴维南定理与诺顿定理

一般地,任何线性含源单口电路都可逐步等效化简为最简单的两种形式:实际电压源等效电路和实际电流源等效电路。

在电路分析中,有时候只需要研究某一支路的电流、电压或功率。我们可将待求支路从电路中取出,余下部分就成为含源单口电路(网络),只要求得这个含源单口电路的实际电压源或实际电流源等效电路,那么待求支路的电流或电压的计算就非常方便了。

本节介绍的戴维南定理和诺顿定理是求取任一复杂含源单口网络最简等效电路的非常重要的方法。虽然这两个定理仅用于线性含源单口电路,但外接电路可为线性电路或非线性电路,因此它们在线性或非线性电路中的应用均十分广泛。

1. 戴维南定理

戴维南定理可表述为:任一线性含源单口电路 N,就其端口来看,可等效为一个理想电压源串联电阻支路(见图 3.6 - 1(a))。理想电压源的电压等于含源单口电路 N 端口的开路电压 u_{oc}(见图 3.6 - 1(b));串联电阻 R_0 等于该电路 N 中所有独立源为零值时所得电路 N_0 的等效电阻(见图 3.6 - 1(c))。

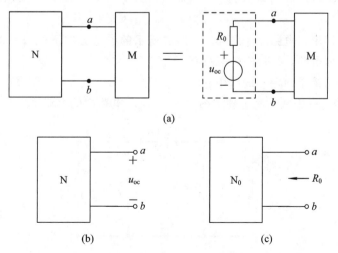

图 3.6 - 1　戴维南定理示意图

　　戴维南定理的内容可用图 3.6-1 表示。图中，N 表示线性含源单口电路；N_0 表示令电路 N 中所有独立源为零值时所得的无源单口电路；M 表示任意的外电路。

　　由戴维南定理求得的这一理想电压源串联电阻支路称为戴维南等效电路。

　　戴维南定理可用置换定理和叠加定理来证明。

　　电路如图 3.6-2(a)所示，N 为线性含源单口电路，M 为外接电路，可为线性或非线性电路。设含源单口电路 N 的端口电压为 u，电流为 i。根据置换定理，将外电路 M 用一理想电流源置换，这个理想电流源的电流 $i_s = i$，如图 3.6-2(b)。

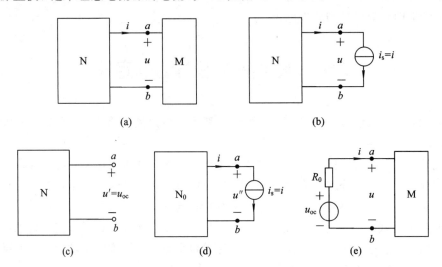

图 3.6-2　戴维南定理证明用图

　　根据叠加定理，端口电压 u 可看成是两个电压分量的叠加：一个分量是由含源单口电路 N 内部所有独立源共同作用时产生的电压分量 u'，此时 $i_s = 0$，相当于开路，故该分量即为电路 N 端口的开路电压 u_{oc}（见图 3.6-2(c)）；另一个分量是由理想电源 i_s 单独作用时产生的电压分量 u''，此时令含源单口电路 N 内部所有独立源均为零值，N 成为无源单口电路 N_0（见图 3.6-2(d)）。N_0 可等效为一个电阻 R_0，所以 $u'' = -R_0 i_s = -R_0 i$。于是有

$$u = u' + u'' = u_{oc} - R_0 i$$

上式即为线性含源单口电路 N 在图 3.6-2(a)所示的参考方向下端口的 VAR 式，按此式可画出对应的等效电路，如图 3.6-2(e)所示。

　　下面举例说明戴维南定理的应用。

　　【例 3.6-1】　试用戴维南定理求图 3.6-3 所示电路中的电流 I。

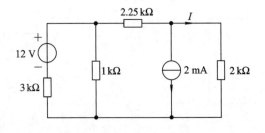

图 3.6-3　例 3.6-1 用图(一)

解　将待求电流所经支路移走，余下电路是一个含源单口电路，求其戴维南等效电路。

（1）求端口开路电压 U_{oc}。作对应电路如图 3.6-4(a) 所示。该电路含一个独立节点，选节点 2 为参考节点，列节点方程为

$$\left(\frac{1}{3\times10^3}+\frac{1}{1\times10^3}\right)U_1=\frac{12}{3\times10^3}-2\times10^{-3}$$

解得

$$U_1=1.5\ \text{V}$$

于是端口开路电压

$$\begin{aligned}U_{oc}&=-2.25\times10^3\times2\times10^{-3}+U_1\\&=-2.25\times2+1.5\\&=-3\ \text{V}\end{aligned}$$

（2）求等效电阻 R_0。令含源单口电路中的所有独立源为零值，即理想电压源短路，理想电流源开路，电路变为如图 3.6-4(b) 所示。应用电阻串、并联公式得

$$R_0=2.25+\frac{3\times1}{3+1}=3\ \text{k}\Omega$$

（3）作含源单口电路的戴维南等效电路，接入待求电流支路，电路如图 3.6-4(c) 所示。由图(c)可得

$$I=\frac{U_{oc}}{R_0+2\times10^3}=\frac{-3}{3\times10^3+2\times10^3}=-0.6\ \text{mA}$$

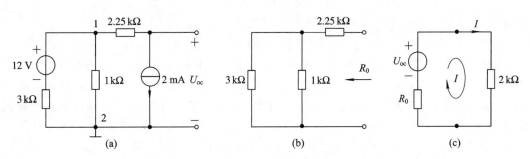

图 3.6-4　例 3.6-1 用图（二）

由此例可看出，第(1)、(2)步是为第(3)步服务的。应用戴维南定理解题的关键是求取线性含源单口电路的开路电压 u_{oc} 和等效电阻 R_0。

开路电压 u_{oc} 的计算是在含源单口电路的情况下进行的。其计算方法视具体电路而定，可采用前面介绍的分析方法。

等效电阻 R_0 的计算，可分为以下两种情况：

（1）含源单口电路 N 内部不含受控源时，令 N 内所有的独立源为零，得到一仅由电阻元件组成的无源单口电路，等效电阻 R_0 一般可用电阻的串、并联等效化简公式求得，必要时也可用 Y-△等效转换。

（2）含源单口电路 N 内部含有受控源时，一般采用下面两种方法来计算 R_0：

① 外加激励法。令含源单口电路 N 内所有的独立源为零，并在单口电路的端口施加一源电压 u，产生端口电流 i，由电路列写出端口的 VAR，则等效电阻为

$$R_0 = \frac{u}{i} \qquad (3.6-1)$$

② 开路、短路法。与外加激励法不同，开路、短路法是对含源单口电路 N 进行的，即分别求出含源单口电路 N 端口的开路电压 u_{oc} 和端口的短路电流 i_{sc}，由图 3.6-5，有

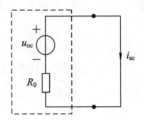

$$R_0 = \frac{u_{oc}}{i_{sc}} \qquad (3.6-2)$$

图 3.6-5　开路、短路法说明图

【例 3.6-2】 电路如图 3.6-6 所示，应用戴维南定理求电压 U。

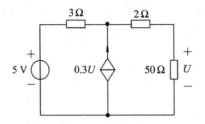

图 3.6-6　例 3.6-2 用图（一）

解　将待求支路移去，求余下含源单口电路的戴维南等效电路。此题含有受控源，在移去待求支路时，控制量一定要与其受控源在同一电路中。

（1）求端口开路电压 U_{oc}。作对应电路如图 3.6-7(a) 所示，则

$$U_{oc} = 0.3U_{oc} \times 3 + 5$$

解得

$$U_{oc} = 50 \text{ V}$$

（2）求等效电阻 R_0。因含源单口电路含受控源，故本题采用外加激励法求 R_0。令含源单口电路内部独立源为零，在端口施加一源电压 U，产生电流 I，作对应电路如图 3.6-7(b) 所示。为便于写出端口的伏安关系式，将图 (b) 等效变换为图 (c)，沿端口所在回路列 KVL 方程

$$U = (2+3)I + 0.9U$$

即

$$0.1U = 5I$$

所以

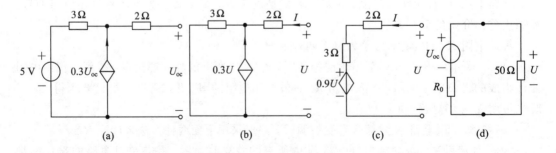

(a)　　　　　　　(b)　　　　　　　(c)　　　　　　　(d)

图 3.6-7　例 3.6-2 用图（二）

$$R_0 = \frac{U}{I} = 50 \ \Omega$$

(3) 最后作戴维南等效电路，将待求支路接入，电路如图 3.6 - 7(d)所示。由图(d)可得

$$U = \frac{U_{oc}}{2} = 25 \ \text{V}$$

应用戴维南定理求含源单口电路的戴维南等效电路时，有以下几点值得注意：

(1) 求端口开路电压 u_{oc} 和端口短路电流 i_{sc} 时，含源单口电路内的所有独立源必须保留。

(2) 采用外加激励法求等效电阻 R_0 时，含源单口电路内的所有独立源应令为零，即独立电压源短路，独立电流源开路，而受控源按无源元件处理，仍保留在电路中。

(3) 移去待求支路，即对电路进行分割时，受控源和其相应的控制量应在同一电路中(包括端口)。

【**例 3.6 - 3**】 试用戴维南定理求图 3.6 - 8 所示的桥式电路中流过 5 Ω 电阻的电流 I。

解 将待求支路移去，求余下含源单口电路的戴维南等效电路。

(1) 求端口开路电压 U_{oc}。作对应电路如图 3.6 - 9(a)所示。由电阻分压公式，得

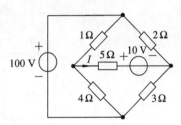

图 3.6 - 8 例 3.6 - 3 用图(一)

$$U_{oc} = U_{ab} = U_{ad} + U_{db} = \frac{4}{1+4} U_{cd} - \frac{3}{2+3} U_{cd}$$

$$= \frac{1}{5} \times 100 = 20 \ \text{V}$$

(2) 求等效电阻 R_0。令含源单口电路中的独立源为零，得图 3.6 - 9(b)，有

$$R_0 = 1 \ /\!/ \ 4 + 2 \ /\!/ \ 3 = \frac{1 \times 4}{1+4} + \frac{2 \times 3}{2+3}$$

$$= \frac{10}{5} = 2 \ \Omega$$

(3) 作戴维南等效电路，将待求支路接入，电路如图 3.6 - 9(c)所示。由图(c)可得

$$I = \frac{U_{oc} - 10}{R_0 + 5} = \frac{20 - 10}{2 + 5} = \frac{10}{7} \ \text{A}$$

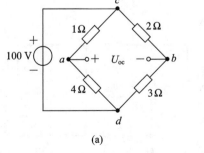
      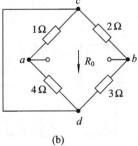
      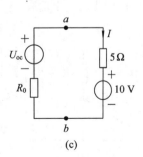

(a)   (b)   (c)

图 3.6 - 9 例 3.6 - 3 用图(二)

2. 诺顿定理

诺顿定理可表述为：任一线性含源单口电路 N，就其端口来看，可等效为一个理想电流源并联电阻组合(见图 3.6 - 10(a))。理想电流源的电流等于含源单口电路 N 端口的短路电流 i_{sc}(见图 3.6 - 10(b))；并联电阻 R_0 等于该电路 N 中所有独立源为零值时所得电路 N_0 的等效电阻(见图 3.6 - 10(c))。

诺顿定理的内容可用图 3.6 - 10 表示。

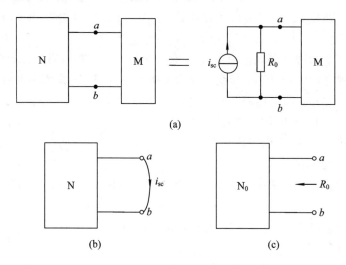

(a)

(b)　　　　　　　　　(c)

图 3.6 - 10　诺顿定理示意图

由诺顿定理求得的这一理想电流源并联电阻组合称为诺顿等效电路。

诺顿定理的证明与戴维南定理的证明相似，这里不再叙述。

【例 3.6 - 4】　电路如图 3.6 - 11 所示，试用诺顿定理求电流 I。

解　将待求支路移去，余下含源单口电路作诺顿等效电路。

(1) 求端口短路电流 I_{sc}。作对应电路如图 3.6 - 12(a)所示。将图(a)等效变换为图(b)。由图(b)可知，流过 3 Ω 和 6 Ω 电阻的电流为零，断开两电阻支路，于是有

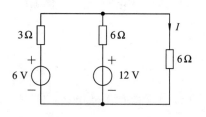

图 3.6 - 11　例 3.6 - 4 用图(一)

$$I_{sc} = 2 + 2 = 4 \text{ A}$$

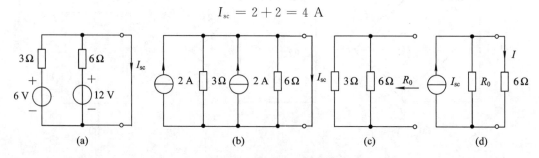

(a)　　　　　　(b)　　　　　　(c)　　　　　　(d)

图 3.6 - 12　例 3.6 - 4 用图(二)

（2）求等效电阻 R_0。令含源单口电路内所有的独立源为零，得图 3.6 - 12(c)，有

$$R_0 = 3 /\!/ 6 = \frac{3 \times 6}{3 + 6} = 2 \ \Omega$$

（3）作诺顿等效电路，接入待求支路，电路如图 3.6 - 12(d)所示。由并联电阻分流公式得

$$I = \frac{R_0}{R_0 + 6} I_{\text{sc}} = \frac{2}{2 + 6} \times 4 = 1 \ \text{A}$$

【例 3.6 - 5】　电路如图 3.6 - 13 所示，试用诺顿定理求电压 U。

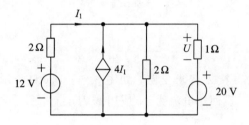

图 3.6 - 13　例 3.6 - 5 用图(一)

解　将待求支路移去，余下含源单口电路作诺顿等效电路。

（1）求端口短路电流 I_{sc}。作对应电路如图 3.6 - 14(a)所示。将图(a)等效变换为图 (b)。由图(b)可知，流过两个 2 Ω 电阻的电流为零，断开两电阻支路，有

$$I_{\text{sc}} = I_1 + 4I_1 = 5I_1 = 5 \times 6 = 30 \ \text{A}$$

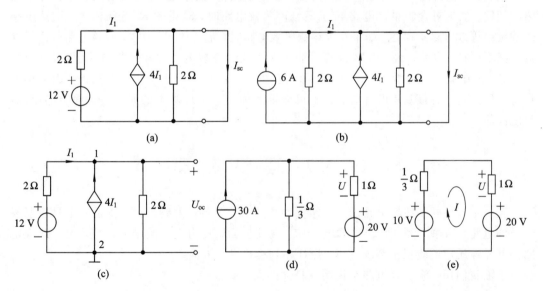

图 3.6 - 14　例 3.6 - 5 用图(二)

（2）求等效电阻 R_0。此电路含有受控源，本题采用开路、短路法求 R_0。端口短路电流 $I_{\text{sc}} = 30$ A 已求得，现在求端口开路电压 U_{oc}。作对应电路如图 3.6 - 14(c)所示。该电路含一个独立节点，选节点 2 为参考节点，应用节点分析法列节点方程

$$\left(\frac{1}{2}+\frac{1}{2}\right)U_1 = \frac{12}{2}+4I_1$$

再增列一补充方程，将控制量 I_1 用节点电压表示为

$$I_1 = \frac{12-U_1}{2}$$

解上述方程组，得

$$U_1 = 10 \text{ V}$$

即

$$U_{oc} = U_1 = 10 \text{ V}$$

于是

$$R_0 = \frac{U_{oc}}{I_{sc}} = \frac{10}{30} = \frac{1}{3} \ \Omega$$

（3）作诺顿等效电路，接入待求支路，如图 3.6 - 14(d)所示。将图(d)等效变换为图(e)。图(e)为一单回路，设回路电流为 I，应用 KVL，有

$$\left(\frac{1}{3}+1\right)I+20-10 = 0$$

解得

$$I = -7.5 \text{ A}$$

所以有

$$U = 1I = -7.5 \text{ V}$$

最后，我们讨论一下是否任何线性含源单口电路都具有戴维南等效电路和诺顿等效电路的问题。如果对含源单口电路 N 求戴维南等效电路时，求得的 R_0 为无限大，则该电路的戴维南等效电路不存在；如果在求诺顿等效电路时，求得的 R_0 为零，则该电路的诺顿等效电路不存在。也就是说，电路 N 有可能仅能等效为理想电压源和理想电流源中的一种。在2.2.2 节中我们已经看到，理想电压源和理想电流源是不能进行等效互换的，因为单个理想电压源是一种最基本的元件，它不可能等效为另一个最基本的元件——理想电流源，反之亦然。

* 3.7 互 易 定 理

互易定理反映了线性电路的一个重要性质——互易性。简略地说，就是一个具有互易性质的电路，当输入（激励）端与输出（响应）端互换后，其响应与激励的比值不变。线性电路的互易性质广泛应用于系统分析、设计和测量技术等方面。

下面我们用一个实际电路来说明互易性的概念。

电路如图 3.7 - 1(a)所示，激励为 4 V 理想电压源，在 6 Ω 支路中串入一内阻为零的理想电流表，用于测 6 Ω 支路的电流，即电路的响应。由图(a)可算出 6 Ω 支路的电流为

$$I_2 = \frac{4}{2+3 /\!/ 6} \times \frac{3}{3+6} = \frac{1}{3} \text{ A}$$

现在将 4 V 理想电压源与电流表的位置互换，如图 3.7 - 1(b)所示。由图(b)可算得通过电流表的电流为

$$I_1 = \frac{4}{6+2 \, /\!/ \, 3} \times \frac{3}{2+3} = \frac{1}{3} \text{ A}$$

由此可知，图 3.7 - 1(a)、(b)两图中电流表的读数是相同的，即当理想电压源和电流表的位置互换后，电流表的读数不变，这就是互易性。任何只含有一个独立源而没有受控源的线性电路都具有互易性。

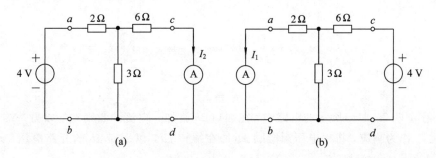

图 3.7 - 1 互易性举例用图

我们把不含独立源和受控源，仅含线性非时变元件 R、L、C、耦合电感和理想变压器，且具有零初始状态的无源双口网络定义为互易双口网络，记为 N_R。

互易定理可表述为：对互易双口网络 N_R，一个端口作为激励端，另一个端口作为响应端，当激励端和响应端互换位置后，互换前后其响应与激励的比值不变。

互易定理有以下三种表述形式：

(1) 在图 3.7 - 2(a)所示电路中，在端口 ab 施加一电压源激励 u_{s1}，以另一端口 cd 的短路电流 i_2 作为响应，将电压源激励 u_{s2} 加在端口 cd，以端口 ab 的短路电流 i_1 作为响应（见图 3.7 - 2(b)），则有

$$\frac{i_2}{u_{s1}} = \frac{i_1}{u_{s2}} \tag{3.7 - 1}$$

若 $u_{s1} = u_{s2}$，则

$$i_1 = i_2 \tag{3.7 - 2}$$

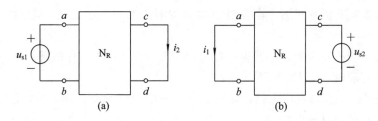

图 3.7 - 2 互易定理的第一种表述形式

(2) 在图 3.7 - 3(a)所示的电路中，在端口 ab 施加一电流源激励 i_{s1}，以另一端口 cd 的开路电压 u_2 作为响应；若将电流源激励 i_{s2} 加在端口 cd，以端口 ab 的开路电压 u_1 作为响应（见图 3.7 - 3(b)），则有

$$\frac{u_2}{i_{s1}} = \frac{u_1}{i_{s2}} \tag{3.7 - 3}$$

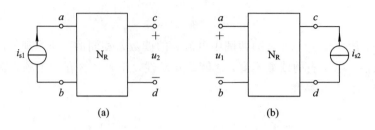

图 3.7 - 3　互易定理的第二种表述形式

若 $i_{s1} = i_{s2}$，则

$$u_1 = u_2 \tag{3.7-4}$$

（3）在图 3.7 - 4(a) 所示的电路中，在端口 ab 施加一电流源激励 i_{s1}，以另一端口 cd 的短路电流 i_2 作为响应，将一电压源激励 u_{s2} 加在端口 cd，以端口 ab 的开路电压 u_1 作为响应（见图 3.7 - 4(b)），则有

$$\frac{i_2}{i_{s1}} = \frac{u_1}{u_{s2}} \tag{3.7-5}$$

若在数值上 $u_{s2} = i_{s1}$，则

$$u_1 = i_2 \tag{3.7-6}$$

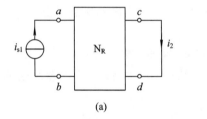 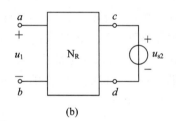

图 3.7 - 4　互易定理的第三种表述形式

在互易定理的三种表述形式中，式(3.7 - 1)、式(3.7 - 3)和式(3.7 - 5)表明：对于互易网络，互易前响应与激励的比值等于互易后响应与激励的比值。式(3.7 - 2)和式(3.7 - 4)表明：对于互易网络，若将激励端口与响应端口互换，同一激励所产生的响应不变。

以上互易定理的三种表述形式可用特勒根定理证明，这里不作叙述。

应用互易定理时，应注意以下几点：

（1）电路必须是互易双口电路，即不含受控源的线性无源电路。通常用 N_R 这一符号表示这类满足互易定理的电路。

（2）在应用互易定理第一、二种表述形式时，互易前后激励与响应的参考方向应保持一致。例如图 3.7 - 2 中，u_{s1} 与 i_1 取关联参考方向，那么 u_{s2} 与 i_2 也应取关联参考方向；又如图 3.7 - 3 中，i_{s1} 与 u_1 取非关联参考方向，那么 i_{s2} 与 u_2 也应取非关联参考方向。

（3）在应用互易定理的第三种表述形式时，互易前激励为理想电流源，响应是短路电流，则互易后激励是理想电压源，响应为开路电压；激励侧的参考方向一致（由"-"流向"+"），响应侧的参考方向一致（由"+"流向"-"）。

【例 3.7 - 1】　电路如图 3.7 - 5(a)所示，已知当电流源电流 $I_s = 1$ A 时，测得开路电

压 $U_2 = 1$ V。求图(b)电流源互易后，2 Ω 电阻的电流 I。

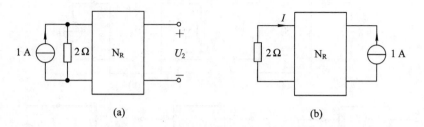

图 3.7 - 5　例 3.7 - 1 用图

解　这是一个互易双口电路，若求图(b)中 2 Ω 电阻的电流 I，则需求出其端电压。根据互易定理的第二种形式，有

$$I = -\frac{U_2}{2} = -\frac{1}{2} = -0.5 \text{ A}$$

【**例 3.7 - 2**】　图 3.7 - 6(a)所示的互易电路中，激励为电流源 I_s，测得 $I_1 = 0.6I_s$，$I_1' = 0.3I_s$。若把电路改接为图(b)后，测得 $I_2 = 0.2I_s$，$I_2' = 0.5I_s$。试用互易定理求电阻 R_1。

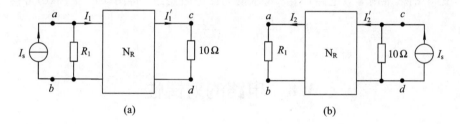

图 3.7 - 6　例 3.7 - 2 用图

解　这是一个互易双口电路，要求 R_1 的阻值，需求出其端电压和端电流。题目已给出 R_1 的端电流是 $I_2 = 0.2I_s$，现在需求 R_1 的端电压。

由图(a)可知，端口 cd 的开路电压

$$U_{cd(\text{a})} = 10I_1' = 10 \times 0.3I_s = 3I_s$$

因激励源为电流源 I_s，故应用互易定理的第二种形式，得图(b)中端口 ab 的开路电压

$$U_{ab(\text{b})} = U_{cd(\text{a})} = 3I_s$$

于是

$$R_1 = \frac{U_{ab(\text{b})}}{I_2} = \frac{3I_s}{0.2I_s} = 15 \text{ Ω}$$

【**例 3.7 - 3**】　图 3.7 - 7(a)所示的互易电路中，激励电流源电流 $I_s = 2$ A，测得 $U_{ab} = 10$ V，$U_{cd} = 10$ V。若将电路改接为图(b)，求流过 5 Ω 电阻的电流 I。

解　对于图(b)，先把待求的 5 Ω 电阻支路移去，应用戴维南定理作余下电路(见图 3.7 - 7(c))的戴维南等效电路。根据互易定理的第二种表述形式，由图(a)得图(c)中端口 ab 的开路电压

$$U_{\text{oc(c)}} = U_{cd(\text{a})} = 10 \text{ V}$$

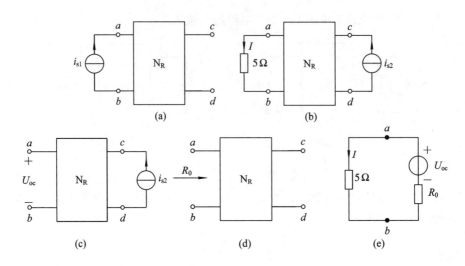

图 3.7 - 7　例 3.7 - 3 用图

求等效电阻 R_0。令图(c)中的独立源为零，得图(d)。图(d)与图(a)对照有

$$R_0 = R_{ab(a)} = \frac{U_{ab(a)}}{I_s} = \frac{10}{2} = 5 \ \Omega$$

作图(c)的戴维南等效电路，接入待求的 5 Ω 电阻支路，得图(e)。由图(e)可得

$$I = \frac{U_{oc}}{5 + R_0} = \frac{10}{5 + 5} = 1 \ \text{A}$$

3.8　电路的对偶性

　　回顾前面学过的内容，我们会发现，电路分析中某些变量、元件、电路定律、分析方法及电路定理等之间存在着某种对应关系，这就是电路的对偶特性。

　　例如，基尔霍夫电流定律与基尔霍夫电压定律具有对偶性，电流定律反映了节点上各支路电流的约束关系，而电压定律反映了一个回路中各支路电压的约束关系，把前者的节点更换为回路，电流更换为电压，就可由电流定律得到电压定律。

　　又如，节点方程式(3.2 - 5)与回路方程式(3.3 - 2)是对偶的，把式(3.2 - 5)中的节点电压更换为回路电流，电导更换为电阻，流入独立节点的电流源电流的代数和更换为沿回路电流方向电压源电位升的代数和，就可由节点方程对偶得到回路方程。

　　再如，串联电阻的等效电阻公式(2.1 - 6)、分压公式(2.1 - 7)与并联电导的等效电导公式(2.1 - 19)、分流公式(2.1 - 20)之间也存在着对偶关系，只要将前者作适当的更换就可得出后者。

　　此外，电路中还存在着许多其他对偶关系，这里不再一一叙述。

　　电路的对偶特性是电路的一个普遍性质，认识到电路的对偶性有助于掌握电路的规律，由此及彼，举一反三。

　　表 3.8 - 1 列出了电路的一部分对偶关系，仅供参考使用。

表 3.8 - 1　对　偶　关　系

电路元件的对偶	
电阻元件	电导元件
电感元件	电容元件
理想电压源	理想电流源
电路结构的对偶	
串联	并联
回路	节点
开路	短路
实际电压源模型	实际电流源模型
电路参数及变量的对偶	
电阻 R	电导 G
电感 L	电容 C
阻抗 Z	导纳 Y
电压 $u(t)$	电流 $i(t)$
回路电流	节点电压
独立电压源电压 u_s	独立电流源电流 i_s
电路定律、电路定理和分析方法的对偶	
欧姆定律 $u(t)=Ri(t)$	欧姆定律 $i(t)=GU(t)$
基尔霍夫电压定律 $\sum u(t)=0$　（KVL）	基尔霍夫电流定律 $\sum i(t)=0$　（KCL）
回路方程 $R_{11}i_A+R_{12}i_B+R_{13}i_C=u_{s11}$	节点方程 $G_{11}u_1+G_{12}u_2+G_{13}u_3=i_{s11}$
互易定理第一种表述形式	互易定理第二种表述形式

习　题　3

3-1　填空题。

(1) 能够提供独立的 KCL 方程的节点称为_____。

(2) 对于具有 n 个节点的电路，独立节点数 $n_i=$_____。

(3) 以节点电压为变量所列的方程为_____。

(4) 对于平面电路，独立回路数等于_____。

(5) 以回路电流为变量所列的方程为_____。

(6) 应用叠加定理求电路响应时，令某一激励源单独作用，其他激励源应置为零，即独立电压源_____，独立电流源_____。

(7) 任一线性含源单口电路 N，就其端口来看，可等效为一个_____串联_____

支路或一个＿＿＿＿＿＿＿并联＿＿＿＿＿＿＿。

3-2　简单分析题。

（1）电路如题 3-2-1 图所示，试用节点分析法求电压 U 等于（　　　　　　）。

（2）电路如题 3-2-2 图所示，试用回路分析法求电流 I 等于（　　　　　　）。

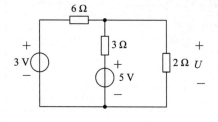

题 3-2-1 图　　　　　　　　　　　　题 3-2-2 图

（3）题 3-2-3 图所示电路，试用叠加定理求得电路中的电流 I 等于（　　　　　）。

（4）电路如题 3-2-4 图所示，其戴维南等效电路为（　　　　　）。

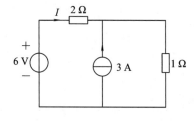 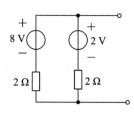

题 3-2-3 图　　　　　　　　　　　　题 3-2-4 图

（5）电路如题 3-2-5 图所示，试用戴维南定理求得电流 I 等于（　　　　　）。

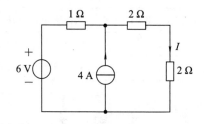

题 3-2-5 图

3-3　试用支路电流法求题 3-3 图所示电路中的各支路电流 I_1、I_2 和 I_3。

3-4　用支路电流法求题 3-4 图所示电路中的电流 i。

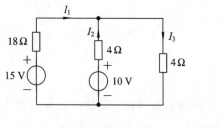 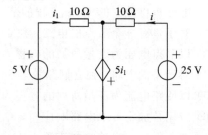

题 3-3 图　　　　　　　　　　　　题 3-4 图

3-5　试列出题 3-5 图所示电路的支路电流方程，并计算各支路电流。

3-6　用节点分析法求题 3-6 图所示电路中的节点电压 u_1 和 u_2。

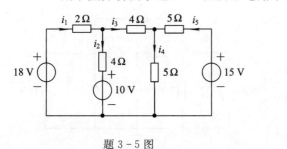

題 3-5 图　　　　　　　　　題 3-6 图

3-7　用节点分析法求题 3-7 图所示电路中的节点电压 u_1、u_2 和 u_3。

3-8　试用节点分析法求题 3-8 图所示电路中 a、b 两节点间的电压 u_{ab}，并求两电源发出的功率。

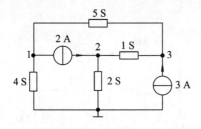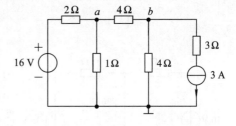

題 3-7 图　　　　　　　　　題 3-8 图

3-9　用节点分析法求题 3-9 图所示电路中的电压 u 和电流 i。

3-10　用节点分析法求题 3-10 图所示电路中的电流 i。

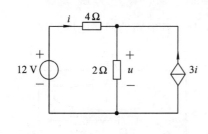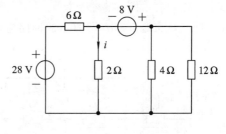

題 3-9 图　　　　　　　　　題 3-10 图

3-11　试列出题 3-11 图所示各电路的节点方程，并整理之。

3-12　试用节点分析法求解题 3-12 图所示电路中的电压 U_1。

3-13　试用节点分析法求题 3-13 图所示电路中的电流 i 及电压 u。

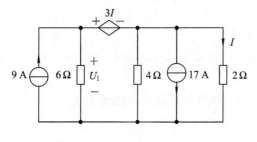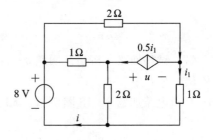

題 3-12 图　　　　　　　　　題 3-13 图

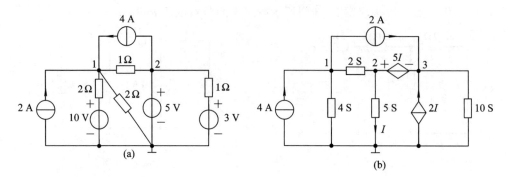

题 3-11 图

3-14 电路如题 3-14 图所示，试用回路分析法求流过 5 Ω 电阻的电流。

3-15 用回路分析法求题 3-15 图所示电路中的电流 i。

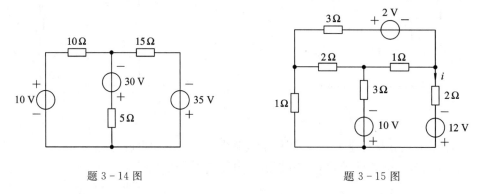

题 3-14 图   题 3-15 图

3-16 试按题 3-16 图所示的回路电流方向，列写各电路的回路电压方程。

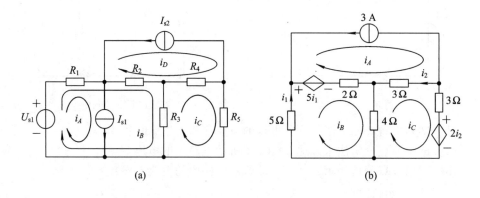

题 3-16 图

3-17 试用回路分析法证明题 3-17 图所示的惠斯登电桥电路中，使 $I_g = 0$ 的平衡条件是 $R_1 R_4 = R_2 R_3$。

3-18 电路如题 3-18 图所示，试用回路分析法计算电路中的电流 I。

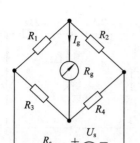

题 3 - 17 图

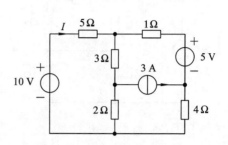

题 3 - 18 图

3 - 19　电路如题 3 - 19 图所示，试用回路分析法求电流 I，并求受控源提供的功率。

3 - 20　试用回路分析法求题 3 - 20 图所示电路中 a、b 两点间的电压 u_{ab}。

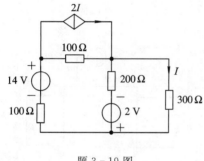

题 3 - 19 图

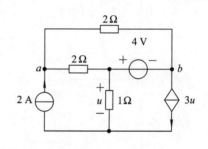

题 3 - 20 图

3 - 21　试用叠加定理求题 3 - 21 图所示电路中的电压 u。

3 - 22　试用叠加定理求题 3 - 22 图所示电路中 6 Ω 电阻的电流。

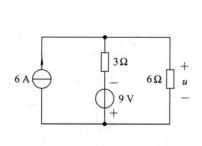

题 3 - 21 图

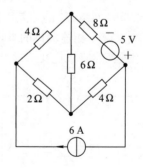

题 3 - 22 图

3 - 23　试用叠加定理求题 3 - 23 图所示电路中的电流 I。

3 - 24　电路如题 3 - 24 图所示，用叠加定理求电流 i。

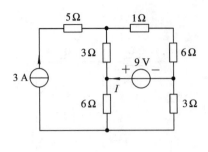

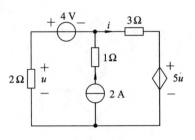

题 3-23 图　　　　　　　　　　　　　　题 3-24 图

3-25　题 3-25 图所示的线性网络 N_R 中只含电阻。已知当 $u_s=8$ V，$i_s=12$ A 时，电压 u 为 40 V；当 $u_s=-4$ V，$i_s=2$ A 时，电压 u 为 20 V。当 $u_s=12$ V，$i_s=10$ A 时，电压 u 为多少？

3-26　题 3-26 图所示为线性网络 N。已知当 $I_{s1}=1$ A，$I_{s2}=2$ A 时，$I_3=0.6$ A；当 $I_{s1}=2$ A，$I_{s2}=1$ A 时，$I_3=0.7$ A；当 $I_{s1}=2$ A，$I_{s2}=2$ A 时，$I_3=0.9$ A。试求当 $I_{s1}=3$ A，$I_3=1.6$ A 时 I_{s2} 的值。

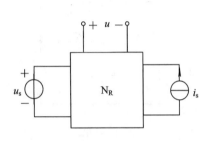

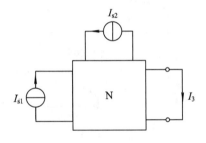

题 3-25 图　　　　　　　　　　　　　　题 3-26 图

3-27　电路如题 3-27 图所示，应用置换定理求电压 U。

3-28　电路如题 3-28 图所示。

(1) 试求单口网络 N_2 的等效电阻；

(2) 求 N_2 与 N_1 相连端口的电压 U；

(3) 试用置换定理求电压 U_0。

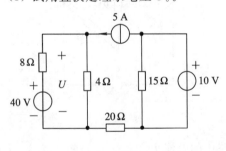

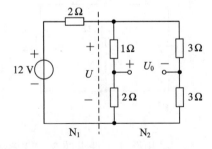

题 3-27 图　　　　　　　　　　　　　　题 3-28 图

3-29　求题 3-29 图所示电路的戴维南等效电路。

3-30　试用戴维南定理求题 3-30 图所示电路中的电压 u。

3-31　试用戴维南定理求题 3-31 图所示电路中的电流 i。

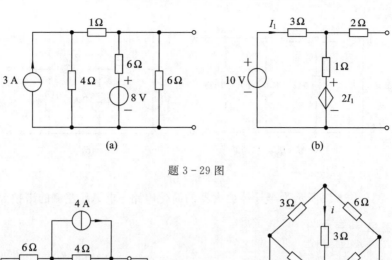

题 3-29 图

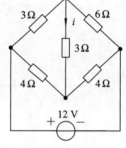

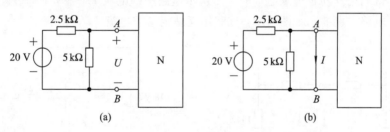

题 3-30 图　　　　　　　　题 3-31 图

3-32　题 3-32 图(a)所示电路的输入激励电压为 20 V，A、B 两点间的电压 $U =$ 12.5 V。若将网络 N 的 AB 端短路，如题 3-32 图(b)所示，短路电流 I 为 10 mA。试求网络 N 在 AB 端的戴维南等效电路。

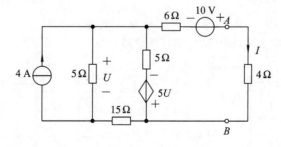

题 3-32 图

3-33　电路如题 3-33 图所示，试求 AB 以左的戴维南等效电路，并求电流 I。

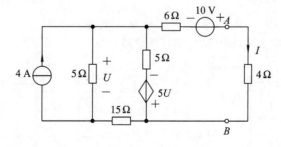

题 3-33 图

3-34　试求题 3-34 图所示电路的诺顿等效电路。

3-35　用诺顿定理求题 3-35 图所示电路中的电流 I。

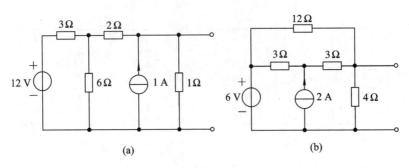

(a)　　　　　　　　　(b)

题 3-34 图

3-36　题 3-36 图所示为半导体放大器的简化电路。求 AB 左侧的诺顿等效电路，并计算电压增益 $A_u = \dfrac{u_o}{u_i}$。

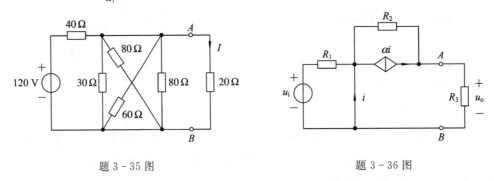

题 3-35 图　　　　　　　　　　题 3-36 图

3-37　试利用互易定理求题 3-37 图所示电路中的电流 I。

3-38　电路如题 3-38 图所示，试利用互易定理求电流 I。

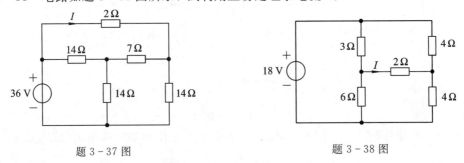

题 3-37 图　　　　　　　　　　题 3-38 图

3-39　题 3-39 图(a)所示电路为互易双口电路，当 $I_{s1}=1$ A 时，测得 $U_1=2$ V，$U_2=1$ V。若将电路改接为图(b)，试应用互易定理求当 $U_{s1}=20$ V，$I_{s2}=10$ A 时的电流 I_1。

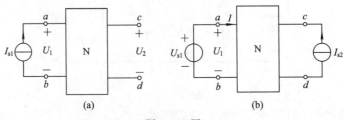

(a)　　　　　　　　　(b)

题 3-39 图

第 4 章　动态电路的时域分析

　　前面三章，讨论了电阻电路的分析和计算。我们知道电阻元件的 VAR 为 $u(t)=Ri(t)$，是代数方程，这表明当电阻值一定时，电阻元件任一时刻的电压仅取决于这一时刻的电流，而与其他时间的电流无关，反之亦然。也就是说，电阻电路在任一时刻 t 的响应只与该时刻的激励有关，与过去的激励无关，即电阻电路是"无记忆"的，或者说是"即时的"。

　　实际上，许多实际电路不仅包含电源元件和电阻元件，还常常包含电容元件和电感元件。这两种元件的 VAR 均涉及对电流（或电压）的微分或积分，即 $i_C=C\dfrac{du_C}{dt}$ 或 $u_L=L\dfrac{di_L}{dt}$，表明除元件参数外，某一时刻电流（或电压）的大小，取决于这一时刻电压（或电流）对时间的变化率，因此，称这类元件为动态元件。至少包含一个动态元件的电路称为动态电路。描述动态电路的方程是以电容元件或电感元件的电压或电流为变量的微分方程。微分方程的阶数即为动态电路的阶数，它反映了电路中所含独立储能元件的个数。对于由线性动态元件、线性电阻元件、独立源组成的线性动态电路，其解析方程是线性常系数微分方程。由 n 阶微分方程描述的电路称为 n 阶电路。这里重点讨论仅含一个动态元件的电路，相应的解析方程是一阶常微分方程。

　　本章首先讲述电容元件和电感元件的定义、伏安关系及特性；接着重点讨论直流一阶电路的时域分析（即一阶电路的零输入响应和零状态响应分析），以及直流激励下一阶电路的三要素法分析；然后介绍阶跃函数作用下电路的阶跃响应；最后简要介绍二阶电路的时域分析。

4.1　电容元件和电感元件

4.1.1　电容元件

1. 电容元件的定义

　　电容元件是从实际电容器中抽象出来的理想化模型。实际电容器通常由两块金属极板中间填充以绝缘介质构成，如图 4.1-1 所示。由于绝缘介质不导电，因此在外电源作用下电容器两块极板上能分别存储等量的异性电荷，从而在极板间建立起电场，电场中储存有电场能量。外电源撤走后，这些电荷依靠电场力的作用互相吸引，又由于中间是不导电的绝缘介质，极板上的电荷不能中和，因而等量的异性电荷能在极板上长久地存储，电场也继续存在。因此，电容器是一种能存储电场能量的器件。

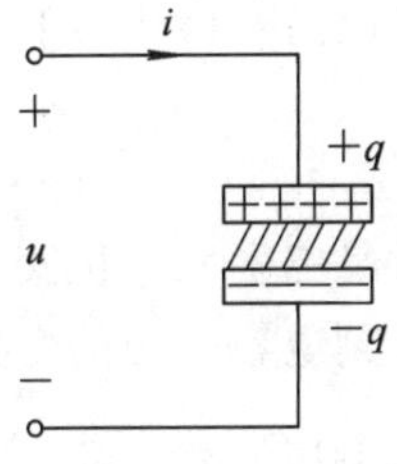

图 4.1-1　平板形电容器

　　在通以直流电流的电路中，由于金属极板间的绝缘介质不允许直流电流流过，因此，在直流电路中，电容器表现为开路。但是，如果施加于电容器两端的电压随着时间变化，那么就会在电容器金属极板上出现电荷的聚集，且极板上聚集的电荷与外加电压成正比。由此，我们可以应用电荷与电压的关系来定义电容元件。

电容元件的定义如下：一个二端元件，如果在任一时刻 t，其电荷 $q(t)$ 与端电压 $u(t)$ 之间的关系可以用 $q-u$ 平面上的一条曲线来描述，则称该二端元件为电容元件。若 $q-u$ 平面上的曲线是一条通过原点的直线，且不随时间变化，如图 4.1-2(a)所示，则称为线性时不变电容元件。理想电容元件的电路符号如图 4.1-2(b)所示。

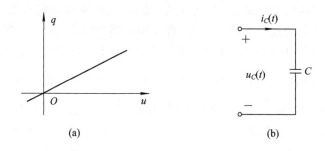

图 4.1-2　线性时不变电容元件的 $q-u$ 关系及电路符号

由图 4.1-2(a)可知，对于线性时不变电容元件，在电压与电荷的参考极性一致的条件下，在任一时刻，其电荷量 $q(t)$ 与其端电压 $u(t)$ 的关系满足

$$q(t) = Cu(t) \tag{4.1-1}$$

式中，C 称为电容元件的电容量，单位为法拉(F)，简称法。1 法(F)$= 10^6$ 微法(μF)$= 10^{12}$ 皮法(pF)。习惯上，我们把电容元件简称为电容。

在实际中，对于一个电容器，除了应标明它的电容量外，还需标明它的额定工作电压。由于绝缘介质的绝缘强度有限，因此电容器允许承受的电压是有限度的，电压过高，绝缘介质就会被击穿，由原来不导电变成导电，丧失了电容器的作用。因此，使用电容时不应超过它的额定工作电压。

2. 电容元件的伏安关系

虽然电容是根据 $q-u$ 关系来定义的，但在电路分析中我们感兴趣的往往是元件的伏安关系。当电容电压发生变化时，电容器极板上的电荷也要发生变化。设电容电压、电流参考方向关联，如图 4.1-2(b)所示，则有

$$i_C(t) = \frac{\mathrm{d}q(t)}{\mathrm{d}t}$$

将式(4.1-1)代入上式，得

$$i_C(t) = \frac{\mathrm{d}Cu_C(t)}{\mathrm{d}t} = C\frac{\mathrm{d}u_C(t)}{\mathrm{d}t} \tag{4.1-2}$$

这就是电容元件伏安关系的微分形式。式(4.1-2)表明：在某一时刻，电容的电流取决于该时刻电容电压的变化率，而非该时刻电容电压的大小，故称电容元件为动态元件。如果电容电压不变，那么 $\frac{\mathrm{d}u_C}{\mathrm{d}t}=0$，虽有电压，但电流为零。因此，在直流电路中，电容相当于开路，具有隔直流的作用。

如果电容电压 u_C 与电流 i_C 取非关联参考方向，则式(4.1-2)改写为

$$i_C(t) = -C \frac{\mathrm{d}u_C(t)}{\mathrm{d}t} \qquad (4.1-3)$$

3. 电容电压的记忆性和连续性

我们可以把电容电压 $u_C(t)$ 表示为电流 $i_C(t)$ 的函数。对式(4.1-2)积分，可得

$$u_C(t) = \frac{1}{C} \int_{-\infty}^{t} i_C(\xi) \, \mathrm{d}\xi \qquad (4.1-4)$$

式(4.1-4)为电容元件伏安关系的积分形式。如果我们只对某一任意选定的初始时刻 t_0 以后的电容电压情况感兴趣，则式(4.1-4)可分段积分

$$u_C(t) = \frac{1}{C} \int_{-\infty}^{t_0} i_C(\xi) \, \mathrm{d}\xi + \frac{1}{C} \int_{t_0}^{t} i_C(\xi) \, \mathrm{d}\xi$$

$$= u_C(t_0) + \frac{1}{C} \int_{t_0}^{t} i_C(\xi) \, \mathrm{d}\xi \qquad (4.1-5)$$

式中

$$u_C(t_0) = \frac{1}{C} \int_{-\infty}^{t_0} i_C(\xi) \, \mathrm{d}\xi \qquad (4.1-6)$$

称为电容电压的初始值，它反映了 t_0 以前电容的全部"历史"以及"历史"对未来($t > t_0$)产生的效果。

式(4.1-5)表明：某一时刻 t 的电容电压值并不取决于该时刻的电流值，而是取决于从 $-\infty$ 到 t 所有时刻的电流值，也就是说与电流的"全部历史"有关。因此，电容电压具有"记忆"电流的作用，电容元件是记忆元件。

电容电压 $u_C(t)$ 除具有上述记忆性外，还具有连续性。对式(4.1-5)，设 $t_0 = t_{0_-}$，$t = t_{0_+}$，可得

$$u_C(t_{0_+}) = u_C(t_{0_-}) + \frac{1}{C} \int_{t_{0_-}}^{t_{0_+}} i_C(\xi) \, \mathrm{d}\xi$$

如果电容电流 $i_C(t)$ 在无穷小区间 $[t_{0_-}, t_{0_+}]$ 为有限值，则上式等号右端第二项积分为零，于是有

$$u_C(t_{0_+}) = u_C(t_{0_-}) \qquad (4.1-7)$$

若初始时刻 $t_0 = 0$，则上式可写为

$$u_C(0_+) = u_C(0_-) \qquad (4.1-8)$$

式(4.1-7)表明：在某一时刻 t_0 电容电流 $i_C(t)$ 为有限值的条件下，电容电压 $u_C(t)$ 不能跃变。也就是说，电容电压具有连续性。在动态电路的分析中经常用到这一结论。

4. 电容元件的储能

如前所述，电容元件是储能元件，它能将外部输入的电能储存在它的电场中。

在电容电压、电流取关联参考方向的条件下，在任一时刻，电容元件的瞬时功率为

$$p_C(t) = u_C(t) i_C(t) = C u_C(t) \frac{\mathrm{d}u_C(t)}{\mathrm{d}t} \qquad (4.1-9)$$

式中，$\frac{\mathrm{d}u_C(t)}{\mathrm{d}t}$ 为电容电压的变化率，它既可与 u_C 同号，也可与之异号。因此，瞬时功率 p_C 既可为正，亦可为负。p_C 为正值时，电容充电，表明电容元件从外电路吸收能量(作为电场能储存起来)；p_C 为负值时，电容放电，电容元件向外电路释放能量(将电场储能释放出

来）。因此，电容元件是储能元件，它本身不消耗能量。

设在一段时间 $[t_1, t_2]$ 内，对电容充电，则电容吸收的能量为

$$
\begin{aligned}
w_C(t_1, t_2) &= \int_{t_1}^{t_2} p_C(\xi)\,\mathrm{d}\xi = \int_{t_1}^{t_2} Cu_C(\xi)\,\frac{\mathrm{d}u_C(\xi)}{\mathrm{d}\xi}\,\mathrm{d}\xi \\
&= \int_{t_1}^{t_2} Cu_C(\xi)\,\mathrm{d}u_C(\xi) \\
&= \frac{1}{2}C[u_C^2(t_2) - u_C^2(t_1)]
\end{aligned}
\tag{4.1-10}
$$

由式(4.1-10)可知，在区间 $[t_1, t_2]$ 内电容吸收的能量只与两个时间端点的电容电压值 $u_C(t_1)$ 和 $u_C(t_2)$ 有关。这些能量转变为电场能量由电容元件储存起来，所以式(4.1-10)反映了电容储能的变化，由此我们可得出某一时刻 t 电容的储能为

$$
w_C(t) = \frac{1}{2}Cu_C^2(t)
\tag{4.1-11}
$$

式(4.1-11)为计算电容储能的公式。该式表明电容在某一时刻 t 的储能只与该时刻的电容电压有关，与电容电流无关。

综上所述，在电容电流为有限值的条件下，电容电压不能跃变，即电容电压具有连续性，由式(4.1-11)可知，这实质上就是电容储能不能跃变的反映。也正是由于电容的储能本质，使电容电压具有记忆性。

【例 4.1-1】 电路如图 4.1-3(a)所示，已知电容 $C = 2$ F，电压 $u(t)$ 的波形如图 4.1-3(b)所示，试画出电流 $i(t)$、瞬时功率 $p(t)$ 和储能 $w(t)$ 的波形。

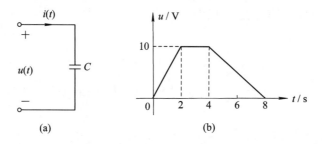

图 4.1-3   例 4.1-1 用图（一）

解   首先由图(b)，分段写出 $u(t)$ 的数学表达式为

$$
u(t) = \begin{cases}
5t & 0 \leqslant t \leqslant 2\ \text{s} \\
10 & 2\ \text{s} \leqslant t \leqslant 4\ \text{s} \\
-2.5(t-8) & 4\ \text{s} \leqslant t \leqslant 8\ \text{s}
\end{cases}
$$

然后由图(a)可知，电压 $u(t)$ 与电流 $i(t)$ 为关联参考方向，根据式(4.1-2)，电容元件的伏安关系 $i(t) = C\dfrac{\mathrm{d}u(t)}{\mathrm{d}t}$，将以上 $u(t)$ 的表达式代入，得

$$
i(t) = \begin{cases}
10 & 0 \leqslant t \leqslant 2\ \text{s} \\
0 & 2\ \text{s} \leqslant t \leqslant 4\ \text{s} \\
-5 & 4\ \text{s} \leqslant t \leqslant 8\ \text{s}
\end{cases}
$$

画出电流 $i(t)$ 的波形，如图 4.1-4(a)所示。

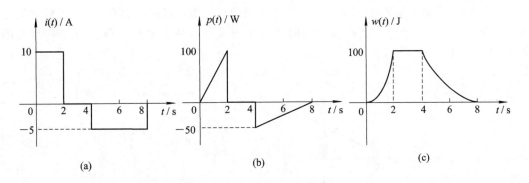

图 4.1-4　例 4.1-1 用图(二)

根据式(4.1-9)，电容元件的瞬时功率 $p(t)=u(t)i(t)$，可得

$$p(t)=\begin{cases}50t & 0\leqslant t\leqslant 2\text{ s} \\ 0 & 2\text{ s}\leqslant t\leqslant 4\text{ s} \\ 12.5(t-8) & 4\text{ s}\leqslant t\leqslant 8\text{ s}\end{cases}$$

画出瞬时功率 $p(t)$ 的波形，如图 4.1-4(b)所示。

根据式(4.1-11)，电容的储能 $w(t)=\dfrac{1}{2}Cu^2(t)$，可得

$$w(t)=\begin{cases}25t^2 & 0\leqslant t\leqslant 2\text{ s} \\ 100 & 2\text{ s}\leqslant t\leqslant 4\text{ s} \\ 6.25(t-8)^2 & 4\text{ s}\leqslant t\leqslant 8\text{ s}\end{cases}$$

由此画出电容储能 $w(t)$ 的波形，如图 4.1-4(c)所示。

由图 4.1-4(b)和(c)可看出，在 $0\leqslant t\leqslant 2$ s 区间内，$p(t)\geqslant 0$，表明电容吸收功率，其储能 $w(t)$ 逐渐增大，这是电容充电的过程；在 2 s$\leqslant t\leqslant 4$ s 区间内，$p=0$，表明电容没有能量的变化；在区间 4 s$\leqslant t\leqslant 8$ s 内，$p\leqslant 0$，表明电容释放功率，其储能 $w(t)$ 逐渐减小，这是电容放电的过程；直到 $t=8$ s，电压 $u(t)=0$，电容将原来储存的能量全部释放完，此时 $w(t)=0$。由图(b)可知，图中两部分面积相等，表明电容元件不消耗功率，只与外电路进行能量交换。由图(c)可知，$w(t)\geqslant 0$，表明电容元件是无源元件。

4.1.2　电感元件

1. 电感元件的定义

电感元件是实际电感器的理想化模型。用金属导线绕在骨架上就构成了一个实际的电感器，常称为电感线圈，如图 4.1-5 所示。当线圈中有电流 $i(t)$ 通过时，其周围便建立起磁场，形成磁通 $\Phi(t)$。磁场能够存储能量，因此电感线圈是一种能够存储能量的器件。通常把与线圈各匝交链的总磁通称为磁链，记为 $\psi(t)$。若线圈密绕 N 匝，则磁链 $\psi(t)=N\Phi(t)$。通常应用磁链与电流的关系来定义电感元件。

电感元件的定义如下：一个二端元件，如果在任一时刻 t，其磁链 $\psi(t)$ 与电流 $i(t)$ 之间的关系可用 ψ-i 平面上的一条曲线来描述，

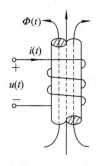

图 4.1-5　电感线圈

则称该二端元件为电感元件。若 $\psi\text{-}i$ 平面上的曲线是一条通过原点的直线，且不随时间变化，如图 4.1－6(a)所示，则称为线性时不变电感元件。理想电感元件的电路符号如图 4.1－6(b)所示。

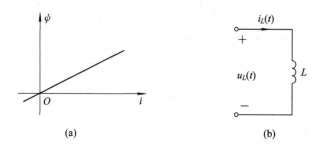

图 4.1－6　线性时不变电感元件的 $\psi\text{-}i$ 关系及电路符号

由图 4.1－6 可知，对于线性时不变电感元件，在磁链 $\psi(t)$ 与电流 $i(t)$ 的参考方向符合右手螺旋定则的条件下，磁链与电流的关系满足

$$\psi(t) = Li(t) \tag{4.1-12}$$

式中，L 称为电感元件的电感量。在国际单位制中，磁通和磁链的单位都是韦伯(Wb)，简称韦；电感量 L 的单位是亨利(H)，简称亨。1 亨(H)＝10^3 毫亨(mH)＝10^6 微亨(μH)。通常我们把电感元件简称为电感。

在实际应用中，对于一个电感器，除了应标明它的电感量外，还应标明它的额定工作电流。电流过大，会使线圈过热或使线圈受到过大电磁力的作用而发生机械形变，甚至烧毁线圈。

2. 电感元件的伏安关系

当通过电感元件的电流发生变化时，产生的磁链也相应地发生变化。根据电磁感应定律，这一变化的磁链将在电感元件两端产生感应电压，感应电压等于磁链的变化率。当电压的参考方向与磁链的参考方向符合右手螺旋定则时，有

$$u_L(t) = \frac{\mathrm{d}\psi(t)}{\mathrm{d}t} \tag{4.1-13}$$

将式(4.1－12)代入上式，得

$$u_L(t) = \frac{\mathrm{d}Li_L(t)}{\mathrm{d}t} = L\frac{\mathrm{d}i_L(t)}{\mathrm{d}t} \tag{4.1-14}$$

这就是电感元件伏安关系的微分形式。式(4.1－14)表明：在某一时刻，电感的电压取决于该时刻电感电流的变化率。换句话说，电感电压反映了电感电流的动态，故电感元件也称为动态元件。如果电感电流不变，即 $\frac{\mathrm{d}i_L}{\mathrm{d}t}=0$，那么这时虽然线圈中有电流流过，但线圈两端的电压却为零。因此，在直流电路中，电感元件相当于短路。

如果电感电压 $u_L(t)$ 与电流 $i_L(t)$ 的参考方向非关联，则式(4.1－14)应改写为

$$u_L(t) = -L\frac{\mathrm{d}i_L(t)}{\mathrm{d}t} \tag{4.1-15}$$

3. 电感电流的记忆性和连续性

观察式(4.1－2)和式(4.1－14)可以看出，电感元件的 VAR 与电容元件的 VAR 相似。

根据电路的对偶原理，只要把式(4.1-2)中的电流换为电压，电压换为电流，电容换为电感，便得到式(4.1-14)。因此，电感电流 $i_L(t)$ 也具有与电容电压 $u_C(t)$ 相似的性质，即记忆性和连续性。

与电容元件的分析相似，对式(4.1-14)积分，得

$$i_L(t) = \frac{1}{L} \int_{-\infty}^{t} u_L(\xi) \, \mathrm{d}\xi \tag{4.1-16}$$

式(4.1-16)为电感元件伏安关系的积分形式。如果我们只对某一初始时刻 t_0 之后的电感电流情况感兴趣，则式(4.1-16)可分段积分

$$i_L(t) = \frac{1}{L} \int_{-\infty}^{t_0} u_L(\xi) \, \mathrm{d}\xi + \frac{1}{L} \int_{t_0}^{t} u_L(\xi) \, \mathrm{d}\xi = i_L(t_0) + \frac{1}{L} \int_{t_0}^{t} u_L(\xi) \, \mathrm{d}\xi \tag{4.1-17}$$

式中

$$i_L(t_0) = \frac{1}{L} \int_{-\infty}^{t_0} u_L(\xi) \, \mathrm{d}\xi \tag{4.1-18}$$

称为电感电流的初始值，它代表了 t_0 以前电感的全部"历史"以及"历史"对未来($t>t_0$)的全部影响。

式(4.1-17)表明：在某一时刻 t 的电感电流取决于其初始值 $i(t_0)$ 以及在 $[t_0, t]$ 区间所有的电压值。因此，电感电流具有"记忆"电压的作用，电感元件是记忆元件。

同样地，电感电流也具有连续性，对式(4.1-17)，设 $t_0 = t_{0_-}$，$t = t_{0_+}$，可得

$$i_L(t_{0_+}) = i_L(t_{0_-}) + \frac{1}{L} \int_{t_{0_-}}^{t_{0_+}} u_L(\xi) \, \mathrm{d}\xi$$

如果电感电压 $u_L(t)$ 在无穷小区间 $[t_{0_-}, t_{0_+}]$ 为有限值，则上式等号右边第二项积分为零，于是有

$$i_L(t_{0_+}) = i_L(t_{0_-}) \tag{4.1-19}$$

若初始时刻 $t_0 = 0$，则式(4.1-19)可写为

$$i_L(0_+) = i_L(0_-) \tag{4.1-20}$$

式(4.1-19)表明：在某一时刻 t_0 电感电压 $u_L(t)$ 为有限值的条件下，电感电流 $i_L(t)$ 不能跃变。也就是说，电感电流具有连续性。这一结论在动态电路的分析中经常用到。

4. 电感元件的储能

在电感电压、电流取关联参考方向的条件下，在任一时刻，电感元件的瞬时功率为

$$p_L(t) = u_L(t) i_L(t) = L i_L(t) \frac{\mathrm{d}i_L(t)}{\mathrm{d}t} \tag{4.1-21}$$

式中，$\dfrac{\mathrm{d}i_L(t)}{\mathrm{d}t}$ 为电感电流的变化率，它既可与 $i_L(t)$ 同号，也可与之异号。因此，瞬时功率 p_L 既可为正，亦可为负。p_L 为正值时，表示电感元件从外电路吸收能量储存于磁场中；p_L 为负值时，表示电感元件向外电路释放磁场储能。因此，电感元件是储能元件，它本身不消耗能量。

在一段时间 $[t_1, t_2]$ 内，电感元件的储能为

$$w_L(t_1, t_2) = \int_{t_1}^{t_2} p_L(\xi) \, \mathrm{d}\xi = \int_{t_1}^{t_2} L i_L(\xi) \frac{\mathrm{d}i_L(\xi)}{\mathrm{d}\xi} \, \mathrm{d}\xi$$

$$= \int_{t_1}^{t_2} L i_L(\xi) \, \mathrm{d}i_L(\xi) = \frac{1}{2} L \left[i_L^2(t_2) - i_L^2(t_1) \right] \tag{4.1-22}$$

由式(4.1-22)可知，在区间$[t_1, t_2]$内电感获得的储能只与两个时间端点的电感电流值$i_L(t_1)$和$i_L(t_2)$有关，此式反映了电感储能的变化。因此，我们可得出某一时刻t电感的储能为

$$w_L(t) = \frac{1}{2} L i_L^2(t) \qquad (4.1-23)$$

式(4.1-23)为计算电感储能的公式。该式表明电感在某一时刻t的储能只与该时刻的电感电流值有关，与电感电压无关。

综上所述，在电感电压为有限值的条件下，电感电流不能跃变，即电感电流具有连续性，由式(4.1-23)可知，这实际上就是电感储能不能跃变的反映。也正是由于电感的储能本质，使电感电流具有记忆性。

【例 4.1-2】 电路如图 4.1-7 所示，已知 $i_R(t) = 4 - 2e^{-10t}$ A，求电流 $i(t)$。

解 首先根据电阻元件的 VAR 式，求得电阻两端电压

$$u_R(t) = R i_R(t) = 5 \times (4 - 2e^{-10t}) = 20 - 10e^{-10t} \text{ V}$$

然后由电容元件 VAR 的微分形式，得电容电流

$$i_C(t) = C \frac{\mathrm{d}u_C(t)}{\mathrm{d}t} = 0.01 \times \frac{\mathrm{d}}{\mathrm{d}t}(20 - 10e^{-10t}) = e^{-10t} \text{ A}$$

最后应用 KCL，得电流

$$\begin{aligned} i(t) &= i_R(t) + i_C(t) = (4 - 2e^{-10t}) + e^{-10t} \\ &= 4 - e^{-10t} \text{ A} \end{aligned}$$

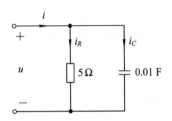

图 4.1-7　例 4.1-2 用图

4.2　换路定律及初始值的计算

4.2.1　动态电路的过渡过程

当动态电路的结构或元件参数发生变化时，电路将从一个稳定状态变化到另一个稳定状态，这种变化一般需要经历一个过程，这个过程称为过渡过程。通常把电路中电源的接入或断开，以及元件参数或电路结构的突然改变，统称为"换路"。下面以图 4.2-1(a)所示的动态电路为例来说明过渡过程的概念。

设开关 S 在 $t=0$ 时闭合。在 $t<0$，开关 S 闭合前，电容 C 未充电，此时电容电压$u_C=0$，电流 $i=0$，这是一种稳定状态。在 $t \geqslant 0$，开关 S 闭合后，电源 U_s 通过电阻 R 对电容 C 充电，电容电压 u_C 从零逐渐上升，同时随着 u_C 的升高，电流 i 由开关 S 闭合后瞬间的初始值 U_s/R 逐渐减小。当 u_C 升高到 $u_C=U_s$ 时，电流 $i \approx 0$，此时电路进入一个新的稳定状态。电容电压 u_C 和电流 i 的变化曲线如图 4.2-1(b)所示。由图(b)可见，电路从一种稳定状态变化到另一种稳定状态，并不是瞬间完成的，而需要经历一个过渡过程。

出现过渡过程的原因是电路中含有储能元件。对应于电路一定的工作状态，电容和电感都储有一定的能量，当发生换路后，储能元件的能量必发生改变，这种改变只能逐渐地过渡，不能突变，这就是电路中产生过渡过程的根源。因此，电路中电压、电流变化的过渡过程也就是电场能量与磁场能量变化的过程。对于电阻电路来说，由于电阻没有储能，电阻上电压、电流的变化是"即时性"的，因此不存在过渡过程。

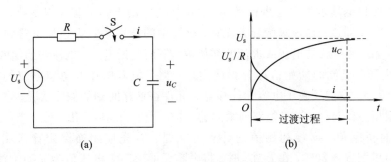

图 4.2-1　动态电路过渡过程说明用图

4.2.2　换路定律

如前所述，电容和电感都是储能元件，其储能分别为

$$w_C(t) = \frac{1}{2}Cu_C^2(t)$$

$$w_L(t) = \frac{1}{2}Li_L^2(t)$$

也就是说，电容在某一时刻的储能只与该时刻的电容电压有关，电感在某一时刻的储能只与该时刻的电感电流有关。因此，电路的储能状况可以用电容电压和电感电流来表明。我们把某时刻的电容电压和电感电流称为该时刻电路的状态，初始时刻 t_0 时的 $u_C(t_0)$ 和 $i_L(t_0)$ 称为电路的初始状态，它们反映了初始时刻电路的储能状况。

设电路发生换路的时刻为 t_0，并把换路前一瞬间记为 t_{0_-}，换路后的最初一瞬间记为 t_{0_+}。当 $t=t_{0_+}$ 时，由式(4.1-5)和式(4.1-17)可得电容电压 $u_C(t_{0_+})$ 和电感电流 $i_L(t_{0_+})$ 分别为

$$u_C(t_{0_+}) = u_C(t_{0_-}) + \frac{1}{C}\int_{t_{0_-}}^{t_{0_+}} i_C(\xi)\,\mathrm{d}\xi$$

$$i_L(t_{0_+}) = i_L(t_{0_-}) + \frac{1}{L}\int_{t_{0_-}}^{t_{0_+}} u_L(\xi)\,\mathrm{d}\xi$$

如果电容电流 i_C 和电感电压 u_L 在无穷小区间 $[t_{0_-}, t_{0_+}]$ 为有限值，则上面两式中等号右边第二项积分为零，于是有

$$\begin{cases} u_C(t_{0_+}) = u_C(t_{0_-}) \\ i_L(t_{0_+}) = i_L(t_{0_-}) \end{cases} \tag{4.2-1}$$

式(4.2-1)表明：若电容电流 i_C 和电感电压 u_L 在换路时刻 t_0 为有限值，则电容电压 u_C 和电感电流 i_L 在该时刻连续，其值不能跃变。该结论与 4.1 节中得到的结论相同。需要指出，除电容电压和电感电流外，电路中其余各处的电压、电流值，在换路前后是可以跃变的。

通常，习惯选择换路时刻 $t_0=0$，则式(4.2-1)可改写为

$$\begin{cases} u_C(0_+) = u_C(0_-) \\ i_L(0_+) = i_L(0_-) \end{cases} \tag{4.2-2}$$

式(4.2-1)和式(4.2-2)常称为换路定律。

4.2.3　初始值的计算

在分析动态电路时，由于电路中含有电容元件和电感元件，它们的伏安关系是微分或

积分关系，因此根据基尔霍夫定律和元件 VAR 所建立的电路方程是以电流、电压为变量的微分方程。我们知道，在求解微分方程时，解答中的待定系数需根据电路的初始条件来确定。所谓初始条件，就是电压或电流的初始值。下面讨论电压、电流初始值的计算方法。

电路中电压、电流的初始值可分为两类。一类是电容电压和电感电流的初始值，即 $u_C(0_+)$ 和 $i_L(0_+)$，它们反映了电容元件和电感元件在换路时刻的储能状况，也称为初始状态，其值可根据换路定律，通过换路前瞬间的 $u_C(0_-)$ 和 $i_L(0_-)$ 求出。另一类是电路中其他电压、电流的初始值。这类初始值的计算方法是：首先应用换路定律求出 $u_C(0_+)$ 和 $i_L(0_+)$，然后根据置换定理，在 $t=0_+$ 时，将电容元件用一个电压值为 $u_C(0_+)$ 的理想电压源来代替，电感元件用一个电流值为 $i_L(0_+)$ 的理想电流源代替，这样便得到了一个直流电源作用下的电阻电路，称为 0_+ 等效电路，由该电路可方便地求出各电压、电流的初始值。

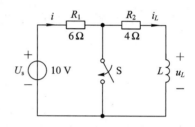

图 4.2-2　例 4.2-1 用图（一）

【例 4.2-1】 电路如图 4.2-2 所示。已知开关 S 闭合前电路已处于稳定状态，在 $t=0$ 时开关闭合，求初始值 $i_L(0_+)$、$u_L(0_+)$ 和 $i(0_+)$。

解 （1）先计算电感电流 $i_L(0_-)$。开关闭合前电路已处于稳态，且在直流电源作用下，这时电感相当于短路，$t=0_-$ 时的电路如图 4.2-3(a) 所示。由图(a)可得

$$i_L(0_-) = \frac{U_s}{R_1 + R_2} = \frac{10}{6+4} = 1 \text{ A}$$

（2）根据换路定律，有

$$i_L(0_+) = i_L(0_-) = 1 \text{ A}$$

（3）画出换路后瞬间 $t=0_+$ 时的等效电路，计算其他支路电压、电流的初始值。根据置换定理，用一个电流值等于 $i_L(0_+)=1$ A 的理想电流源代替电感元件，画出 $t=0_+$ 时的等效电路如图(b)所示。对图(b)中右边一个回路应用 KVL，得

$$R_2 i_L(0_+) + u_L(0_+) = 0$$

故

$$u_L(0_+) = -R_2 i_L(0_+) = -4 \times 1 = -4 \text{ V}$$

由图(b)左边回路，得

$$i(0_+) = \frac{U_s}{R_1} = \frac{10}{6} \approx 1.67 \text{ A}$$

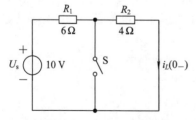

(a) 换路前瞬间 $t=0_-$ 时的等效电路

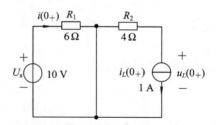

(b) 换路后瞬间 $t=0_+$ 时的等效电路

图 4.2-3　例 4.2-1 用图（二）

【例 4.2-2】 电路如图 4.2-4 所示。开关 S 开启前电路已处于稳定状态，在 $t=0$ 时

开关开启，求初始值 $i(0_+)$、$i_C(0_+)$ 和 $u_L(0_+)$。

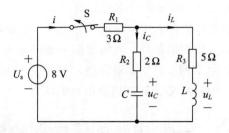

图 4.2-4 例 4.2-2 用图(一)

解 （1）先计算电容电压 $u_C(0_-)$ 和电感电流 $i_L(0_-)$。开关开启前电路已处于直流稳定状态，这时电容相当于开路，电感相当于短路，$t=0_-$ 时的等效电路如图 4.2-5(a)所示。由图(a)可得

$$i_L(0_-) = \frac{U_s}{R_1 + R_3} = \frac{8}{3+5} = 1 \text{ A}$$

$$u_C(0_-) = R_3 i_L(0_-) = 5 \times 1 = 5 \text{ V}$$

（2）根据换路定律，有

$$i_L(0_+) = i_L(0_-) = 1 \text{ A}$$

$$u_C(0_+) = u_C(0_-) = 5 \text{ V}$$

（3）画出换路后瞬间 $t=0_+$ 时的等效电路，计算待求的各初始值。根据置换定理，用一个电流等于 $i_L(0_+)=1$ A 的理想电流源代替电感元件，用一个电压等于 $u_C(0_+)=5$ V 的理想电压源代替电容元件，画出 0_+ 时刻的等效电路如图(b)所示。

在图(b)中，应用直流电阻电路分析方法可求得待求初始值为

$$i(0_+) = 0$$

$$i_C(0_+) = -i_L(0_+) = -1 \text{ A}$$

$$u_L(0_+) = -R_3 i_L(0_+) + R_2 i_C(0_+) + u_C(0_+) = -5 \times 1 + 2 \times (-1) + 5 = -2 \text{ V}$$

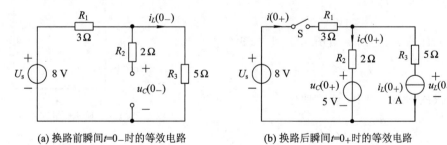

(a) 换路前瞬间 $t=0_-$ 时的等效电路   (b) 换路后瞬间 $t=0_+$ 时的等效电路

图 4.2-5 例 4.2-2 用图(二)

通过上面两个例题的分析，可归纳出求初始值的步骤如下：

（1）求换路前瞬间 $t=0_-$ 时的电容电压 $u_C(0_-)$ 和电感电流 $i_L(0_-)$。此时电路为直流稳定状态，电容相当于开路，电感相当于短路。

（2）根据换路定律，确定电路初始状态 $u_C(0_+)$ 和 $i_L(0_+)$。

（3）画出换路后瞬间 $t=0_+$ 时的等效电路。根据置换定理，此时电容 C 可用一个电压

等于 $u_C(0_+)$ 的理想电压源代替，电感 L 可用一个电流等于 $i_L(0_+)$ 的理想电流源代替。

（4）应用电阻电路分析方法，计算各待求初始值。

需要指出的是，在动态电路的分析中，确定任一电压、电流的初始值是极为重要的一步，它是求解微分方程所必需的初始条件。虽然我们分析的是电路换路后的过程，但是在应用换路定律求电路的初始状态时，需要知道换路前 $t=0_-$ 时的电容电压 $u_C(0_-)$ 和电感电流 $i_L(0_-)$。因此，分析动态电路时需计算换路前电路的状态。

4.3　一阶电路的零输入响应

当电路中含有储能元件时，描述电路的方程是微分方程。若电路仅含一个储能元件（电容或电感元件），或者可用串、并联方法等效为仅含一个储能元件，则得到的电路方程是一阶线性常微分方程。我们将可用一阶常微分方程描述的电路称为一阶电路。

如果动态电路在换路前电容或电感元件已具有初始储能，那么换路后即使没有独立源激励，电路在初始储能作用下仍会产生电压、电流响应。动态电路在没有外加输入激励时，仅由初始储能所引起的响应称为零输入响应（zero input response）。本节讨论一阶电路的零输入响应。

1. 一阶 *RC* 电路的零输入响应

图 4.3-1 所示为一阶 *RC* 电路。在 $t<0$，开关 S 闭合前，电容电压 $u_C(0_-)=U_0$。在 $t=0$ 时，开关 S 闭合，根据换路定律，电容元件的初始电压 $u_C(0_+)=u_C(0_-)=U_0$，其初始储能为 $\frac{1}{2}CU_0^2$。换路后，电容储能通过电阻 R 放电，在电路中产生零输入响应。随着放电过程的进行，电容电压逐渐减小以趋近于零，电容的初始储能逐渐被电阻所消耗。下面我们来分析一阶 *RC* 电路放电过程的规律。

设电压、电流的参考方向如图 4.3-1 所示，列写换路后电路的 KVL 方程为

$$Ri - u_C = 0 \qquad (4.3-1)$$

根据电容元件的伏安关系，由图 4.3-1 可知

$$i = -C\frac{\mathrm{d}u_C}{\mathrm{d}t}$$

将上式代入式（4.3-1）中，经整理得

$$\frac{\mathrm{d}u_C}{\mathrm{d}t} + \frac{1}{RC}u_C = 0 \qquad (4.3-2)$$

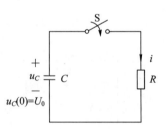

图 4.3-1　一阶 *RC* 电路零输入响应

这是一个一阶常系数线性齐次微分方程，其特征方程为

$$s + \frac{1}{RC} = 0$$

式中，s 称为特征方程的根，即

$$s = -\frac{1}{RC}$$

由高等数学的相关知识可知，一阶齐次微分方程式（4.3-2）的通解形式为

$$u_C = Ae^{st} = Ae^{-\frac{1}{RC}t} \qquad t \geqslant 0 \qquad (4.3-3)$$

式中，A 为特定的积分常数，由电路的初始条件确定。将 $u_C(0_+)=U_0$ 代入式(4.3-3)，得

$$u_C(0_+) = A = U_0$$

从而解得在给定初始条件下，电容电压的零输入响应为

$$u_C = U_0 e^{-\frac{1}{RC}t} \qquad t \geqslant 0 \qquad\qquad (4.3-4)$$

放电电流

$$i = -C\frac{du_C}{dt} = \frac{U_0}{R}e^{-\frac{1}{RC}t} \qquad t \geqslant 0 \qquad\qquad (4.3-5)$$

画出电容电压 u_C 和电流 i 随时间变化的曲线，如图 4.3-2 所示。

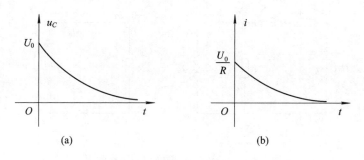

图 4.3-2　一阶 RC 放电电路中电容电压和电流的变化规律

由此可见，RC 电路的零输入响应都按同样的指数规律变化，由初始值开始逐渐单调衰减至零，这一过程即为过渡过程或暂态过程。电压、电流衰减的快慢取决于指数衰减因子 $e^{-\frac{1}{RC}t}$，即取决于电路参数 R 和 C 的乘积。这个乘积是一个常量，具有时间的量纲，称为 RC 电路的时间常数，用 τ 来表示，即

$$\tau = RC \qquad\qquad (4.3-6)$$

应用时间常数这一概念后，就可以说，电容电压和电流衰减的快慢取决于时间常数 τ 的大小。τ 越大，电压、电流衰减越慢，过渡过程相对就长。这可从物理概念上来理解，在电容初始电压一定时，电容 C 越大，电容上储存的电荷越多，放电时间也就越长；电阻 R 越大，则放电电流就越小，放电过程就越长。反之，τ 越小，电压、电流衰减得越快，过渡过程相对越短暂。

对式(4.3-4)，分别令 $t=\tau$、3τ 和 5τ，可计算得

$$u_C(\tau) = U_0 e^{-1} = 0.368U_0$$
$$u_C(3\tau) = U_0 e^{-3} = 0.05U_0$$
$$u_C(5\tau) = U_0 e^{-5} = 0.007U_0$$

由上述计算结果可看出，经过 $(3\sim5)\tau$ 的时间后，u_C 已衰减为初始值的 $5\%\sim0.7\%$，一般可认为已衰减至零，放电过程已基本结束。

从以上分析可知，RC 电路的零输入响应是依靠电容的初始电压来维持的，或者说是依靠电容原有电场的初始储能来维持的。随着放电过程的进行，电场能量逐渐被电阻消耗，从而决定了电路零输入响应从初始值开始按指数规律逐渐衰减至零的特性。RC 电路零输入响应是由电容初始电压 $u_C(0_+)$ 和时间常数 $\tau=RC$ 所确定的。

2. 一阶 RL 电路的零输入响应

图 4.3-3(a)所示为一阶 RL 电路。换路前 $t<0$ 时，开关 S 闭合，电路已处于稳态，电

感中通过的电流

$$i_L(0_-) = \frac{U_0}{R_0} = I_0$$

在 $t=0$ 时，开关 S 开启，根据换路定律，通过电感元件的初始电流 $i_L(0_+)=i_L(0_-)=I_0$，其初始储能为 $\frac{1}{2}LI_0^2$。换路后的电路如图 4.3-3(b)所示。图(b)所示电路中没有独立源激励，在电感初始储能的作用下，电路产生零输入响应。下面我们来分析电感电流 i_L 和电压 u_L 的变化规律。

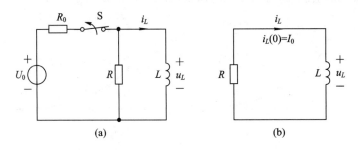

图 4.3-3   一阶 RL 电路的零输入响应

对图(b)所示的电路列 KVL 方程

$$u_L + Ri_L = 0$$

将电感元件的伏安关系 $u_L = L\dfrac{\mathrm{d}i_L}{\mathrm{d}t}$ 代入上式，整理得

$$\frac{\mathrm{d}i_L}{\mathrm{d}t} + \frac{R}{L}i_L = 0 \tag{4.3-7}$$

这是一个一阶常系数齐次微分方程，其特征方程为

$$s + \frac{R}{L} = 0$$

解出特征根

$$s = -\frac{R}{L}$$

于是得一阶齐次微分方程式(4.3-7)的通解形式为

$$i_L = Ae^{st} = Ae^{-\frac{R}{L}t} \qquad t \geqslant 0 \tag{4.3-8}$$

由初始条件确定待定积分常数 A。将 $i_L(0_+)=I_0$ 代入式(4.3-8)，得

$$i_L(0_+) = A = I_0$$

从而解得电感电流的零输入响应为

$$i_L = i_L(0_+)e^{-\frac{R}{L}t} = I_0e^{-\frac{1}{\tau}t} \qquad t \geqslant 0 \tag{4.3-9}$$

电感电压

$$u_L = L\frac{\mathrm{d}i_L}{\mathrm{d}t} = -RI_0e^{-\frac{R}{L}t} = -RI_0e^{-\frac{1}{\tau}t} \qquad t \geqslant 0 \tag{4.3-10}$$

式中，$\tau = \dfrac{L}{R}$，为 RL 电路的时间常数，与 RC 电路中的时间常数有相同的意义。画出电感电流 i_L 和电感电压 u_L 随时间变化的曲线，如图 4.3-4 所示。

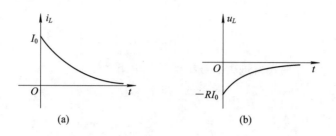

图 4.3-4　一阶 RL 零输入电路中电感电流和电压的变化规律

综上所述，无论一阶 RC 电路还是一阶 RL 电路，其零输入响应是在输入激励为零时由电路的初始储能引起的，并且随着时间 t 的增长，均从初始值开始按指数规律逐渐衰减至零，衰减的快慢取决于电路的时间常数 τ。同一个一阶电路中所有的零输入响应具有相同的时间常数，只是其初始值不同而已。如果用 $y_{zi}(t)$ 表示零输入响应，$y_{zi}(0_+)$ 表示其初始值，则一阶电路的零输入响应可表示为如下的一般形式

$$y_{zi}(t) = y_{zi}(0_+)e^{-\frac{1}{\tau}t} \qquad t \geqslant 0 \qquad\qquad (4.3-11)$$

式中，τ 为一阶电路的时间常数。对于一阶 RC 电路，$\tau = RC$；对于一阶 RL 电路，$\tau = \dfrac{L}{R}$。其中 R 是换路后电路中从储能元件 C 或 L 两端看进去的戴维南等效电阻。

【**例 4.3-1**】　电路如图 4.3-5(a)所示，换路前 $t < 0$ 时电路已处于稳态，$t = 0$ 时开关 S 开启。试求：

(1) $t \geqslant 0$ 时的 $u_C(t)$ 和 $i(t)$；

(2) 电容的初始储能和电阻消耗的总能量。

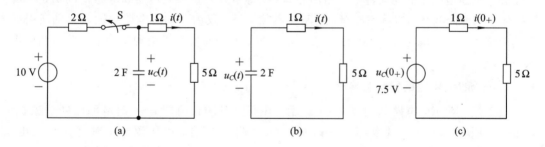

图 4.3-5　例 4.3-1 用图

解　(1) 换路前 $t < 0$ 时，开关 S 闭合，电路已处于稳态，电容 C 相当于开路。对图(a)，根据电阻分压公式有

$$u_C(0_-) = \frac{1+5}{1+5+2} \times 10 = 7.5 \text{ V}$$

由换路定律，得

$$u_C(0_+) = u_C(0_-) = 7.5 \text{ V}$$

画出换路后的电路，如图 4.3-5(b)所示。此电路无外加输入激励，电路的响应为电容初始储能所引起的零输入响应。由零输入响应的一般形式(见式(4.3-11))可知，需求响应在 $t = 0_+$ 时刻的初始值和电路的时间常数 $\tau = RC$。作 $t = 0_+$ 时刻的等效电路如图 4.3-5(c)所

示，可得

$$i(0_+) = \frac{7.5}{1+5} = 1.25 \text{ A}$$

由图(b)，求得从电容 C 两端看进去的戴维南等效电阻

$$R = 1 + 5 = 6 \ \Omega$$

所以时间常数

$$\tau = RC = 6 \times 2 = 12 \text{ s}$$

根据式(4.3-11)，得 $u_C(t)$ 和 $i(t)$ 的零输入响应为

$$u_C(t) = u_C(0_+)e^{-\frac{1}{\tau}t} = 7.5e^{-\frac{1}{12}t} \qquad t \geqslant 0$$

$$i(t) = i(0_+)e^{-\frac{1}{\tau}t} = 1.25e^{-\frac{1}{12}t} \qquad t \geqslant 0$$

(2) 由式(4.1-11)可得电容元件的初始储能为

$$w_C(0_+) = \frac{1}{2}Cu_C^2(0_+) = \frac{1}{2} \times 2 \times 7.5^2 = 56.25 \text{ J}$$

电阻元件 1 Ω 和 5 Ω 消耗的总能量为

$$w_R = \int_0^\infty p \ \mathrm{d}t = \int_0^\infty (1+5)i^2 \ \mathrm{d}t = \int_0^\infty 6 \times (1.25e^{-\frac{1}{12}t})^2 \ \mathrm{d}t = 56.25 \text{ J}$$

由以上计算可见，各电阻元件消耗的总能量等于电容元件的初始储能。换句话说，电容元件的初始储能随着时间的推移逐渐被电阻元件消耗，直至为零。

4.4 一阶电路的零状态响应

如果动态电路中储能元件的初始储能为零，即电容 C 的初始电压和电感 L 的初始电流均为零，则称此电路为零状态电路。电路在零状态下，仅由施加于电路的输入激励所引起的响应称为零状态响应(zero state response)。本节将讨论在直流电源激励下一阶电路的零状态响应。

1. 一阶 RC 电路的零状态响应

设直流一阶 RC 电路如图 4.4-1 所示，在开关 S 闭合前即 $t<0$ 时电路已处于稳态，且电容电压 $u_C(0_-)=0$（零状态）。在 $t=0$ 时，开关 S 闭合，电压源开始对电容 C 充电。在初始时刻 $t=0_+$ 时，根据换路定律，$u_C(0_+)=u_C(0_-)=0$，由电路图求得此时的充电电流 $i(0_+) = \dfrac{U_s - u_C(0_+)}{R} = \dfrac{U_s}{R}$。随着时间 t 的增长，电容电压 $u_C(t)$ 逐渐增大，充电电流 $i(t) = \dfrac{U_s - u_C(t)}{R}$ 则逐渐减小。当时间 t 到达某一时刻 $(t\to\infty)$ 时，$u_C(\infty)=U_s$，充电电流 $i(\infty)=0$，电路达到一个新的稳态。因此，RC 电路的零状态响应过程就是 RC 电路的充电过程。

对图 4.4-1，列出换路后的 KVL 方程为

$$Ri + u_C = U_s$$

将电容元件的伏安关系 $i = C\dfrac{\mathrm{d}u_C}{\mathrm{d}t}$ 代入上式，并整

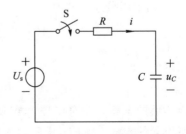

图 4.4-1 直流一阶 RC 电路零状态响应

理得

$$RC\frac{\mathrm{d}u_C}{\mathrm{d}t}+u_C=U_s \qquad (4.4-1)$$

这是一个一阶常系数线性非齐次微分方程。方程的解由两个分量组成：齐次微分方程的通解 u_{Ch} 和非齐次微分方程的特解 u_{Cp}，即

$$u_C=u_{\mathrm{Ch}}+u_{\mathrm{Cp}} \qquad (4.4-2)$$

下面先求齐次微分方程的通解（简称齐次解）u_{Ch}。式(4.4-1)相应的齐次方程为

$$RC\frac{\mathrm{d}u_C}{\mathrm{d}t}+u_C=0$$

在 4.3 节中一阶 RC 电路零输入响应部分已讲述了该齐次微分方程的求解，于是可写出齐次解为

$$u_{\mathrm{Ch}}=A\mathrm{e}^{-\frac{1}{RC}t}$$

再求非齐次微分方程的特解 u_{Cp}。由微分方程的数学知识可知，特解具有与输入激励相同的函数形式。当激励为直流时，特解 u_{Cp} 为一常量。令

$$u_{\mathrm{Cp}}=Q$$

把它代入式(4.4-1)，可得

$$Q=U_s$$

故特解为

$$u_{\mathrm{Cp}}=U_s$$

于是一阶非齐次微分方程式(4.4-1)的完全解为

$$u_C=u_{\mathrm{Ch}}+u_{\mathrm{Cp}}=A\mathrm{e}^{-\frac{1}{RC}t}+U_s \qquad (4.4-3)$$

将初始条件 $u_C(0_+)=0$ 代入上式，有

$$u_C(0_+)=A+U_s=0$$

求得

$$A=-U_s$$

将 A 代入式(4.4-3)，得零初始状态时电容电压的完全解，即零状态解为

$$u_C=U_s(1-\mathrm{e}^{-\frac{1}{RC}t}) \qquad t\geqslant 0 \qquad (4.4-4)$$

由电容元件的 VAR，求得电流

$$i=C\frac{\mathrm{d}u_C}{\mathrm{d}t}=\frac{U_s}{R}\mathrm{e}^{-\frac{1}{RC}t} \qquad t\geqslant 0$$

画出电容电压 u_C 和电流 i 随时间变化的曲线，如图 4.4-2 所示。

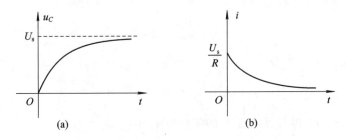

图 4.4-2　直流一阶 RC 零状态电路中电容电压和电流的变化规律

由以上分析可见，在直流激励下一阶 RC 电路的零状态响应其物理过程的实质是换路后电路中电容元件的储能从无到有逐渐建立的过程。电容电压 u_C 在换路后从零值开始，随着时间的增长，按指数规律单调上升，最后趋近于稳态值 U_s（电源电压），故特解 $u_{Cp}=U_s$ 称为稳态分量，即电容电压的稳态值；充电电流 i 在充电初瞬间从零跳变到 $\dfrac{U_s}{R}$，再按指数规律衰减以至趋近于零。电容电压 u_C 或电流 i 按指数规律增长或衰减的快慢，即电容充电过程的进展速度，同样取决于电路的时间常数 $\tau=RC$。

2. 一阶 RL 电路的零状态响应

设直流一阶 RL 电路如图 4.4 - 3 所示，开关 S 闭合前即 $t<0$ 时，电路已处于稳态，电感电流 $i_L(0_-)=0$（零状态）。$t=0$ 时开关 S 闭合，在直流电压源激励下，产生电路零状态响应，其求解步骤与一阶 RC 电路零状态响应相似。

对图 4.4 - 3，列出换路后的 KVL 方程为

$$Ri_L + u_L = U_s$$

将电感元件的伏安关系 $u_L = L\dfrac{\mathrm{d}i_L}{\mathrm{d}t}$ 代入上式，整理得

$$L\frac{\mathrm{d}i_L}{\mathrm{d}t} + Ri_L = U_s \qquad (4.4-5)$$

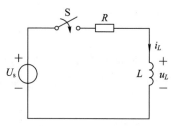

图 4.4 - 3　直流一阶 RL 电路
　　　　　零状态响应

这是一个一阶常系数线性非齐次微分方程，其解仍由两个分量组成：齐次微分方程的通解 i_{Lh} 和非齐次微分方程的特解 i_{Lp}，即

$$i_L = i_{Lh} + i_{Lp}$$

齐次微分方程的通解 i_{Lh} 是式（4.4 - 5）相应的齐次方程的解。在 4.3 节中一阶 RL 电路零输入响应部分已讨论了该齐次微分方程的求解，于是可写出齐次解为

$$i_{Lh} = Ae^{-\frac{R}{L}t}$$

非齐次微分方程的特解 i_{Lp} 具有与输入激励相同的函数形式。在直流激励下，令 $i_{Lp}=Q$，将其代入式（4.4 - 5），解得

$$Q = \frac{U_s}{R}$$

故特解为

$$i_{Lp} = \frac{U_s}{R}$$

于是一阶非齐次微分方程的全解为

$$i_L = i_{Lh} + i_{Lp} = Ae^{-\frac{R}{L}t} + \frac{U_s}{R} \qquad (4.4-6)$$

将初始条件 $i_L(0_+)=i_L(0_-)=0$ 代入上式，确定待定积分常数 A，有

$$i_L(0_+) = A + \frac{U_s}{R} = 0 \quad \rightarrow \quad A = -\frac{U_s}{R}$$

将 A 代入式（4.4 - 6），得电感电流 i_L 的零状态解为

$$i_L = \frac{U_s}{R}\left(1 - e^{-\frac{R}{L}t}\right) \qquad t \geqslant 0 \qquad (4.4-7)$$

由电感元件的 VAR，求得电感电压

$$u_L = L\frac{\mathrm{d}i_L}{\mathrm{d}t} = U_s\mathrm{e}^{-\frac{R}{L}t} \qquad t \geqslant 0$$

画出电感电流 i_L 和电压 u_L 随时间变化的曲线，如图 4.4-4 所示。

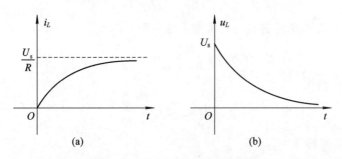

图 4.4-4　直流一阶 RL 零状态电路中电感电流和电压的变化规律

由以上分析可见，在直流激励下，一阶 RC 电路和一阶 RL 电路的零状态响应的物理过程是换路后电路中动态元件的储能从无到有逐渐增长的过程。因此，电容电压或电感电流都是从零值（零初始状态）开始按指数规律上升至稳态值（稳定状态），时间常数 τ 与零输入响应时相同。由式(4.4-4)和式(4.4-7)可写出电容电压和电感电流的零状态响应的一般形式

$$\begin{cases} u_{Czs} = u_C(\infty)(1 - \mathrm{e}^{-\frac{1}{\tau}t}) & t \geqslant 0 \\ i_{Lzs} = i_L(\infty)(1 - \mathrm{e}^{-\frac{1}{\tau}t}) & t \geqslant 0 \end{cases} \tag{4.4-8}$$

式中，$u_C(\infty)$ 和 $i_L(\infty)$ 为换路后电路到达稳态时电容电压和电感电流的稳态值。当电路到达稳态后，电容相当于开路，电感相当于短路，由电路可确定出电容电压和电感电流的稳态值 $u_C(\infty)$ 和 $i_L(\infty)$，再由式(4.4-8)写出其零状态响应解。解得 u_C 和 i_L 后，便可根据电路的约束关系（KCL、KVL 和元件伏安关系）求出电路中的其他电压和电流。

【例 4.4-1】　电路如图 4.4-5(a)所示，换路前 $t<0$ 时电路已处于稳态，$t=0$ 时开关 S 闭合。已知 $U_s=4$ V，$R_1=2.5\ \Omega$，$R_2=10\ \Omega$，$L=0.2$ H。试求换路后 $t\geqslant0$ 时的 i_L、u_L、u_{R1} 和 i_{R2}。

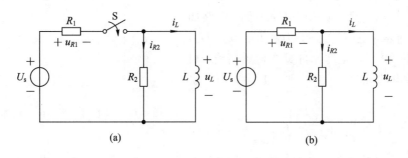

图 4.4-5　例 4.4-1 用图

解　换路前 $t<0$ 时，开关 S 未闭合，$i_L(0_-)=0$，电路处于零状态。在 $t=0$ 时，开关 S 闭合，换路后的电路如图 4.4-5(b)所示，直流电压源 U_s 接入电路，因此所求响应均为零状态响应。

先求电感电流的零状态响应。由式(4.4-8)可知，需求换路后电感电流的稳态值 $i_L(\infty)$ 和电路的时间常数 $\tau = \dfrac{L}{R}$。当电路进入稳态时，电感相当于短路，由图(b)得

$$i_L(\infty) = \frac{U_s}{R_1} = \frac{4}{2.5} = 1.6\ \text{A}$$

换路后从储能元件 L 两端看进去的戴维南等效电阻

$$R = R_1 \mathbin{/\!/} R_2 = \frac{R_1 R_2}{R_1 + R_2} = \frac{2.5 \times 10}{2.5 + 10} = 2\ \Omega$$

所以电路的时间常数

$$\tau = \frac{L}{R} = \frac{0.2}{2} = \frac{1}{10}\ \text{s}$$

根据式(4.4-8)，可得

$$i_L = i_L(\infty)(1 - e^{-\frac{1}{\tau}t}) = 1.6(1 - e^{-10t})\ \text{A} \qquad t \geqslant 0$$

再求电路中其他的电压、电流。根据电感元件的 VAR，求得

$$u_L = L\frac{\mathrm{d}i_L}{\mathrm{d}t} = 0.2 \times \frac{\mathrm{d}}{\mathrm{d}t}[1.6(1 - e^{-10t})] = 3.2e^{-10t}\ \text{V} \qquad t \geqslant 0$$

由图(b)得

$$i_{R2} = \frac{u_L}{R_2} = \frac{3.2e^{-10t}}{10} = 0.32e^{-10t}\ \text{A} \qquad t \geqslant 0$$

根据 KVL，有

$$u_{R1} = U_s - u_L = 4 - 3.2e^{-10t}\ \text{V} \qquad t \geqslant 0$$

由以上计算可看出，电感电流 i_L 的零状态响应是按指数规律增长的，而其他电压、电流的零状态响应不一定如此。

4.5　一阶电路的全响应

前面两节我们分别讨论了一阶电路的零输入响应和零状态响应。本节将讨论在外加输入激励和动态元件初始储能共同作用下电路的响应，称为一阶电路的全响应（complete response）。仍以直流一阶 RC 电路为例，电路如图 4.5-1 所示，电容电压的初始值 $u_C(0) = U_0$，初始状态不为零，即电容元件具有初始储能。根据 KVL 和电路元件 VAR，列写电路方程，整理得

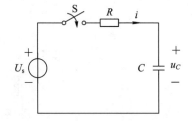

图 4.5-1　直流一阶 RC 电路的全响应

$$RC\frac{\mathrm{d}u_C}{\mathrm{d}t} + u_C = U_s \qquad (4.5-1)$$

这是一个一阶常系数线性非齐次微分方程，与前面讨论的一阶 RC 电路零状态响应的微分方程式(4.4-1)相同，因此求解过程也相同，其完全解可表示为

$$u_C = u_{Ch} + u_{Cp} = Ae^{-\frac{1}{RC}t} + U_s \qquad\qquad (4.5-2)$$

将初始条件 $u_C(0_+) = U_0$ 代入上式，确定待定积分常数 A，有

$$u_C(0_+) = A + U_s = U_0$$

求得

$$A = U_0 - U_s$$

将 A 代入式(4.5-2)，得电容电压的全响应为

$$u_C = (U_0 - U_s)e^{-\frac{1}{RC}t} + U_s \qquad t \geqslant 0 \qquad (4.5-3)$$

把式(4.5-3)改写为

$$u_C = \underbrace{U_0 e^{-\frac{1}{RC}t}}_{\text{零输入响应}} + \underbrace{U_s(1-e^{-\frac{1}{RC}t})}_{\text{零状态响应}} \qquad t \geqslant 0 \qquad (4.5-4)$$

式中，第一项 $u_{C1} = U_0 e^{-\frac{1}{RC}t}$ 为令 $U_s = 0$ 时的电容电压，此即为电容电压的零输入响应；第二项 $u_{C2} = U_s(1-e^{-\frac{1}{RC}t})$ 为令电容电压初始值 $u_C(0) = U_0 = 0$ 时的电容电压，此即为电容电压的零状态响应。相应的随时间变化的曲线如图 4.5-2 所示。

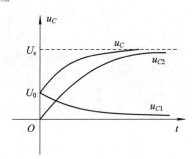

图 4.5-2　具有非零初始状态的直流一阶 RC 电路中电容电压的变化规律

由此可见，全响应可分解为零输入响应和零状态响应之和，这是线性电路叠加性质的体现。因此，一般情况下，一阶电路的全响应可表示为

$$\text{全响应} = \text{零输入响应} + \text{零状态响应} \qquad (4.5-5)$$

即

$$y(t) = y_{zi}(t) + y_{zs}(t)$$

需要指出的是，零输入响应由初始储能所产生，零状态响应由外加输入激励所产生。

全响应也可按另一种方式进行分解。由式(4.5-3)可看出，等式右边的第一项为暂态分量，它随时间的增长按指数规律逐渐衰减为零，称为暂态响应；等式右边的第二项为稳态分量，它随时间的增长而稳定存在，称为稳态响应。所以，全响应亦可表示为

$$\text{全响应} = \text{暂态响应} + \text{稳态响应} \qquad (4.5-6)$$

根据求解微分方程的经典法，我们还可把式(4.5-3)作以下分解。等号右边第一项为齐次解，按指数规律变化，变化的快慢程度取决于电路微分方程的特征根，与激励无关，故称为自由响应。由于特征根仅与电路结构和元件参数有关，因此自由响应反映了电路的固有特性，又称为固有响应。等号右边第二项为特解，具有与输入激励相同的函数形式，称为强制响应。因此，全响应可表示为

$$\text{全响应} = \text{自由响应(固有响应)} + \text{强制响应} \qquad (4.5-7)$$

即

$$y(t) = y_h(t) + y_p(t)$$

式(4.5-3)还表明，在直流激励下，强制响应是一常数，即为稳态响应。自由响应随时间 t 按指数规律衰减，显然它是暂态响应。

无论把全响应分解为零输入响应与零状态响应之和，或是分解为暂态响应与稳态响应之和，都是人为地为了分析方便所做的分解。把全响应分解为零输入响应与零状态响应之和是着眼于电路的因果关系；把全响应分解为暂态响应与稳态响应之和则是着眼于电路的

工作状态，即线性动态电路在换路后，需经过一段过渡过程才能进入稳态。在分析和计算动态电路的响应时，采用哪一种分解方式可视问题的要求和方便做出选择。

【例 4.5-1】 电路如图 4.5-3(a)所示，开关 S 在位置 1 时电路已处于稳态，$t=0$ 时开关 S 由 1 切换至 2，求 $t \geqslant 0$ 时电感电流 i_L 和电阻电压 u_R 的零输入响应、零状态响应和全响应，并画出它们随时间变化的曲线。

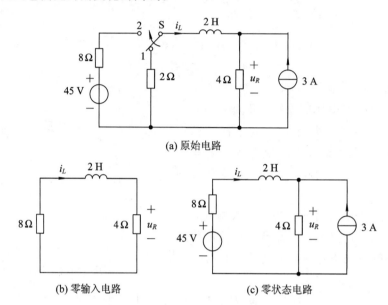

(a) 原始电路

(b) 零输入电路　　　　(c) 零状态电路

图 4.5-3　例 4.5-1 用图（一）

解　换路前 $t<0$ 时，开关 S 在位置 1，电路已处于稳态，电感相当于短路。应用电阻分流公式，电感电流为

$$i_L(0_-) = -\frac{4}{2+4} \times 3 = -2 \text{ A}$$

由换路定律，得

$$i_L(0_+) = i_L(0_-) = -2 \text{ A}$$

（1）计算零输入响应。画出换路后 $t \geqslant 0$ 时的零输入电路，如图 4.5-3(b)所示。这时应令外加输入激励为零(将图 4.5-3(a)中 45 V 电压源短路，3 A 电流源开路)。由图(b)可得电路的时间常数

$$\tau = \frac{L}{R} = \frac{2}{8+4} = \frac{1}{6} \text{ s}$$

根据零输入响应的一般形式(见式(4.3-11))，可得电感电流的零输入响应为

$$i_{Lzi}(t) = i_L(0_+) \mathrm{e}^{-\frac{1}{\tau}t} = -2\mathrm{e}^{-6t} \text{ A} \qquad t \geqslant 0$$

应用电阻元件的 VAR，可得 4 Ω 电阻电压的零输入响应

$$u_{Rzi}(t) = 4i_{Lzi}(t) = -8\mathrm{e}^{-6t} \text{ V} \qquad t \geqslant 0$$

（2）计算零状态响应。画出换路后 $t \geqslant 0$ 时的零状态电路，如图 4.5-3(c)所示。这时应令电感元件的初始储能为零，即初始状态为零，$i_L(0_+)=0$。当 $t \to \infty$ 时，电路进入新的稳态，电感相当于短路，于是对图(c)应用叠加定理，有

$$i_L(\infty) = \frac{45}{8+4} - \frac{4}{8+4} \times 3 = 2.75 \text{ A}$$

图(c)中电路的时间常数与图(b)中的时间常数相同，仍是 $\tau = 1/6$ s。所以根据电感电流零状态响应的一般形式(见式(4.4-8))，得

$$i_{Lzs}(t) = i_L(\infty)(1 - e^{-\frac{1}{\tau}t}) = 2.75(1 - e^{-6t}) \text{ A} \qquad t \geqslant 0$$

应用 KCL 及电阻元件的 VAR，可得 4 Ω 电阻电压的零状态响应

$$u_{Rzs}(t) = 4 \times (3 + i_{Lzs}(t)) = 23 - 11e^{-6t} \text{ V} \qquad t \geqslant 0$$

（3）计算全响应。全响应等于零输入响应与零状态响应之和，即

$$i_L(t) = i_{Lzi}(t) + i_{Lzs}(t) = -2e^{-6t} + 2.75(1 - e^{-6t}) = 2.75 - 4.75e^{-6t} \text{ A} \qquad t \geqslant 0$$

$$u_R(t) = u_{Rzi}(t) + u_{Rzs}(t) = -8e^{-6t} + (23 - 11e^{-6t}) = 23 - 19e^{-6t} \text{ V} \qquad t \geqslant 0$$

画出 $i_L(t)$ 和 $u_R(t)$ 的零输入响应、零状态响应和全响应随时间的变化曲线，如图 4.5-4 所示。

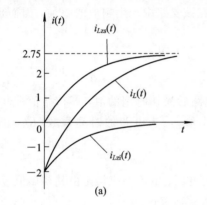 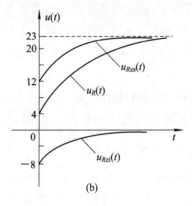

图 4.5-4　例 4.5-1 用图(二)

4.6　求解一阶电路的三要素法

在 4.5 节我们讨论了在外加输入激励和动态元件初始储能共同作用下直流一阶 RC 电路，如图 4.5-1 所示，其电路方程是一阶常系数线性非齐次微分方程

$$RC\frac{\mathrm{d}u_C}{\mathrm{d}t} + u_C = U_s \tag{4.6-1}$$

该方程的完全解由齐次解和特解两部分组成，即

$$u_C(t) = u_{Ch}(t) + u_{Cp}(t) = Ae^{-\frac{1}{\tau}t} + U_s \tag{4.6-2}$$

式中，$\tau = RC$ 为电容电路的时间常数。当 $t = 0_+$ 和 $t \to \infty$ 时，由式(4.6-2)可得

$$u_C(0_+) = A + U_s$$

$$u_C(\infty) = U_s$$

于是有

$$A = u_C(0_+) - u_C(\infty)$$

将 A 和 $u_C(\infty) = U_s$ 代入式(4.6-2)，得电容电压的全响应解为

$$u_C(t) = u_C(\infty) + [u_C(0_+) - u_C(\infty)]e^{-\frac{1}{\tau}t} \quad t \geqslant 0 \tag{4.6-3}$$

式(4.6-3)表明：电容电压是由 $u_C(0_+)$、$u_C(\infty)$ 和时间常数 τ 三个参量所确定的。这就是说，只要通过计算得到这三个参量，便可由式(4.6-3)直接写出电容电压 $u_C(t)$ 的解，而不必求解微分方程。对于 RL 电路中的电感电流，我们也不难得出类似的解答式

$$i_L(t) = i_L(\infty) + [i_L(0_+) - i_L(\infty)]e^{-\frac{1}{\tau}t} \qquad t \geqslant 0 \qquad\qquad (4.6-4)$$

式中，$\tau = \dfrac{L}{R}$ 为电感电路的时间常数。

需要指出的是，虽然式(4.6-3)和式(4.6-4)分别是以 u_C 和 i_L 为变量的微分方程解得的，但它也同样适用于求解直流一阶电路中的其他电流和电压响应。其原因是：根据置换定理，把电容元件用电压等于 $u_C(t)$ 的电压源替代，或者电感元件用电流等于 $i_L(t)$ 的电流源替代，那么电路就等效为包含两种激励源的线性电阻电路。其中，一种激励源为外加输入直流激励（是一常数）；另一种激励源为替代电容元件（或电感元件）的电压源（或电流源），它具有式(4.6-3)或式(4.6-4)的函数形式。根据电路的线性性质，电路中任意支路的电流或电压响应都是这两种激励源单独作用时在该支路中产生响应的叠加，因而也具有式(4.6-3)或式(4.6-4)的形式。

由此可以得出，直流一阶线性电路全响应的一般表达式为

$$y(t) = y(\infty) + [y(0_+) - y(\infty)]e^{-\frac{1}{\tau}t} \qquad t \geqslant 0 \qquad\qquad (4.6-5)$$

式中，$y(t)$ 表示电路的响应；$y(0_+)$ 表示 $y(t)$ 在换路后最初时刻的值，即初始值；$y(\infty)$ 表示 $y(t)$ 在换路后电路达到稳态时的值，称为稳态值；τ 为电路的时间常数（RC 电路中，$\tau = RC$；RL 电路中，$\tau = \dfrac{L}{R}$）。

式(4.6-5)表明：在直流一阶电路中，所有的电压、电流响应均是由其初始值 $y(0_+)$、稳态值 $y(\infty)$ 和时间常数 τ 三个要素来确定的。通常称式(4.6-5)为三要素公式，利用该公式求解直流激励下一阶电路响应的方法称为三要素法。

用三要素法分析直流一阶电路的步骤归纳如下：

(1) 确定 $t = 0_-$ 时刻（换路前）电容电压 $u_C(0_-)$ 或电感电流 $i_L(0_-)$。此时，电路处于稳态，电容相当于开路，电感相当于短路。

(2) 由换路定律得 $u_C(0_+) = u_C(0_-)$ 或 $i_L(0_+) = i_L(0_-)$，作 $t = 0_+$ 时的等效电路（0_+ 等效电路），求初始值 $y(0_+)$。在 0_+ 等效电路中，根据置换定理，将电容元件用一个源电压为 $u_C(0_+)$ 的理想电压源代替，电感元件用一个源电流为 $i_L(0_+)$ 的理想电流源代替。

(3) 作 $t \to \infty$ 时的等效电路，并求响应的稳态值 $y(\infty)$。当 $t \to \infty$ 时，电路已进入稳态，在直流激励下，此时电容元件相当于开路，电感元件相当于短路。

(4) 求时间常数 τ。对于一阶 RC 电路，$\tau = RC$；对于一阶 RL 电路，$\tau = \dfrac{L}{R}$。其中，R 是换路后从储能元件 C 或 L 两端看进去的戴维南等效电阻。同一电路中所有响应具有相同的时间常数。

(5) 将以上求得的初始值 $y(0_+)$、稳态值 $y(\infty)$ 和时间常数 τ 代入三要素公式(4.6-5)，即可得到在直流激励下一阶电路的响应 $y(t)$。

【例 4.6-1】 电路如图 4.6-1 所示，开关 S 在位置 1 时电路已处于稳态，$t = 0$ 时开关 S 由 1 切换至 2，求 $t \geqslant 0$ 时的电流 $i(t)$。

解 由图 4.6 - 1 所示的电路可知，输入激励为直流 15 V，且只有一个动态元件 C，是直流一阶电路，故可用三要素法求解其响应。

（1）确定 $t = 0_-$ 时刻的电容电压 $u_C(0_-)$。此时开关 S 在位置 1，电路处于稳态，电容相当于开路。设电容电压 $u_C(t)$ 的参考方向如图 4.6 - 1 所示。由图 4.6 - 1 得

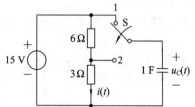

$$u_C(0_-) = 15 \text{ V}$$

（2）根据换路定理，有

$$u_C(0_+) = u_C(0_-) = 15 \text{ V}$$

图 4.6 - 1 例 4.6 - 1 用图（一）

作 $t = 0_+$ 时的等效电路，如图 4.6 - 2(a) 所示。此时，开关 S 由 1 切换至 2，电容元件用一个源电压等于 $u_C(0_+)$ 的理想电压源代替。由图(a) 可得

$$i(0_+) = \frac{u_C(0_+)}{3} = \frac{15}{3} = 5 \text{ A}$$

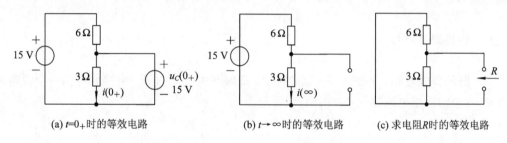

(a) $t = 0_+$ 时的等效电路   (b) $t \to \infty$ 时的等效电路   (c) 求电阻 R 时的等效电路

图 4.6 - 2 例 4.6 - 1 用图（二）

（3）作 $t \to \infty$ 时的等效电路，如图 4.6 - 2(b) 所示。这时电路已进入稳态，电容相当于开路，由此可得

$$i(\infty) = \frac{15}{6 + 3} = \frac{5}{3} \text{ A}$$

（4）求时间常数 $\tau = RC$。R 为换路后从电容元件两端看进去的戴维南等效电阻，作相应的等效电路如图 4.6 - 2(c) 所示，有

$$R = 6 \mathbin{/\!/} 3 = \frac{6 \times 3}{6 + 3} = 2 \ \Omega$$

因此

$$\tau = RC = 2 \times 1 = 2 \text{ s}$$

（5）将求得的响应初始值 $i(0_+)$、稳态值 $i(\infty)$ 和时间常数 τ 代入三要素公式 (4.6 - 5)，得待求响应

$$i(t) = i(\infty) + [i(0_+) - i(\infty)] e^{-\frac{1}{\tau}t}$$

$$= \frac{5}{3} + \left(5 - \frac{5}{3}\right) e^{-\frac{1}{2}t} \text{ A} \qquad t \geqslant 0$$

$$= \frac{5}{3} + \frac{10}{3} e^{-\frac{t}{2}} \text{ A} \qquad t \geqslant 0$$

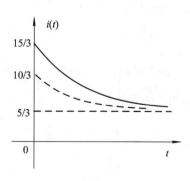

$i(t)$ 随时间的变化曲线如图 4.6 - 3 所示。图中，虚线表示 $i(t)$ 的暂态分量和稳态分量。

图 4.6 - 3 例 4.6 - 1 用图（三）

【**例 4.6 - 2**】　电路如图 4.6 - 4 所示，开关 S 打开前电路已处于稳态，$t = 0$ 时开关 S 打开，求 $t \geqslant 0$ 时的电压 $u_R(t)$。

解　图 4.6 - 4 所示的电路是直流一阶电路，所以可用三要素法确定其响应。

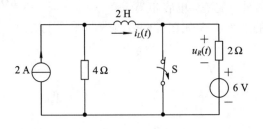

图 4.6 - 4　例 4.6 - 2 用图（一）

（1）确定 $t = 0_-$ 时刻的电感电流 $i_L(0_-)$。此时开关 S 闭合，电路处于稳态，电感视为短路。设电感电流 $i_L(t)$ 的参考方向如图 4.6 - 4 所示，由图可得

$$i_L(0_-) = 2 \text{ A}$$

（2）由换路定理得

$$i_L(0_+) = i_L(0_-) = 2 \text{ A}$$

作 $t = 0_+$ 时的等效电路，如图 4.6 - 5(a) 所示。此时开关 S 已打开，电感元件用一个源电流等于 $i_L(0_+)$ 的理想电流源代替。由图(a)可知

$$u_R(0_+) = 2i_L(0_+) = 2 \times 2 = 4 \text{ V}$$

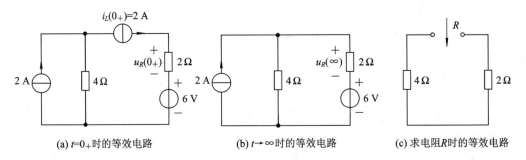

(a) $t = 0_+$ 时的等效电路　　　　(b) $t \to \infty$ 时的等效电路　　　　(c) 求电阻 R 时的等效电路

图 4.6 - 5　例 4.6 - 2 用图（二）

（3）作 $t \to \infty$ 时的等效电路，如图 4.6 - 5(b) 所示。这时电路已进入稳态，电感视为短路。对图(b)，应用叠加定理，有

$$u_R(\infty) = \frac{4}{4 + 2} \times 2 \times 2 - \frac{2}{2 + 4} \times 6 = \frac{2}{3} \text{ V}$$

（4）求时间常数 $\tau = \dfrac{L}{R}$。电阻 R 为换路后从电感元件两端看进去的戴维南等效电阻，作相应的等效电路如图 4.6 - 5(c) 所示。由图(c)得

$$R = 4 + 2 = 6 \ \Omega$$

于是

$$\tau = \frac{L}{R} = \frac{2}{6} = \frac{1}{3} \text{ s}$$

（5）将 $u_R(0_+)$、$u_R(\infty)$ 和 τ 代入三要素公式(4.6 - 5)，求得

$$u_R(t) = u_R(\infty) + [u_R(0_+) - u_R(\infty)]\mathrm{e}^{-\frac{1}{\tau}t} = \frac{2}{3} + \frac{10}{3}\mathrm{e}^{-3t} \text{ V} \qquad t \geqslant 0$$

【例 4.6-3】　图 4.6-6 所示的电路原已处于稳态，已知电感初始储能 $i_L(0)=0$，在 $t=0$ 时开关 S 闭合，求 $t \geqslant 0$ 时的电感电流 $i_L(t)$。

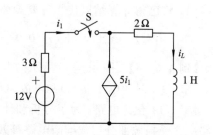

图 4.6-6　例 4.6-3 用图(一)

解　(1) 题目已告知 $i_L(0)=0$，由换路定理，得

$$i_L(0_+) = i_L(0_-) = 0$$

(2) 作 $t \to \infty$ 时的等效电路，如图 4.6-7(a) 所示。此时电路处于稳态，电感视为短路，应用 KVL，有

$$3i_1(\infty) + 2[i_1(\infty) + 5i_1(\infty)] = 12$$

解得

$$i_1(\infty) = \frac{4}{5} \text{ A}$$

$$i_L(\infty) = i_1(\infty) + 5i_1(\infty) = 6i_1(\infty) = 6 \times \frac{4}{5} \text{ A} = \frac{24}{5} \text{ A}$$

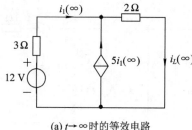
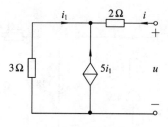

(a) $t \to \infty$ 时的等效电路　　　　(b) 求电阻R时的等效电路

图 4.6-7　例 4.6-3 用图(二)

(3) 求时间常数 $\tau = \dfrac{L}{R}$。因电路含受控源，故本题采用外加激励法求等效电阻 R，作相应电路如图 4.6-7(b) 所示。从端口列 KVL，有

$$u = 2i - 3i_1$$

由 KCL 知

$$i_1 + 5i_1 + i = 0 \quad \rightarrow \quad i_1 = -\frac{1}{6}i$$

解以上两式得

$$u = 2i - 3 \times \left(-\frac{1}{6}i\right) = \frac{5}{2}i$$

故等效电阻

$$R = \frac{u}{i} = \frac{5}{2} \text{ Ω}$$

时间常数

$$\tau = \frac{L}{R} = \frac{2}{5} \text{ s}$$

（4）将已得计算结果代入三要素公式(4.6-5)，求得

$$i_L(t) = i_L(\infty) + [i_L(0_+) - i_L(\infty)]e^{-\frac{1}{\tau}t} = \frac{24}{5}(1 - e^{-2.5t})\text{A} \qquad t \geqslant 0$$

【例 4.6-4】 图 4.6-8 所示的电路已处于稳态，$t=0$ 时开关 S 闭合，已知 $u_C(0_-) = 6$ V，求 $t \geqslant 0$ 时的电压 $u_C(t)$ 和电流 $i(t)$。

解 （1）化简电路。为了分析和计算方便，将电路中含受控源部分用戴维南电路等效。求 ab 端口的开路电压 u_{oc}，作相应电路如图 4.6-9(a) 所示，由 KVL 得

$$(2+3)i + 4i = 18$$

解得

$$i = \frac{18}{9} = 2 \text{ A}$$

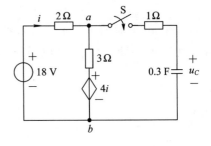

图 4.6-8 例 4.6-4 用图（一）

所以开路电压

$$u_{oc} = 3i + 4i = 7i = 7 \times 2 = 14 \text{ V}$$

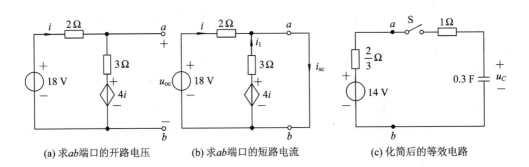

(a) 求 ab 端口的开路电压   (b) 求 ab 端口的短路电流   (c) 化简后的等效电路

图 4.6-9 例 4.6-4 用图（二）

求等效电阻 R_0。本题采用开路、短路法。现求 ab 端口的短路电流 i_{sc}，作相应电路如图 4.6-9(b) 所示，由 KVL 得

$$2i = 18 \quad \rightarrow \quad i = 9 \text{ A}$$

$$3i_1 - 4i = 0 \quad \rightarrow \quad i_1 = \frac{4}{3}i$$

应用 KCL 有

$$i_{sc} = i + i_1 = i + \frac{4}{3}i = \frac{7}{3}i = \frac{7}{3} \times 9 = 21 \text{ A}$$

故等效电阻 R_0 为

$$R_0 = \frac{u_{oc}}{i_{sc}} = \frac{14}{21} = \frac{2}{3} \text{ } \Omega$$

作原电路图 4.6-8 的等效电路，如图 4.6-9(c) 所示。

（2）求 $t \geqslant 0$ 时的电容电压 $u_C(t)$。由题目已知条件和图 4.6-9(c) 所示的电路，可分别

求得换路后 $u_C(t)$ 的三个要素为

$$u_C(0_+) = u_C(0_-) = 6 \text{ V}$$

$$u_C(\infty) = 14 \text{ V}$$

$$\tau = RC = \left(\frac{2}{3} + 1\right) \times 0.3 = 0.5 \text{ s}$$

将它们代入三要素公式，得电压 $u_C(t)$ 为

$$\begin{aligned}
u_C(t) &= u_C(\infty) + [u_C(0_+) - u_C(\infty)] e^{-\frac{1}{\tau}t} \\
&= 14 + (6 - 14) e^{-2t} \\
&= 14 - 8 e^{-2t} \text{ V} \quad t \geqslant 0
\end{aligned}$$

(3) 回到原电路求 $t \geqslant 0$ 时的电流 $i(t)$。由原电路图 4.6-8 可知，要求得电流 $i(t)$，需求出 ab 两端的电压 u_{ab}。对图 4.6-9(c)，应用 KVL 有

$$u_{ab} = \frac{14 - u_C}{\frac{2}{3} + 1} \times 1 + u_C = \frac{42 + 2u_C}{5}$$

再回到原电路图 4.6-8，求得电流

$$i(t) = \frac{18 - u_{ab}}{2} = \frac{24 - u_C}{5} = 2 + 1.6 e^{-2t} \text{ A} \quad t \geqslant 0$$

此题也可这样求解：根据原电路图 4.6-8，分别求出 $u_C(t)$ 和 $i(t)$ 的初始值（0_+ 值）、稳态值（∞ 值）以及时间常数 $\tau = RC$，再将它们代入三要素公式，便可得到待求响应。请读者自行练习。

【例 4.6-5】　电路如图 4.6-10 所示，$t < 0$ 时已处于稳态，$t = 0$ 时开关 S 闭合，求换路后 $t \geqslant 0$ 时的电流 $i(t)$。

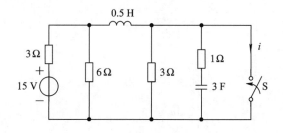

图 4.6-10　例 4.6-5 用图（一）

解　(1) 确定 $t = 0_-$ 时刻的电容电压 $u_C(0_-)$ 和电感电流 $i_L(0_-)$。此时开关 S 未闭合，电路处于稳态，电容相当于开路，电感相当于短路，作 $t = 0_-$ 时刻的等效电路，如图 4.6-11(a) 所示。由图 (a) 可得

$$u_C(0_-) = \frac{6 /\!/ 3}{6 /\!/ 3 + 3} \times 15 = 6 \text{ V}$$

$$i_L(0_-) = \frac{u_C(0_-)}{3} = \frac{6}{3} = 2 \text{ A}$$

根据换路定理，有

$$i_L(0_+) = i_L(0_-) = 2 \text{ A}$$

$$u_C(0_+) = u_C(0_-) = 6 \text{ V}$$

　　（2）$t \geqslant 0$ 时换路，换路后的电路是一个直流二阶电路，如图 4.6 - 11(b)所示。为了分析方便，将其等效化简并改画为图 4.6 - 11(c)所示的电路。

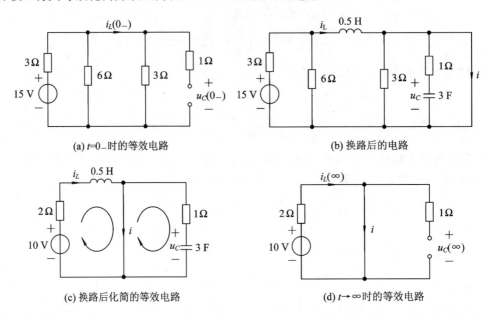

(a) $t=0_-$时的等效电路　　　　　　　　　(b) 换路后的电路

(c) 换路后化简的等效电路　　　　　　　　(d) $t \rightarrow \infty$时的等效电路

图 4.6 - 11　例 4.6 - 5 用图（二）

　　由图 4.6 - 11(c)，应用 KVL 及电感元件和电容元件的 VAR，分别列写以 i_L 和 u_C 为变量的电路方程为

$$\begin{cases} 2i_L + L \dfrac{\mathrm{d}i_L}{\mathrm{d}t} = 10 \\ C \dfrac{\mathrm{d}u_C}{\mathrm{d}t} + u_C = 0 \end{cases}$$

代入 L、C 值，整理得

$$\begin{cases} 0.5 \dfrac{\mathrm{d}i_L}{\mathrm{d}t} + 2i_L = 10 \\ 3 \dfrac{\mathrm{d}u_C}{\mathrm{d}t} + u_C = 0 \end{cases}$$

上式说明，本题直流二阶电路可用两个一阶微分方程来描述，因此，应用三要素法求解方程中的变量 i_L 和 u_C。由上式写出其特征方程

$$\begin{cases} 0.5s + 2 = 0 \\ 3s + 1 = 0 \end{cases}$$

解得特征根

$$\begin{cases} s_1 = -4 \\ s_2 = -\dfrac{1}{3} \end{cases}$$

　　（3）求稳态值 $i_L(\infty)$ 和 $u_C(\infty)$。作 $t \rightarrow \infty$时的等效电路如图 4.6 - 11(d)所示。由图(d)得

$$i_L(\infty) = \frac{10}{2} = 5 \text{ A}$$

$$u_C(\infty) = 0$$

（4）将上述计算结果代入三要素公式，得

$$i_L(t) = i_L(\infty) + [i_L(0_+) - i_L(\infty)]e^{s_1 t}$$

$$= 5 + (2-5)e^{-4t} = 5 - 3e^{-4t} \text{ A} \qquad t \geqslant 0$$

$$u_C(t) = u_C(\infty) + [u_C(0_+) - u_C(\infty)]e^{s_2 t}$$

$$= 6e^{-\frac{1}{3}t} \text{ V} \qquad t \geqslant 0$$

（5）由图 4.6 - 11(c)，应用 KCL 得

$$i(t) = i_L(t) - i_C(t)$$

又因

$$i_C(t) = C\frac{\mathrm{d}u_C}{\mathrm{d}t} = -6e^{-\frac{1}{3}t} \text{ A} \qquad t \geqslant 0$$

于是

$$i(t) = 5 - 3e^{-4t} + 6e^{-\frac{1}{3}t} \text{ A} \qquad t \geqslant 0$$

4.7 一阶电路的阶跃响应

4.7.1 阶跃函数

在动态电路的分析中，常引用阶跃函数来描述电路的激励和响应。

单位阶跃函数定义为

$$\varepsilon(t) = \begin{cases} 0 & t < 0 \\ 1 & t > 0 \end{cases} \qquad (4.7-1)$$

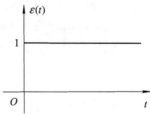

图 4.7 - 1 单位阶跃函数

其波形如图 4.7 - 1 所示。由式(4.7 - 1)和图 4.7 - 1 所示的波形可看出，单位阶跃函数在 $t<0$ 时恒为零，在 $t>0$ 时恒为 1，在跃变点 $t=0$ 处，函数值未定义。

将单位阶跃函数乘以常数 A，可构成幅值为 A 的阶跃函数 $A\varepsilon(t)$，表达式为

$$A\varepsilon(t) = \begin{cases} 0 & t < 0 \\ A & t > 0 \end{cases} \qquad (4.7-2)$$

波形如图 4.7 - 2(a)所示。若阶跃函数在 $t=t_0$ 处发生阶跃，则称其为延时阶跃函数，可表示为

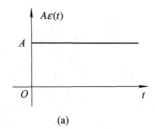

(a)

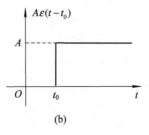

(b)

图 4.7 - 2 阶跃函数

$$A\varepsilon(t - t_0) = \begin{cases} 0 & t < t_0 \\ A & t > t_0 \end{cases} \qquad (4.7-3)$$

其波形如图 4.7-2(b)所示。

阶跃函数可用来描述开关的动作。图 4.7-3(a)所示的电路中，在 $t=0$ 时，开关 S 闭合，直流电压源 U_s 接入二端电路 N，我们可用阶跃函数 $U_s\varepsilon(t)$ 来描述以上过程，如图 4.7-3(b)所示。可见，单位阶跃函数可以作为一种开关的数字模型，故 $\varepsilon(t)$ 有时也称为开关函数。

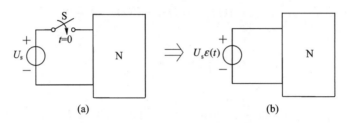

图 4.7-3 用 $\varepsilon(t)$ 表示开关动作

运用阶跃函数和延时阶跃函数，可以较方便地用数学表达式来表示某些信号。例如，图 4.7-4(a)所示的矩形脉冲信号 $f(t)$，可以看成是图 4.7-4(b)、(c)所示的两个阶跃函数的叠加，即

$$f(t) = f_1(t) + f_2(t) = A\varepsilon(t) - A\varepsilon(t - t_0) = A[\varepsilon(t) - \varepsilon(t - t_0)]$$

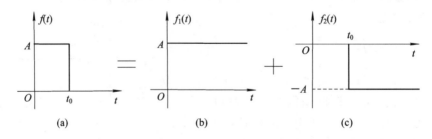

图 4.7-4 用 $\varepsilon(t)$ 表示矩形脉冲信号

又如，图 4.7-5(a)所示的分段常量信号 $f(t)$，可用图 4.7-5(b)、(c)、(d)所示的三个阶跃函数叠加合成，即

$$f(t) = f_1(t) + f_2(t) + f_3(t) = 2\varepsilon(t-1) - 3\varepsilon(t-2) + \varepsilon(t-3)$$

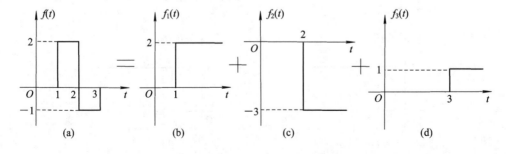

图 4.7-5 用 $\varepsilon(t)$ 表示分段常量信号

此外，单位阶跃函数还可以用来"起始"任一函数 $f(t)$。设 $f(t)$ 对所有时间 t 都有定义，如果要在 $t=t_0$ 时刻"起始"它，则可表示为

$$f(t)\varepsilon(t-t_0) = \begin{cases} 0 & t < t_0 \\ f(t) & t > t_0 \end{cases} \tag{4.7-4}$$

其波形如图 4.7-6 所示。

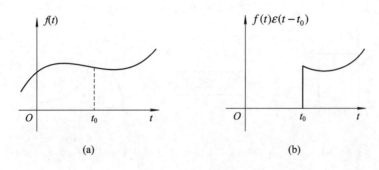

图 4.7-6　单位阶跃函数的"起始"作用

4.7.2　阶跃响应

电路在单位阶跃函数激励下产生的零状态响应称为单位阶跃响应，简称为阶跃响应，用 $s(t)$ 表示。

当单位阶跃函数 $\varepsilon(t)$ 作用于电路时，相当于单位直流源(1 V 或 1 A)在 $t=0$ 时接入电路。因此，对于单位阶跃函数激励下的一阶电路分析，可按直流一阶电路处理，即可用三要素法求解。

如果分段常量信号作用于一阶电路，则可将分段常量信号分解为若干阶跃函数之和，根据叠加定理，各阶跃函数分量单独作用于电路的零状态响应之和即为该分段常量信号作用下电路的零状态响应。现在的问题是，怎样方便地求出各阶跃函数激励下电路的零状态响应? 为了回答这一问题，下面我们先对线性时不变电路作简要介绍。

由线性元件及独立源组成的电路为线性电路。线性电路具有线性特性，即齐次性和叠加性。若激励 $f(t)$ 作用于电路产生的响应为 $y(t)$，则当激励增加 k 倍时，响应也增加 k 倍，这就是齐次性。若有几个激励同时作用于电路，则总的响应等于每一个激励单独作用时所产生的响应之和，这就是叠加性。齐次性和叠加性的公式化表示如下：

齐次性：

若 $f(t) \rightarrow y(t)$，则

$$kf(t) \rightarrow ky(t)$$

叠加性：

若 $f_1(t) \rightarrow y_1(t)$，$f_2(t) \rightarrow y_2(t)$，则

$$f_1(t) + f_2(t) \rightarrow y_1(t) + y_2(t)$$

线性特性：

$$k_1 f_1(t) + k_2 f_2(t) \rightarrow k_1 y_1(t) + k_2 y_2(t) \tag{4.7-5}$$

如果电路结构和元件参数均不随时间变化，则称该电路为时不变电路。时不变电路的

零状态响应仅取决于输入激励，而与输入激励的起始作用时刻无关，这种特性称为时不变特性。对于时不变电路，若输入激励是 $f(t)$，产生的零状态响应是 $y_{zs}(t)$，则当输入激励延迟一段时间 t_0 为 $f(t-t_0)$ 时，产生的零状态响应也同样延迟 t_0 为 $y_{zs}(t-t_0)$，其波形不变，如图 4.7-7 所示。电路的时不变性的公式化表示如下：

若 $f(t) \rightarrow y_{zs}(t)$，则

$$f(t-t_0) \rightarrow y_{zs}(t-t_0) \tag{4.7-6}$$

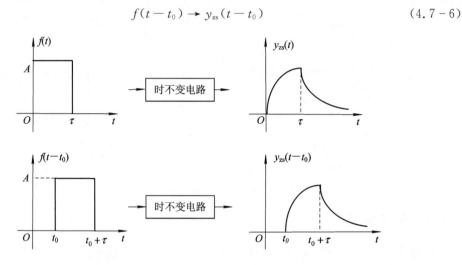

图 4.7-7　电路的时不变性

由上述可知，在线性时不变动态电路中，零状态响应与激励的关系满足齐次性、叠加性和时不变性。若单位阶跃函数 $\varepsilon(t)$ 激励下的零状态响应（即单位阶跃响应）为 $s(t)$，则在延时阶跃函数 $A\varepsilon(t-t_0)$ 激励下的响应应为 $As(t-t_0)$，其公式化表示如下：

若 $\varepsilon(t) \rightarrow s(t)$，则

$$A\varepsilon(t-t_0) \rightarrow As(t-t_0) \tag{4.7-7}$$

于是，根据式(4.7-7)，对于一阶电路，先应用三要素法求出单位阶跃函数 $\varepsilon(t)$ 激励下电路的零状态响应 $s(t)$，然后由电路的线性时不变性，便可求出各阶跃函数激励下电路的零状态响应。

【例 4.7-1】 电路如图 4.7-8(a)所示，输入激励 $u_s(t)$ 的波形如图 4.7-8(b)所示，已知 $i_L(0)=0$，试求电路的零状态响应 $i(t)$。

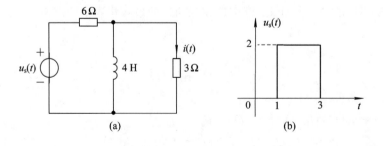

图 4.7-8　例 4.7-1 用图（一）

解　(1) 将输入激励 $u_s(t)$ 分解为阶跃函数之和。由图(b)知，$u_s(t)$ 可表示为

$$u_s(t) = 2\varepsilon(t-1) - 2\varepsilon(t-3)$$

（2）应用三要素法求单位阶跃函数 $\varepsilon(t)$ 激励下的单位阶跃响应 $s(t)$。作相应电路如图 4.7-9 所示。因 $i_L(0_+) = i_L(0_-) = 0$，故在 $\varepsilon(t)$ 作用下，容易求得三个要素分别为

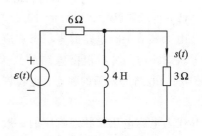

$$s(0_+) = \frac{1}{6+3}\varepsilon(t) = \frac{1}{9}\varepsilon(t)$$

$$s(\infty) = 0$$

$$\tau = \frac{L}{R} = \frac{4}{3 \,/\!/\, 6} = 2 \text{ s}$$

图 4.7-9　例 4.7-1 用图（二）

将其代入三要素公式，得单位阶跃响应

$$s(t) = s(\infty) + [s(0_+) - s(\infty)]e^{-\frac{1}{\tau}t} = \frac{1}{9}e^{-\frac{1}{2}t}\varepsilon(t) \text{ A}$$

（3）根据电路的线性时不变性，求出各阶跃函数分量激励下电路的零状态响应。由式（4.7-7）可得

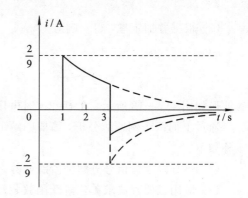

$$\varepsilon(t) \to s(t) = \frac{1}{9}e^{-\frac{1}{2}t}\varepsilon(t) \text{ A}$$

$$2\varepsilon(t-1) \to i'(t) = \frac{2}{9}e^{-\frac{1}{2}(t-1)}\varepsilon(t-1) \text{ A}$$

$$-2\varepsilon(t-3) \to i''(t) = -\frac{2}{9}e^{-\frac{1}{2}(t-3)}\varepsilon(t-3) \text{ A}$$

（4）由叠加定理得 $u_s(t)$ 激励下电路的零状态响应 $i(t)$ 为

$$i(t) = i'(t) + i''(t)$$

$$= \frac{2}{9}e^{-\frac{1}{2}(t-1)}\varepsilon(t-1) - \frac{2}{9}e^{-\frac{1}{2}(t-3)}\varepsilon(t-3) \text{ A}$$

图 4.7-10　例 4.7-1 用图（三）

其波形如图 4.7-10 所示。

【例 4.7-2】 电路如图 4.7-11 所示，已知输入激励 $i_s = 10\varepsilon(t-2) \text{ A}$，$u_C(0) = 15 \text{ V}$，求电压 $u_R(t)$。

解　（1）先求零输入响应 $u_{Rzi}(t)$。此时输入激励应令为零（将 $i_s(t)$ 电流源开路），由图 4.7-11 可得

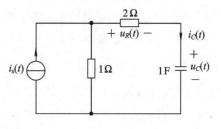

图 4.7-11　例 4.7-2 用图（一）

$$u_{Rzi}(0_+) = -\frac{2}{2+1}u_C(0_+)$$

$$= -\frac{2}{3} \times 15 = -10 \text{ V}$$

时间常数

$$\tau = RC = (2+1) \times 1 = 3 \text{ s}$$

将上述计算结果代入零输入响应的一般形式（4.3-11），有

$$u_{Rzi}(t) = u_{Rzi}(0_+)\mathrm{e}^{-\frac{1}{\tau}t}\varepsilon(t) = -10\mathrm{e}^{-\frac{1}{3}t}\varepsilon(t)\ \mathrm{V}$$

（2）再求阶跃输入 $i_s(t) = 10\varepsilon(t-2)$ 激励下电路的零状态响应 $u_{Rzs}(t)$。

由 4.4 节一阶电路的零状态响应的分析可知，可先按式（4.4-8）求出电容电压 $u_C(t)$ 的零状态响应，然后根据电路的约束关系求出其他（如此例的 $u_R(t)$）的零状态响应。当 $t \to \infty$ 时，电路进入新的稳态，电容视为开路，由图 4.7-11 得

$$u_C(\infty) = 1 \times i_s(t) = 1 \times 10\varepsilon(t-2) = 10\varepsilon(t-2)\ \mathrm{V}$$

将其代入电容电压零状态响应的一般形式（4.4-8），得

$$u_{Czs}(t) = 10(1 - \mathrm{e}^{-\frac{1}{3}(t-2)})\varepsilon(t-2)\ \mathrm{V}$$

应用电容元件和电阻元件的 VAR，有

$$i_{Czs}(t) = C\frac{\mathrm{d}u_{Czs}(t)}{\mathrm{d}t} = \frac{10}{3}\mathrm{e}^{-\frac{1}{3}(t-2)}\varepsilon(t-2)\ \mathrm{A}$$

$$u_{Rzs}(t) = 2i_{Czs}(t) = \frac{20}{3}\mathrm{e}^{-\frac{1}{3}(t-2)}\varepsilon(t-2)\ \mathrm{V}$$

（3）根据叠加定理，得全响应

$$u_R(t) = u_{Rzi}(t) + u_{Rzs}(t)$$
$$= -\frac{10}{3}\mathrm{e}^{-\frac{1}{3}t}\varepsilon(t) + \frac{20}{3}\mathrm{e}^{-\frac{1}{3}(t-2)}\varepsilon(t-2)\ \mathrm{V}$$

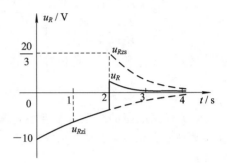

图 4.7-12　例 4.7-2 用图（二）

其波形如图 4.7-12 所示，在 $t = 2$ s 时电压 u_R 是不连续的。

通过上面两个例题的分析，简要归纳出阶跃函数或分段常量信号激励下电路响应求解步骤如下：

（1）将分段常量信号分解为阶跃函数之和。

（2）应用三要素法求单位阶跃函数 $\varepsilon(t)$ 激励下的单位阶跃响应 $s(t)$。

（3）根据电路的线性时不变性，求出各阶跃函数分量激励下电路的零状态响应，即若 $\varepsilon(t) \to s(t)$，则

$$A\varepsilon(t - t_0) \to As(t - t_0)$$

（4）由叠加定理得分段常量信号激励下电路的零状态响应。

（5）如果电路的初始状态不为零，则需再求电路的零输入响应，便可得到电路的全响应。

【例 4.7-3】　电路如图 4.7-13 所示，当电路的初始状态为零，$i_s(t) = 4\varepsilon(t)$ A 时，$i_L(t) = (2 - 2\mathrm{e}^{-t})\varepsilon(t)$ A，$u_R(t) = \left(2 - \frac{1}{2}\mathrm{e}^{-t}\right)\varepsilon(t)$ V，试求当 $i_L(0) = 2$ A，$i_s(t) = 2\varepsilon(t)$ A 时的响应 $i_L(t)$ 和 $u_R(t)$。

解　题目所求解答为全响应，可分别求解其零状态响应和零输入响应，将它们叠加即得全响应。

（1）求零状态响应。由题意知，当输入激励 $i_s(t) = 4\varepsilon(t)$ A 时，零状态响应为

$$i_L(t) = (2 - 2\mathrm{e}^{-t})\varepsilon(t)\ \mathrm{A}$$

$$u_R(t) = \left(2 - \frac{1}{2}\mathrm{e}^{-t}\right)\varepsilon(t)\ \mathrm{V}$$

现在输入激励 $i_s(t) = 2\varepsilon(t)$ A，根据线性电路

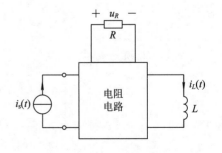

图 4.7-13　例 4.7-3 用图

的齐次性，得相应的零状态响应为

$$i_{Lzs}(t) = (1 - e^{-t})\varepsilon(t) \text{ A}$$

$$u_{Rzs}(t) = \left(1 - \frac{1}{4}e^{-t}\right)\varepsilon(t) \text{ V}$$

（2）求零输入响应。因 $i_L(0) = 2$ A，故由零输入响应的一般形式（4.3 - 11），得电感电流的零输入响应为

$$i_{Lzi}(t) = i_L(0_+)e^{-t} = 2e^{-t}\varepsilon(t) \text{ A}$$

接下来求 $u_R(t)$ 的零输入响应。根据置换定理，将图 4.7 - 13 所示电路中的电感元件 L 用一个源电流等于 $i_{Lzs}(t)$ 的理想电流源替代。根据叠加定理，零状态时，有

$$u_{Rzs}(t) = k_1 i_s(t) + k_2 i_{Lzs}(t)$$

将已知条件代入，得

$$\left(1 - \frac{1}{4}e^{-t}\right)\varepsilon(t) = k_1 2\varepsilon(t) + k_2(1 - e^{-t})\varepsilon(t)$$

等式两边对应项系数应相等，即

$$\begin{cases} 1 = 2k_1 + k_2 \\ -\dfrac{1}{4} = -k_2 \end{cases}$$

解得

$$k_1 = \frac{3}{8}, \quad k_2 = \frac{1}{4}$$

在零输入时，仅有电感电流 $i_{Lzi}(t)$ 作用于电路，于是得

$$u_{Rzi}(t) = k_2 i_{Lzi}(t) = \frac{1}{4} \times 2e^{-t}\varepsilon(t) = \frac{1}{2}e^{-t}\varepsilon(t) \text{ V}$$

（3）全响应等于零输入响应与零状态响应之和，即

$$i_L(t) = i_{Lzi}(t) + i_{Lzs}(t)$$
$$= 2e^{-t}\varepsilon(t) + (1 - e^{-t})\varepsilon(t) = (1 + e^{-t})\varepsilon(t) \text{ A}$$
$$u_R(t) = u_{Rzi}(t) + u_{Rzs}(t)$$
$$= \frac{1}{2}e^{-t}\varepsilon(t) + \left(1 - \frac{1}{4}e^{-t}\right)\varepsilon(t) = \left(1 + \frac{1}{4}e^{-t}\right)\varepsilon(t) \text{ V}$$

*4.8　二阶电路的时域分析

当电路中含有两个独立的动态元件时，描述电路的方程是二阶常微分方程或两个联立的一阶微分方程，我们把这类电路称为二阶电路。二阶电路的时域分析和一阶电路分析一样，首先要建立电路微分方程，然后求解二阶微分方程或两个一阶微分方程。因此，二阶电路的分析中，给定的初始条件应有两个，它们分别由储能元件的初始值确定。与一阶电路不同的是，二阶电路的响应可能出现振荡形式。本节以 RLC 串联电路为例，讨论二阶电路的零输入响应和零状态响应。

4.8.1　*RLC* 串联电路的零输入响应

根据零输入响应的定义，电路无外加输入激励时，响应仅由初始储能所产生。图 4.8-1 所示为 *RLC* 串联放电电路，设开关 S 闭合前电容 *C* 已充电，$u_C(0_-)=U_0$，同时为了简化计算，设 $i_L(0_-)=0$。当 $t=0$ 时开关 S 闭合，电容将通过电阻和电感放电，放电过程即为该电路的零输入响应。根据 KVL，有

$$-u_C + u_R + u_L = 0 \qquad (4.8-1)$$

由元件的伏安关系知

$$\begin{cases} i = -C\dfrac{\mathrm{d}u_C}{\mathrm{d}t} \\[2mm] u_R = Ri = -RC\dfrac{\mathrm{d}u_C}{\mathrm{d}t} \\[2mm] u_L = L\dfrac{\mathrm{d}i}{\mathrm{d}t} = -LC\dfrac{\mathrm{d}^2 u_C}{\mathrm{d}t^2} \end{cases} \qquad (4.8-2)$$

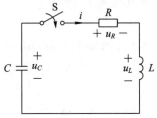

图 4.8-1　*RLC* 串联电路的零输入响应

将它们代入式（4.8-1），整理得

$$LC\frac{\mathrm{d}^2 u_C}{\mathrm{d}t^2} + RC\frac{\mathrm{d}u_C}{\mathrm{d}t} + u_C = 0 \qquad (4.8-3)$$

这是一个以 u_C 为变量的二阶常系数线性齐次微分方程，求解此方程需要知道两个初始条件，即 $u_C(0_+)$ 和 $u_C'(0_+)$。$u_C(0_+)$ 为电容元件的初始状态，$u_C'(0_+)$ 可由式（4.8-2）中的第一个式子导出，写为

$$\begin{cases} u_C(0_+) = U_0 \\[2mm] u_C'(0_+) = \dfrac{\mathrm{d}u_C}{\mathrm{d}t}\Big|_{t=0_+} = -\dfrac{i(0_+)}{C} = -\dfrac{i_L(0_+)}{C} = 0 \end{cases} \qquad (4.8-4)$$

由微分方程理论可知，齐次微分方程的解答形式将视特征根性质而定。表 4.8-1 列出了特征根 s_1 和 s_2 为不同值时相应的齐次解形式，其中 A_i 为积分常数，由初始条件确定。

表 4.8-1　二阶微分方程的齐次解

特　征　根	齐次解 $y_\mathrm{h}(t)$
$s_1 \neq s_2$（不相等实根）	$A_1 \mathrm{e}^{s_1 t} + A_2 \mathrm{e}^{s_2 t}$
$s_1 = s_2 = s$（相等实根）	$(A_1 + A_2)\mathrm{e}^{st}$
$s_{1,2} = -\alpha \pm \mathrm{j}\beta$（共轭复根）	$\mathrm{e}^{-\alpha t}(A_1 \cos\beta t + A_2 \sin\beta t)$ 或 $A\mathrm{e}^{-\alpha t}\cos(\beta t + \varphi)$

对式（4.8-3），特征方程为

$$LCs^2 + RCs + 1 = 0$$

解出特征根

$$s_{1,2} = -\frac{R}{2L} \pm \sqrt{\left(\frac{R}{2L}\right)^2 - \frac{1}{LC}} \qquad (4.8-5)$$

由式（4.8-5）可看出，特征根仅与电路结构和元件参数有关，称之为电路的固有频率。为简便起见，令

$$\alpha = \frac{R}{2L}, \qquad \omega_0 = \frac{1}{\sqrt{LC}}$$

其中，α 称为衰减常数，它决定了响应的衰减特性；ω_0 称为 RLC 串联电路的谐振角频率。这样式(4.8-5)可写为

$$s_{1,2} = -\alpha \pm \sqrt{\alpha^2 - \omega_0^2} \qquad (4.8-6)$$

当 R、L、C 取不同值时，电路的固有频率 s_1 和 s_2 存在三种不同的情况：$\alpha > \omega_0$、$\alpha < \omega_0$ 和 $\alpha = \omega_0$，相应的零输入响应形式也随之不同，下面分别进行讨论。

1. $\alpha > \omega_0$，即 $R > 2\sqrt{\dfrac{L}{C}}$，过阻尼情况

此时，固有频率

$$s_{1,2} = -\alpha \pm \sqrt{\alpha^2 - \omega_0^2} \qquad (4.8-7)$$

为两个不相等的负实根，由表(4.8-1)得齐次微分方程式(4.8-3)的解答形式为

$$u_C(t) = A_1 e^{s_1 t} + A_2 e^{s_2 t} \qquad (4.8-8)$$

式中，A_1、A_2 为待定的积分常数，由电路的初始条件确定。将式(4.8-4)所列的初始条件代入式(4.8-8)，得

$$u_C(0_+) = A_1 + A_2 = U_0$$
$$u_C'(0_+) = A_1 s_1 + A_2 s_2 = 0$$

解得

$$A_1 = \frac{s_2}{s_2 - s_1} U_0$$

$$A_2 = -\frac{s_1}{s_2 - s_1} U_0$$

将 A_1、A_2 代入式(4.8-8)，得电容电压：

$$u_C(t) = \frac{U_0}{s_2 - s_1} (s_2 e^{s_1 t} - s_1 e^{s_2 t}) \qquad t \geqslant 0 \qquad (4.8-9)$$

回路电流为

$$i(t) = -C\frac{\mathrm{d}u_C}{\mathrm{d}t} = -\frac{Cs_1 s_2 U_0}{s_2 - s_1}(e^{s_1 t} - e^{s_2 t}) = -\frac{U_0}{L(s_2 - s_1)}(e^{s_1 t} - e^{s_2 t}) \qquad t \geqslant 0$$

$$(4.8-10)$$

式(4.8-10)中利用了关系式 $s_1 s_2 = \omega_0^2 = \dfrac{1}{LC}$。

图 4.8-2 画出了 u_C 和 i 随时间变化的曲线。

由式(4.8-9)和式(4.8-10)不难看出，由于 s_1、s_2 均为负数，且 $|s_1| < |s_2|$，所以当 $t > 0$ 时，$e^{s_1 t}$ 衰减得慢，$e^{s_2 t}$ 衰减得快，在放电过程中，电流 $i(t)$ 始终为正，说明电容电压的变化率 $\dfrac{\mathrm{d}u_C}{\mathrm{d}t}$ 始终为负。这就是说电容电压始终是单调下降的，电容不断地释放电场能量，最后趋于零。由于电流的初始值 $i(0_+)$ 和稳态值 $i(\infty)$ 均为零，因此在整个放电过程中，电流 $i(t)$ 将在某一时刻 t_m 达到最大值。t_m

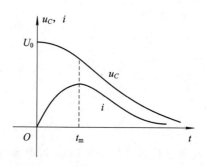

图 4.8-2　过阻尼情况下的 u_C 和 i 波形

的值可由 $\dfrac{\mathrm{d}i}{\mathrm{d}t}=0$ 求极值确定，即令

$$\frac{\mathrm{d}i}{\mathrm{d}t}=-\frac{U_0}{L(s_2-s_1)}(s_1\mathrm{e}^{s_1t}-s_2\mathrm{e}^{s_2t})=0$$

上式可改写为

$$\mathrm{e}^{(s_1-s_2)t}=\frac{s_2}{s_1}$$

解得

$$t=t_\mathrm{m}=\frac{1}{s_1-s_2}\ln\frac{s_2}{s_1} \tag{4.8-11}$$

从物理意义上来说，开关 S 闭合后，电容 C 通过电阻 R 和电感 L 放电，它的电场能量一部分转换为电感的磁场储能，另一部分则被电路所消耗。由于电阻 R 值较大 $\left(R>2\sqrt{\dfrac{L}{C}}\right)$，因此电阻消耗能量迅速，当 $t=t_\mathrm{m}$ 时，电流达到最大值，磁场储能不再增加，并随着电流的减小而逐渐释放，与电容的电场能量一起供给电阻消耗，直到储能全部释放完毕。因此，过阻尼情况下的放电过程是非振荡的。

2. $\alpha<\omega_0$，即 $R<2\sqrt{\dfrac{L}{C}}$，欠阻尼情况

此时，固有频率

$$s_{1,2}=-\alpha\pm\sqrt{\alpha^2-\omega_0^2}=-\alpha\pm\mathrm{j}\omega_\mathrm{d} \tag{4.8-12}$$

为一对共轭复根，其中 $\omega_\mathrm{d}=\sqrt{\omega_0^2-\alpha^2}$。由表(4.8-1)得式(4.8-3)的齐次解形式为

$$u_C(t)=\mathrm{e}^{-\alpha t}(A_1\cos\omega_\mathrm{d}t+A_2\sin\omega_\mathrm{d}t)=A\mathrm{e}^{-\alpha t}\cos(\omega_\mathrm{d}t+\varphi) \tag{4.8-13}$$

其中

$$A=\sqrt{A_1^2+A_2^2}$$

$$\varphi=-\arctan\frac{A_2}{A_1}$$

式中，待定常数 A_1 和 A_2 由初始条件确定。将初始条件式(4.8-4)代入式(4.8-13)，得

$$u_C(0_+)=A_1=U_0$$

$$u_C'(0_+)=-\alpha A_1+\omega_\mathrm{d}A_2=0$$

解得

$$A_1=U_0,\quad A_2=\frac{\alpha U_0}{\omega_\mathrm{d}}$$

于是

$$A=\sqrt{U_0^2+\left(\frac{\alpha U_0}{\omega_\mathrm{d}}\right)^2}=\frac{\omega_0}{\omega_\mathrm{d}}U_0$$

$$\varphi=-\arctan\frac{\alpha}{\omega_\mathrm{d}}$$

将 A 和 φ 代入式(4.8-13)，得电容电压

$$u_C(t)=\frac{\omega_0}{\omega_\mathrm{d}}U_0\mathrm{e}^{-\alpha t}\cos\left(\omega_\mathrm{d}t-\arctan\frac{\alpha}{\omega_\mathrm{d}}\right)\qquad t\geqslant0 \tag{4.8-14}$$

回路电流为

$$i(t) = -C \frac{\mathrm{d}u_C}{\mathrm{d}t} = -CU_0 \frac{\omega_0}{\omega_d}[-\alpha e^{-at} \cos(\omega_d t + \varphi) - \omega_d e^{-at} \sin(\omega_d t + \varphi)]$$

$$= CU_0 \frac{\omega_0}{\omega_d} e^{-at}[\alpha \cos(\omega_d t + \varphi) + \omega_d \sin(\omega_d t + \varphi)]$$

因

$$\alpha \cos(\omega_d t + \varphi) + \omega_d \sin(\omega_d t + \varphi) = \sqrt{\alpha^2 + \omega_d^2} \cos\left(\omega_d t + \varphi + \arctan \frac{-\omega_d}{\alpha}\right)$$

将 $\omega_d = \sqrt{\omega_0^2 - \alpha^2}$ 和 $\varphi = -\arctan \frac{\alpha}{\omega_d}$ 代入上式，得

$$i(t) = CU_0 \frac{\omega_0^2}{\omega_d} e^{-at} \sin\omega_d t = \frac{U_0}{\omega_d L} e^{-at} \sin\omega_d t = I_0 e^{-at} \sin\omega_d t \quad t \geqslant 0 \quad (4.8-15)$$

式中

$$I_0 = \frac{U_0}{\omega_d L}$$

图 4.8-3 画出了 u_C 和 i 随时间变化的曲线。由表达式(4.8-14)和式(4.8-15)可知，在欠阻尼情况下，$u_C(t)$ 和 $i(t)$ 含有正弦函数和指数衰减函数两个因子，前者使波形按正弦规律变化，作周期性振荡，后者构成波形的包络线，按指数规律衰减。由图 4.8-3 可看出，$u_C(t)$ 和 $i(t)$ 波形呈衰减振荡。从物理意义上来说，电容在第一次放电过程中释放出来的电场能一部分转化

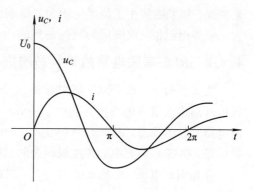

图 4.8-3 欠阻尼情况下的 u_C 和 i 波形

为电感的磁场储能，另一部分供给电阻消耗。由于电阻 R 较小 $\left(R < 2\sqrt{\frac{L}{C}}\right)$，因此消耗的能量也较少。当 $u_C = 0$ 时，电容储能为零，这时电感向电容反向充电，将剩余的磁场能量又重新转化为电容的电场能，电容和电感之间周期性的能量交换使 $u_C(t)$ 和 $i(t)$ 呈现振荡。由于每交换一次，都有一部分能量被电阻 R 所消耗，因此 $u_C(t)$ 和 $i(t)$ 的振幅越来越小，形成衰减振荡，直到全部储能被电阻消耗完毕，衰减振荡也就结束。式(4.8-14)和式(4.8-15)表明，波形衰减的程度取决于衰减常数 α，α 越大，衰减越快。式(4.8-14)和式(4.8-15)中的 ω_d 是振荡角频率，ω_d 越大，振荡周期越小，振荡加快。

在 $R = 0$ 的理想情况下，电路无任何损耗，$\alpha = \frac{R}{2L} = 0$，电路响应 $u_C(t)$ 和 $i(t)$ 呈等幅振荡，电容和电感之间周期性的能量交换将一直持续下去，这种情况称为 LC 回路的自由振荡。

3. $\alpha = \omega_0$，即 $R = 2\sqrt{\frac{L}{C}}$，临界阻尼情况

此时，固有频率

$$s_{1,2} = -\alpha \quad (4.8-16)$$

为两个相等的负实根。由表 4.8-1 可知，式(4.8-3)的齐次解形式为

$$u_C(t) = (A_1 + A_2 t)e^{-at} \quad (4.8-17)$$

将初始条件式(4.8-4)代入式(4.8-17)，确定积分常数 A_1 和 A_2 如下：

$$u_C(0_+) = A_1 = U_0$$
$$u_C'(0_+) = -\alpha A_1 + A_2 = 0$$

解得
$$A_1 = U_0, \quad A_2 = \alpha U_0$$

将 A_1、A_2 代入式（4.8 - 17），得电容电压

$$u_C(t) = U_0(1 + \alpha t)e^{-\alpha t} \qquad t \geqslant 0 \qquad (4.8 - 18)$$

回路电流

$$i(t) = -C\frac{\mathrm{d}u_C}{\mathrm{d}t} = CU_0\alpha^2 te^{-\alpha t} = \frac{U_0}{L}te^{-\alpha t} \qquad t \geqslant 0 \qquad (4.8 - 19)$$

$u_C(t)$ 和 $i(t)$ 的波形与过阻尼情况相似，仍是非振荡性的。但是，这种过程是振荡与非振荡过程的分界线，这时的电阻 $R = 2\sqrt{\dfrac{L}{C}}$ 称做 RLC 电路的临界电阻值，电路处于临界阻尼情况。如果电阻小于临界电阻值，则响应为振荡性的，电路处于欠阻尼情况；如果电阻大于临界电阻值，则响应为非振荡性的，电路处于过阻尼情况。

4.8.2　RLC 串联电路的零状态响应

正如前面 4.4 节所述，零状态响应是电路在零状态（即动态元件的初始储能为零）下，仅由外加输入激励所产生的响应。图 4.8 - 4 所示为零状态 RLC 串联电路，设开关 S 闭合前电路已处于稳态，$u_C(0_-) = 0$，$i_L(0_-) = 0$。$t = 0$ 时开关 S 闭合，电源 U_s 作用于 RLC 串联电路，电容 C 被充电，其过程即为此二阶电路的零状态响应。

在标定的电压、电流参考方向下，根据 KVL，有

$$u_R + u_L + u_C = U_s \qquad (4.8 - 20)$$

将元件的伏安关系

$$i = C\frac{\mathrm{d}u_C}{\mathrm{d}t}$$

$$u_R = Ri = RC\frac{\mathrm{d}u_C}{\mathrm{d}t}$$

$$u_C = L\frac{\mathrm{d}i}{\mathrm{d}t} = LC\frac{\mathrm{d}^2u_C}{\mathrm{d}t^2}$$

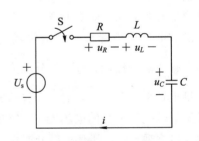

图 4.8 - 4　RLC 串联电路的零状态响应

代入式（4.8 - 20），整理得

$$LC\frac{\mathrm{d}^2u_C}{\mathrm{d}t^2} + RC\frac{\mathrm{d}u_C}{\mathrm{d}t} + u_C = U_s \qquad (4.8 - 21)$$

这是一个以 u_C 为变量的二阶常系数线性非齐次微分方程。由高等数学的相关知识可知，其解答由齐次方程的通解和非齐次方程的特解组成，即

$$u_C = u_{Ch} + u_{Cp}$$

齐次方程的通解 u_{Ch} 是式（4.8 - 21）对应的齐次方程的解，在 4.8.1 节 RLC 串联电路的零输入响应部分已讨论了该齐次方程的求解。若以特征根 s_1、s_2 为两个不相等的负实根为例，则齐次解的形式为

$$u_{Ch} = A_1e^{s_1t} + A_2e^{s_2t}$$

非齐次微分方程的特解 u_{Cp} 具有与输入激励相同的函数形式。在直流激励下，特解为

$$u_{Cp} = U_s$$

于是可写出式(4.8-21)的完全解

$$u_C = u_{Ch} + u_{Cp} = A_1 e^{s_1 t} + A_2 e^{s_2 t} + U_s \qquad (4.8-22)$$

由初始条件确定待定积分常数 A_1 和 A_2。初始条件为

$$u_C(0_+) = 0$$

$$u_C'(0_+) = \frac{i(0_+)}{C} = \frac{i_L(0_+)}{C} = 0$$

将其代入式(4.8-22),有

$$u_C(0_+) = A_1 + A_2 + U_s = 0$$

$$u_C'(0_+) = A_1 s_1 + A_2 s_2 = 0$$

解得

$$A_1 = \frac{-s_2}{s_2 - s_1} U_s, \quad A_2 = \frac{s_1}{s_2 - s_1} U_s$$

将 A_1、A_2 代入式(4.8-22),得二阶非齐次微分方程式(4.8-21)的完全解

$$u_C = U_s - \frac{U_s}{s_2 - s_1}(s_2 e^{s_1 t} - s_1 e^{s_2 t}) \qquad t \geqslant 0 \qquad (4.8-23)$$

回路电流为

$$i = C \frac{\mathrm{d}u_C}{\mathrm{d}t} = -\frac{C U_s s_1 s_2}{s_2 - s_1}(e^{s_1 t} - e^{s_2 t}) = \frac{U_s}{L(s_1 - s_2)}(e^{s_1 t} - e^{s_2 t}) \quad t \geqslant 0 \quad (4.8-24)$$

式(4.8-24)中利用了 $s_1 s_2 = \omega_0^2 = \dfrac{1}{LC}$ 的关系。

　　与 RLC 串联电路零输入响应类似,当 R、L、C 取不同值时,特征根 s_1 和 s_2 存在三种不同的情况:$\alpha > \omega_0$ 时,为过阻尼;$\alpha < \omega_0$ 时,为欠阻尼;$\alpha = \omega_0$ 时,为临界阻尼。相应的零状态响应也具有不同的形式,这里不再赘述,有兴趣的读者可自行分析。

　　顺便指出,二阶电路在单位阶跃信号 $\varepsilon(t)$ 激励下的零状态响应称为二阶电路的单位阶跃响应,其求解方法与上述零状态响应的求解方法相同。

　　如果二阶电路的初始储能不为零,那么在外加输入激励下电路的响应为全响应,它等于零输入响应与零状态响应的叠加,可通过上述求解二阶非齐次微分方程的方法求出全响应,只是初始条件不同而已。

习　题　4

4-1　填空题。

(1) 如果电容电压与电流取关联参考方向,则电容元件伏安关系为＿＿＿＿＿＿；如果电感电压与电流取关联参考方向,则电感元件伏安关系为＿＿＿＿＿＿。

(2) 电容在某一时刻 t 的储能可表示为＿＿＿＿＿＿,电感在某一时刻 t 的储能可表示为＿＿＿＿＿＿。

(3) 换路定律的正确形式是 $u_C(0_+) = u_C(0_-)$ 和＿＿＿＿＿＿。

(4) 可用一阶常微分方程描述的电路称为＿＿＿＿＿＿。

(5) 在无初始储能的条件下,仅由输入激励引起的响应称为＿＿＿＿＿＿。

(6) 全响应可分解为零状态响应＋＿＿＿＿＿＿。

(7) 求解直流一阶电路的三要素公式是＿＿＿＿＿＿＿＿＿＿＿＿＿。

(8) 单位阶跃函数的定义式为＿＿＿＿＿＿＿＿＿＿＿。

4-2　选择题。

(1) 题 4-2-1 图所示电路，原已处于稳态，在 $t=0$ 时开关 S 由 1 投向 2，则 $i_C(0_+)$ 等于（　　　）。

(A) 3 A　　　　(B) 0 A　　　　(C) 2.5 A　　　　(D) $\frac{2}{3}$ A

(2) 题 4-2-2 图所示电路，开关闭合前已处于稳态，$t=0$ 时开关闭合，则 $i_C(0_+)$ 等于（　　　）。

(A) 1 A　　　　(B) -1 A　　　　(C) 0 A　　　　(D) 2 A

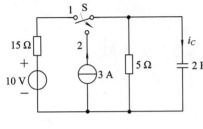

题 4-2-1 图　　　　　　　　题 4-2-2 图

(3) 题 4-2-3 图所示电路，开关闭合前已处于稳态，$t=0$ 时开关闭合，则 $u_L(0_+)$ 等于（　　　）。

(A) 5 V　　　　(B) 10 V　　　　(C) 0 V　　　　(D) 6 V

(4) 题 4-2-4 图所示电路，其时间常数 τ 为（　　　）。

(A) $\frac{2}{3}$ s　　　　(B) $\frac{4}{3}$ s　　　　(C) $\frac{3}{2}$ s　　　　(D) 2 s

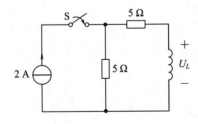

题 4-2-3 图　　　　　　　　题 4-2-4 图

(5) 电路如题 4-2-5 图所示，其时间常数 τ 为（　　　）。

(A) 7.5 s　　　　(B) 3 s

(C) 6 s　　　　(D) 9 s

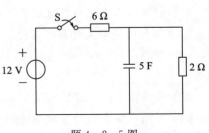

题 4-2-5 图

4-3　5 μF 电容的电压波形如题 4-3 图所示。

(1) 试绘出电容电流的波形（设电流与电压为关联参考方向）；

(2) 试确定 $t=2\ \mu$s 和 $t=10\ \mu$s 时电容的储能。

4-4　流过 5 mH 电感的电流波形如题 4-4 图所示，试画出电感电压的波形（设电流与电压为关联参考方向），并求 $t=1.5$ ms 和 $t=2.5$ ms 时电感的储能。

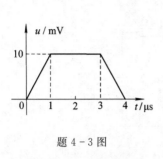

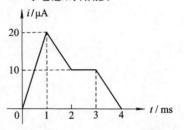

题 4-3 图　　　　　　　　　　　　题 4-4 图

4-5　电容与电压源的连接电路如题 4-5 图(a)所示，电压源电压随时间按三角波变化，如图(b)所示，试绘出电容电流 i_C、电容瞬时功率 p_C 及电容储能 w_C 的波形图。

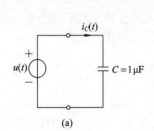

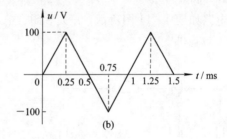

(a)　　　　　　　　　　　　　　(b)

题 4-5 图

4-6　电路如题 4-6 图所示，已知 $i_L(t)=3-\mathrm{e}^{-2t}$ A$(t>0)$，求电压 $u(t)$。

4-7　题 4-7 图所示的电路已处于稳态，$t=0$ 时开关 S 闭合，求初始值 $i_1(0_+)$、$i_2(0_+)$ 和 $i_C(0_+)$。

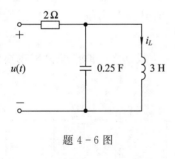

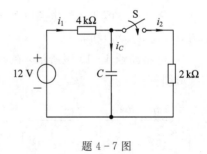

题 4-6 图　　　　　　　　　　　题 4-7 图

4-8　电路如题 4-8 图所示，开关闭合前电路已处于稳态，$t=0$ 时开关 S 闭合，求初始值 $i(0_+)$ 和 $u_L(0_+)$。

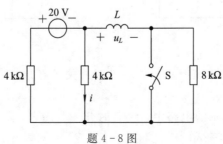

题 4-8 图

4-9　电路如题 4-9 图所示，$t=0$ 时开关闭合。已知 $u_C(0_-)=6$ V，求 $i_C(0_+)$ 和 $i_R(0_+)$。

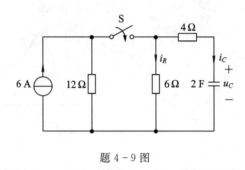

题 4-9 图

4-10　题 4-10 图所示的电路在 $t<0$ 时已处于稳态，$t=0$ 时开关 S 由位置 1 切换至位置 2，求 $i(0_+)$ 和 $u(0_+)$。

4-11　电路如题 4-11 图所示，开关 S 闭合前电路已处于稳态，$t=0$ 时开关闭合，求初始值 $i_C(0_+)$、$u_L(0_+)$ 及 $i(0_+)$。

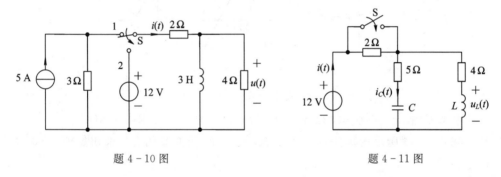

题 4-10 图　　　　　　　　　　　　题 4-11 图

4-12　题 4-12 图所示的电路已处于稳态，$t=0$ 时开关 S 由位置 1 切换至位置 2，求 $i(0_+)$、$i_L(0_+)$、$u_C(0_+)$ 和 $u_L(0_+)$。

4-13　电路如题 4-13 图所示，在 $t=0$ 时开关由 1 投向 2，试求 $t\geqslant0$ 时的电流 $i(t)$，并绘出波形图。

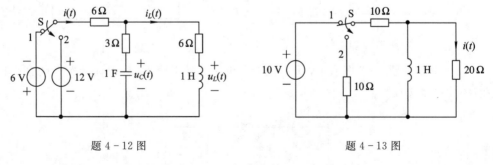

题 4-12 图　　　　　　　　　　　　题 4-13 图

4-14　电路如题 4-14 图所示，在 $t=0$ 时开关 S 打开，试求 $t\geqslant0$ 时 3 Ω 电阻中的电流。

4-15　题 4-15 图所示的电路中，$t=0$ 时开关 S 闭合，闭合前电路已处于稳态，求 $t\geqslant0$ 时电感电流 $i_L(t)$ 的零输入响应。

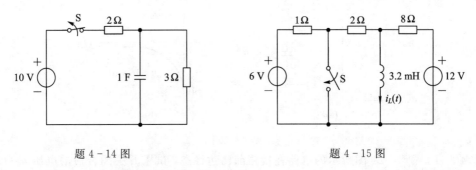

題 4-14 图　　　　　　題 4-15 图

4-16　题 4-16 图所示的电路中，换路前已处于稳态，$t=0$ 时开关 S 打开，求 $t \geqslant 0$ 时的电流 $i_1(t)$ 和 $i_2(t)$，并绘出波形图。

4-17　题 4-17 图所示的电路中，已知 $u_C(0_-)=0$，在 $t=0$ 时开关 S 闭合，求换路后的电流 $i(t)$。

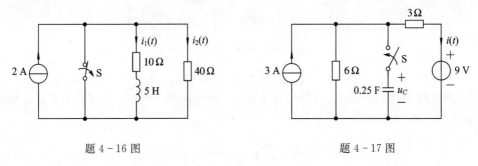

題 4-16 图　　　　　　題 4-17 图

4-18　题 4-18 图所示的电路在 $t<0$ 时已达稳定，$t=0$ 时开关 S 闭合，求 $t \geqslant 0$ 时的电压 $u_C(t)$。

4-19　题 4-19 图所示的电路中，$t=0$ 时开关 S 开启，开启前电路已处于稳态，求 $t \geqslant 0$ 时的电流 $i(t)$，并绘出波形图。

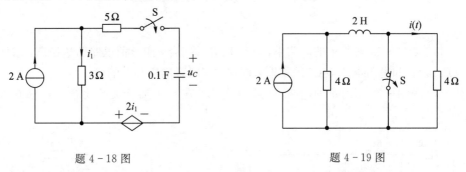

題 4-18 图　　　　　　題 4-19 图

4-20　题 4-20 图(a)所示的电路中，已知网络 N 仅含直流电源和电阻，开关 S 在 $t=0$ 时闭合，S 闭合后电流 $i(t)$ 的波形如图(b)所示。

(1) 试确定网络 N 的一种可能的结构；

(2) 若电容 C 改为 $1\ \mu F$，能否通过改变 N 来保持电流 $i(t)$ 的波形仍如图(b)所示？若能，试确定 N 的新结构形式。

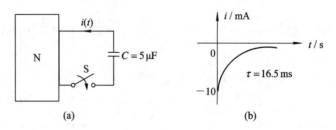

题 4 - 20 图

4 - 21　题 4 - 21 图所示的电路在换路前已达稳态,试求开关闭合后的电压 $u_C(t)$,并绘出它的曲线。

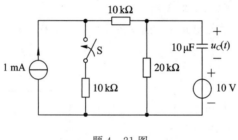

题 4 - 21 图

4 - 22　题 4 - 22 图所示的电路原处于稳态,$t=0$ 时发生换路,双掷开关 S 从 a 端点倒向 b 端点,试求 $t \geqslant 0$ 时的电压 $u(t)$。

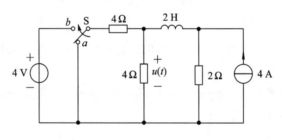

题 4 - 22 图

4 - 23　题 4 - 23 图所示的电路中,$t=0$ 时开关闭合,闭合前电路已达稳态,求换路后电容电压 $u_C(t)$ 和电阻电流 $i_R(t)$ 的零输入响应、零状态响应和全响应。

4 - 24　题 4 - 24 图所示的电路原已处于稳态,在 $t=0$ 时开关 S 闭合,求 $t \geqslant 0$ 时的电流 $i(t)$。

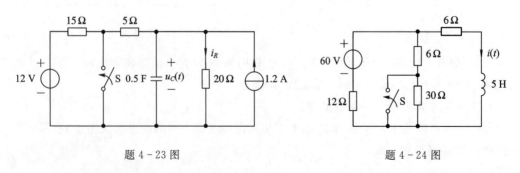

题 4 - 23 图　　　　　　　　　题 4 - 24 图

4-25　题 4-25 图所示的稳态电路中，$t=0$ 时开关 S 由 a 点切换至 b 点，求 $t \geqslant 0$ 时的电压 $u_C(t)$。

4-26　题 4-26 图所示的稳态电路中，$t=0$ 时开关 S 开启，求换路后的电压 $u_1(t)$。

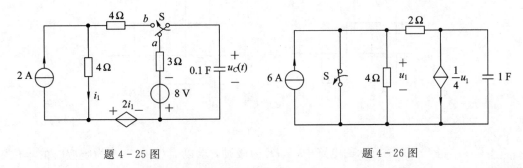

题 4-25 图　　　　　　　　　　题 4-26 图

4-27　题 4-27 图所示的电路，原已处于稳态，在 $t=0$ 时开关 S 闭合，求 $t \geqslant 0$ 时的电流 $i(t)$。

4-28　题 4-28 图所示的稳态电路中，$t=0$ 时开关 S 由位置 a 切换至位置 b，求 $t \geqslant 0$ 时的电流 $i_L(t)$、$i(t)$ 和电压 $u_R(t)$。

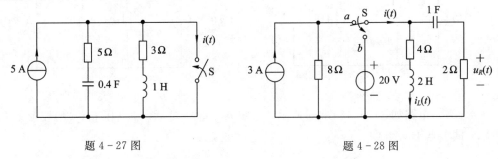

题 4-27 图　　　　　　　　　　题 4-28 图

4-29　题 4-29 图所示的电路原已处于稳态，在 $t=0$ 时开关 S_1 闭合，在 $t=0.1$ s 时开关 S_2 闭合，求 S_2 闭合后的电压 $u_R(t)$。

4-30　题 4-30 图所示的电路中，N 内部不含储能元件，$t=0$ 时开关 S 闭合，1 V 直流电压源作用于电路，输出端电压的零状态响应为

$$u_o(t) = \frac{1}{2} + \frac{1}{8}e^{-0.25t} \text{ V} \quad t \geqslant 0$$

若把电路中 2 F 的电容换为 2 H 的电感，输出端电压的零状态响应 $u_o(t)$ 将如何？

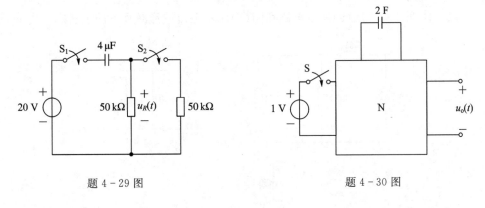

题 4-29 图　　　　　　　　　　题 4-30 图

4-31　已知电流 $i(t)$ 的波形如题 4-31 图所示，试写出 $i(t)$ 的阶跃函数表达式。

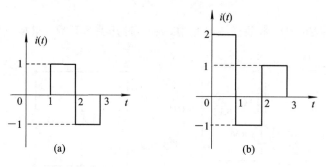

题 4-31 图

4-32　题 4-32 图所示的电路中，$i_s(t)$ 为激励，求以 $i_L(t)$ 和 $i(t)$ 为响应时的单位阶跃响应。

4-33　用叠加定理求解题 4-33 图所示电路中的零状态响应 $i(t)$ 和 $i_L(t)$。

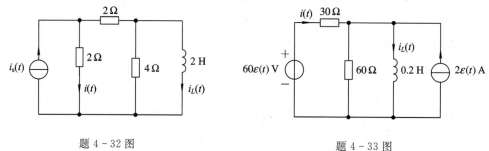

题 4-32 图　　　　　　　　　　　题 4-33 图

4-34　电路如题 4-34 图(a)所示，已知 $u_C(0_-)=0$，激励电压 $u_s(t)$ 的波形如图(b)所示，试求电压 $u_C(t)$。

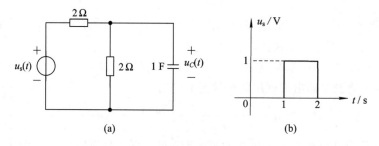

题 4-34 图

4-35　求题 4-35 图(a)所示电路在图(b)所示电流波形激励下的零状态响应 $u(t)$。

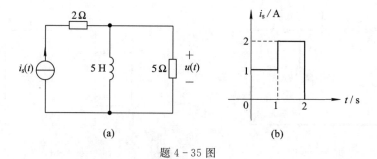

题 4-35 图

4 - 36　电路如题 4 - 36 图所示，已知 $u_C(0_-) = -3$ V，试求 $t > 0$ 时的 $u_C(t)$ 和 $i(t)$。

4 - 37　题 4 - 37 图所示的电路中，已知 $i_L(0_-) = 0.3$ A，$u_s(t) = 3\varepsilon(t)$，$i_s(t) = 3\varepsilon(t-1)$，求 $t \geqslant 0$ 时的电流 $i_L(t)$。

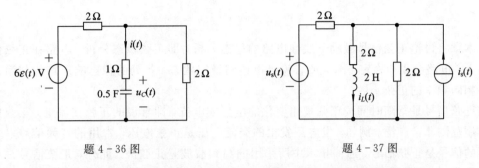

题 4 - 36 图　　　　　　　　　题 4 - 37 图

4 - 38　题 4 - 38 图所示的电路中，电压 $u_C(t)$ 及 $u_R(t)$ 的阶跃响应分别为

$$u_C(t) = (1 - e^{-t})\varepsilon(t) \text{ V}$$

$$u_R(t) = \left(1 - \frac{1}{4}e^{-t}\right)\varepsilon(t) \text{ V}$$

在同样的外部激励下，若 $u_C(0) = 2$ V，求 $t \geqslant 0$ 时的 $u_C(t)$ 及 $u_R(t)$。

4 - 39　在题 4 - 39 图所示的电路中，电容电压的初始值 $u_C(0) = 6$ V，$t = 0$ 时开关 S 闭合，试求开关闭合后的放电电流 $i(t)$。

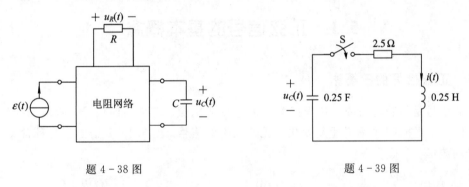

题 4 - 38 图　　　　　　　　　题 4 - 39 图

4 - 40　电路如题 4 - 40 图所示，试求电容电压 $u_C(t)$ 和电感电流 $i_L(t)$ 的单位阶跃响应。

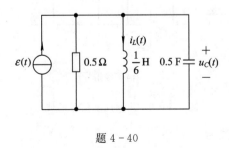

题 4 - 40

第 5 章　正弦稳态电路分析

本章将讨论正弦信号激励下线性电路的稳态分析，即正弦稳态分析。电路在正弦信号激励下，电路会逐渐稳定下来，或者说可以达到稳定状态，各处的稳态响应均为与激励源具有相同频率的正弦函数。

正弦信号是指随时间按正弦规律变化的电压或电流，即常说的正弦交流电。正弦信号的应用范围非常广泛。例如，发电厂发出的交流电压是正弦电压，常用的音频信号发生器输出的信号是正弦信号，通信技术中所采用的高频载波是正弦波。此外，正弦信号是一种基本信号，它具有若干有利于运算的特性，比如，正弦函数的微分与积分是正弦函数，若干频率相同的正弦函数合成的结果仍然是同频率的正弦函数，借助于傅里叶级数可将周期信号分解为一系列不同频率的正弦分量的叠加，因此，正弦稳态电路的分析方法也可推广应用于非正弦周期信号激励下的线性电路。

本章将首先介绍正弦信号的基本概念，并引入相量，接着讨论三个基本电路元件的相量关系、基尔霍夫定律的相量形式、阻抗和导纳、正弦稳态电路的相量法分析以及正弦稳态电路的功率，最后简要介绍三相电路的基本概念和基本计算方法。

5.1　正弦信号的基本概念

5.1.1　正弦信号的三要素

正弦信号是指随时间按正弦规律变化的电压或电流，它是周期信号。所谓周期信号，是指每隔一定的时间间隔 T 重复变化且无始无终的信号。图 5.1-1 给出了几种常见的周期信号的波形。

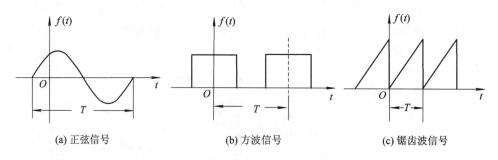

(a) 正弦信号　　　　　(b) 方波信号　　　　　(c) 锯齿波信号

图 5.1-1　几种周期信号的波形

周期信号的数学表达式为

$$f(t) = f(t + kT) \qquad k = 0, \pm 1, \pm 2, \cdots \tag{5.1-1}$$

式中，T 为信号的周期，它是周期信号完成一个循环所需要的时间，单位为秒（s）。

我们把周期信号在单位时间内完成的循环次数称为频率，用 f 表示，单位为赫兹

（Hz）。根据上述周期和频率的定义，有

$$f = \frac{1}{T} \tag{5.1-2}$$

即频率是周期的倒数。目前，我国和其他大多数国家都采用 50 Hz 作为电力的标准频率，这种频率在工业上应用广泛，习惯上也称为工频。

正弦信号通常有两种表述方法：一种是三角函数表达式，另一种是波形图。

以电流为例，正弦信号的三角函数表达式为

$$i(t) = I_{\mathrm{m}} \cos(\omega t + \psi) \tag{5.1-3}$$

其波形如图 5.1-2 所示。

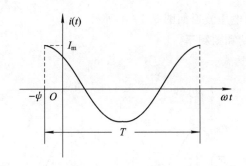

图 5.1-2　正弦电流信号波形图

式（5.1-3）中，I_{m} 称为正弦信号 $i(t)$ 的振幅值或最大值，它表示正弦信号 $i(t)$ 所能达到的最大值；$\omega t + \psi$ 称为正弦信号 $i(t)$ 的相位角，简称相位，单位为弧度或度。相位每增加 2π 弧度，正弦信号经历一个周期，即

$$\left[\omega(t+T)+\psi\right] - (\omega t + \psi) = 2\pi$$

解上式得

$$\omega = \frac{2\pi}{T} = 2\pi f \tag{5.1-4}$$

ω 称为正弦信号的角频率，单位是弧度/秒（rad/s），它表示相位变化的速率。

$t=0$ 时的相位角称为正弦信号的初相位，简称初相，用 ψ 表示。如果用余弦函数表示的正弦信号的正振幅出现在时间起点 $t=0$ 之前，如图 5.1-2 所示，则初相 ψ 为正值；如果正振幅出现在时间起点 $t=0$ 之后，则初相 ψ 为负值。通常规定 $|\psi| \leqslant \pi$ 或 $|\psi| \leqslant 180°$。

综上所述，对于一个正弦信号，只要振幅、角频率和初相确定之后，该信号就被完全确定下来。因此，通常将振幅、角频率和初相称为正弦信号的三要素。

【例 5.1-1】　试绘出正弦信号 $i(t) = 50 \cos\left(100\pi t + \dfrac{\pi}{3}\right)$ mA 的波形图。

解　由题目告知的 $i(t)$ 表达式可得：振幅 $I_{\mathrm{m}} = 50$ mA，角频率 $\omega = 100\pi$ rad/s，初相 $\psi = +\dfrac{\pi}{3}$。画 $i(t)$ 波形时，取纵坐标为 $i(t)$，横坐标为 ωt。

由三角函数的性质可知，正振幅 I_{m} 出现在 $100\pi t + \dfrac{\pi}{3} = 0°$，即 $\omega t = -\dfrac{\pi}{3}$ 时，正振幅出现点确定以后，根据正弦信号的波形特征，便可画出 $i(t)$ 的波形，如图 5.1-3 所示。

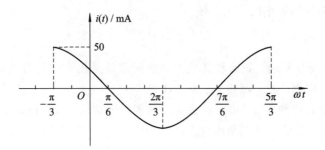

图 5.1-3　例 5.1-1 用图

【例 5.1-2】 已知电压波形如图 5.1-4 所示。

（1）试求振幅、周期和角频率。

（2）写出 $u(t)$ 的表达式。

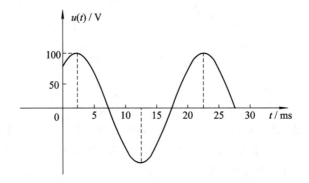

图 5.1-4　例 5.1-2 用图

解　（1）由波形图可知：

振幅为

$$U_m = 100 \text{ V}$$

周期为

$$T = 22.5 - 2.5 = 20 \text{ ms（两峰值之间的时间间隔）}$$

由式(5.1-4)得角频率为

$$\omega = \frac{2\pi}{T} = \frac{2\pi}{20 \times 10^{-3}} = 100\pi \text{ rad/s}$$

（2）要写出正弦信号 $u(t)$ 的表达式，必须知道其三要素：振幅、角频率和初相。由波形图可知，从坐标原点（即时间起点）到第一个正最大值所需时间为 2.5 ms，则初相的绝对值为

$$|\psi| = \omega t_0 = 100\pi \times 2.5 \times 10^{-3} = \frac{\pi}{4} \text{ rad/s}$$

考虑到正振幅出现在时间起点 $t=0$ 之后，初相角为负值，于是可写出 $u(t)$ 的表达式如下：

$$u(t) = 100 \cos\left(100\pi t - \frac{\pi}{4}\right) \text{ V}$$

5.1.2 相位差

顾名思义，相位差就是两个正弦信号相位之差。假设两个正弦信号为

$$u_1(t) = U_{1m} \cos(\omega_1 t + \psi_1)$$

$$u_2(t) = U_{2m} \cos(\omega_2 t + \psi_2)$$

它们的相位之差为

$$\varphi_{12} = (\omega_1 t + \psi_1) - (\omega_2 t + \psi_2) = (\omega_1 - \omega_2)t + (\psi_1 - \psi_2) \qquad (5.1-5)$$

若两个正弦信号角频率不同，由式(5.1-5)可以看出这时 φ_{12} 是时间 t 的函数，称为瞬时相位差。

前已述及，正弦信号激励下的线性电路中各处的稳态响应均是与激励源具有相同角频率的正弦函数。于是，将 $\omega_1 = \omega_2 = \omega$ 代入式(5.1-5)，得此时的相位差为

$$\varphi_{12} = \psi_1 - \psi_2 \qquad (5.1-6)$$

由式(5.1-6)可见，两个同频率正弦信号的相位差等于其初相之差，是一个与时间 t 无关的常量。

值得一提的是，只有同频率的正弦信号才能用初相差表示其相位差，并且两个正弦信号的表达式必须是同名函数(同为余弦或同为正弦)。

如果相位差 $\varphi_{12} = \psi_1 - \psi_2 > 0$，则表示 $u_1(t)$ 超前于 $u_2(t)$，或 $u_2(t)$ 滞后于 $u_1(t)$，如图 5.1-5(a)所示。

如果相位差 $\varphi_{12} = \psi_1 - \psi_2 < 0$，则表示 $u_1(t)$ 滞后于 $u_2(t)$，或 $u_2(t)$ 超前于 $u_1(t)$，如图 5.1-5(b)所示。

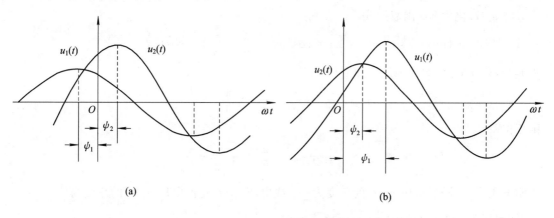

图 5.1-5 两同频率正弦信号超前或滞后示意图

在对同频率正弦信号相位差的计算中，有时会遇到下列三种特殊情况：

(1) $\varphi_{12} = \psi_1 - \psi_2 = 0$，即相位差为零，称 $u_1(t)$ 与 $u_2(t)$ 同相，如图 5.1-6(a)所示。这时 $u_1(t)$ 与 $u_2(t)$ 同时到达最大值，同时到达零值，同时到达最小值。

(2) $\varphi_{12} = \psi_1 - \psi_2 = \pm \dfrac{\pi}{2}$，称 $u_1(t)$ 与 $u_2(t)$ 正交，波形如图 5.1-6(b)所示。图中 $\varphi_{12} = \psi_1 - \psi_2 = -\dfrac{\pi}{2} - 0 = -\dfrac{\pi}{2}$，即 $u_1(t)$ 滞后于 $u_2(t)$ 相位 $\dfrac{\pi}{2}$。

(3) $\varphi_{12} = \psi_1 - \psi_2 = \pm \pi$，称为 $u_1(t)$ 与 $u_2(t)$ 反相，波形如图 5.1-6(c)所示。$u_1(t)$ 到达

最大值时，$u_2(t)$ 到达最小值，它们同时到达零值。

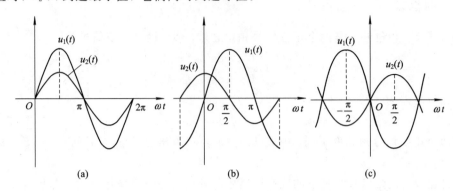

图 5.1-6 同频正弦信号同相、正交和反相示意图

由上面对正弦信号的分析可看出，本书正弦信号统一用 cos 函数来表示，所有的规定均是以此来确定的。对于用 sin 函数表示的正弦信号，需变化为 cos 函数形式，再进行分析计算。

【例 5.1-3】 已知两同频正弦电压分别为

$$u_1(t) = 10\cos\left(\omega t + \frac{\pi}{6}\right) \text{ V}$$

$$u_2(t) = -\sin\left(\omega t - \frac{\pi}{6}\right) \text{ V}$$

试求它们的相位差，并指出其超前、滞后相位关系。

解 $u_1(t)$ 是 cos 函数，$u_2(t)$ 是 sin 函数，计算相位差时应将它们化为同名函数。

将 $u_2(t)$ 化为 cos 函数形式

$$u_2(t) = -\sin\left(\omega t - \frac{\pi}{6}\right) = \cos\left(\omega t - \frac{\pi}{6} + \frac{\pi}{2}\right) = \cos\left(\omega t + \frac{\pi}{3}\right) \text{ V}$$

由 $u_1(t)$ 和 $u_2(t)$ 函数的表达式知初相

$$\psi_1 = \frac{\pi}{6}, \quad \psi_2 = \frac{\pi}{3}$$

则相位差

$$\varphi_{12} = \psi_1 - \psi_2 = \frac{\pi}{6} - \frac{\pi}{3} = -\frac{\pi}{6}$$

说明电压 $u_1(t)$ 滞后电压 $u_2(t)$ 的角度为 $\frac{\pi}{6}$，或电压 $u_2(t)$ 超前电压 $u_1(t)$ 的角度为 $\frac{\pi}{6}$。

【例 5.1-4】 已知同频正弦电流分别为

$$i_1(t) = I_{1m}\cos\left(\omega t + \frac{3\pi}{4}\right) \text{ A}$$

$$i_2(t) = I_{2m}\cos\left(\omega t - \frac{\pi}{2}\right) \text{ A}$$

试画出它们的波形图，并计算相位差。

解 由 $i_1(t)$ 和 $i_2(t)$ 的函数表达式可画出其波形图如图 5.1-7 所示。

由 $i_1(t)$ 和 $i_2(t)$ 的表达式可知初相

$$\psi_1 = \frac{3\pi}{4}, \quad \psi_2 = -\frac{\pi}{2}$$

则相位差

$$\varphi_{12} = \psi_1 - \psi_2 = \frac{3\pi}{4} - \left(-\frac{\pi}{2}\right) = \frac{5\pi}{4} > \pi$$

说明 $i_1(t)$ 超前于 $i_2(t)$ $\frac{5\pi}{4}$，但由图 5.1-7 也可以说，$i_2(t)$ 超前 $i_1(t)$ $\frac{3\pi}{4}$。

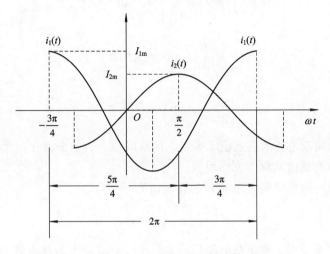

图 5.1-7　例 5.1-4 用图

为了避免这种混淆，一般规定相位差的绝对值小于等于 π，即 $|\varphi| \leqslant \pi$ 或 $|\varphi| \leqslant 180°$。

从图 5.1-7 中可看出

$$\varphi_{12} + \varphi_{21} = 2\pi$$

所以

$$\varphi_{21} = 2\pi - \varphi_{12} = 2\pi - \frac{5\pi}{4} = \frac{3\pi}{4}$$

说明 $i_2(t)$ 超前 $i_1(t)$ $\frac{3\pi}{4}$，或 $i_1(t)$ 滞后 $i_2(t)$ $\frac{3\pi}{4}$。

今后计算相位差时，如果 $\varphi_{12} > \pi$，则

$$\varphi_{21} = 2\pi - \varphi_{12} < \pi$$

5.1.3　周期信号的有效值

正弦信号在任一瞬间的值称为瞬时值，用小写字母表示，如 $i(t)$、$u(t)$。由前面分析可知，周期信号的瞬时值是随时间变化的，要完整地描述一个正弦电压或正弦电流，需要写出它的函数表达式或绘出它的波形图。但在实际应用中我们往往并不需要知道它们每一瞬间的大小，因此在工程中为它们规定了一个能表征其作功能力并度量其"大小"的物理量——有效值。

周期信号的有效值是从能量等效的角度定义的：设有两个阻值相等的电阻 R，分别通以周期电流 $i(t)$ 和直流电流 I（见图 5.1-8），如果在相同时间 T 内，两个电阻消耗的能量相等，则称直流电流 I 为周期电流 $i(t)$ 的有效值。

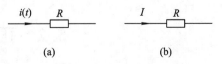

图 5.1-8　有效值定义用图

由图(a)可知，电阻 R 在时间 T 内消耗的能量为

$$W = \int_0^T p(t)\,dt = \int_0^T Ri^2(t)\,dt = R\int_0^T i^2(t)\,dt$$

由图(b)可知，电阻 R 在时间 T 内消耗的能量为

$$W = \int_0^T p(t)\,dt = \int_0^T RI^2\,dt = RI^2 T$$

若两能量相等

$$R\int_0^T i^2(t)\,dt = RI^2 T$$

则有

$$I = \sqrt{\frac{1}{T}\int_0^T i^2(t)\,dt} \qquad\qquad (5.1-7)$$

式(5.1-7)表明，周期电流的有效值 I 等于它的瞬时值 $i(t)$ 的平方在一个周期内的平均值再取平方根，所以有效值又称为方均根值。

类似地，同样可给出周期电压 $u(t)$ 的有效值为

$$U = \sqrt{\frac{1}{T}\int_0^T u^2(t)\,dt} \qquad\qquad (5.1-8)$$

正弦信号是周期信号，将正弦电流信号 $i(t)=I_m \cos(\omega t+\psi)$ 代入式(5.1-7)中，可得正弦电流信号的有效值为

$$I = \sqrt{\frac{1}{T}\int_0^T I_m^2 \cos^2(\omega t+\psi)\,dt} = \sqrt{\frac{1}{T}\int_0^T \frac{I_m^2}{2}\left[1+\cos 2(\omega t+\psi)\right]dt}$$

$$= \frac{I_m}{\sqrt{2}} = 0.707 I_m$$

即

$$I = \frac{I_m}{\sqrt{2}} = 0.707 I_m \qquad\qquad (5.1-9)$$

同理可得正弦电压信号的有效值

$$U = \frac{U_m}{\sqrt{2}} = 0.707 U_m \qquad\qquad (5.1-10)$$

由此可见，正弦信号的有效值等于其最大值除以 $\sqrt{2}$。

在日常生活和实际工作中，人们谈到正弦信号的大小，例如市电电压 220 V，某个电器的额定电流是 5 A 等，都是指有效值。一般电器设备铭牌上所标明的额定电压和额定电流都是指有效值。交流电压表和交流电流表的读数也均指有效值。

引入有效值的概念以后，正弦电流和正弦电压的表达式也可写为

$$i(t) = I_m \cos(\omega t+\psi) = \sqrt{2}\,I \cos(\omega t+\psi)$$

$$u(t) = U_m \cos(\omega t+\psi) = \sqrt{2}\,U \cos(\omega t+\psi)$$

5.2   正弦信号的相量表示

在分析线性电路的正弦稳态响应时，经常遇到正弦信号的代数运算和微分、积分运算，利用三角函数关系进行正弦信号的这些运算相当麻烦。为此，人们提出了一种简便的

方法，即将正弦信号表示为相量，将正弦信号运算变为相量运算，最后再将相量运算的结果还原为正弦信号。由于相量是复数，所以本节先复习复数的相关知识，然后再讨论正弦信号的相量表示。

5.2.1 复数的相关知识

设 A 为一复数，a 和 b 分别为其实部和虚部，则复数 A 可表示为

$$A = a + jb \qquad (5.2-1)$$

式中，$j = \sqrt{-1}$ 是虚数单位（为避免与电流 i 混淆，电类专业中选用 j 表示虚数单位）。式 (5.2-1) 称为复数 A 的直角坐标表示。

有时也采用 Re 和 Im 两种记号。这样实部 a 和虚部 b 可表示为

$$a = \mathrm{Re}[A], \qquad b = \mathrm{Im}[A]$$

式中，Re 表示取复数的实部，Im 表示取复数的虚部。

复数 A 在复平面上可用一带箭头的线段表示，如图 5.2-1 所示。图中，直线线段的长度记为 $|A|$，称为复数 A 的模，模总是取正值；直线线段与实轴正方向的夹角记为 θ，称为复数 A 的辐角。因此

$$|A| = \sqrt{a^2 + b^2}$$

$$\theta = \arctan \frac{b}{a}$$

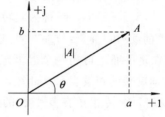

由图 5.2-1 可得复数 A 的另一表示形式

$$A = |A| \cos\theta + j|A| \sin\theta \qquad (5.2-2)$$

式 (5.2-2) 称为复数 A 的三角形式表示。

根据欧拉公式

图 5.2-1 复数 A 在复平面上的表示

$$e^{j\theta} = \cos\theta + j\sin\theta$$

式 (5.2-2) 可写为

$$A = |A| e^{j\theta} \qquad (5.2-3)$$

式 (5.2-3) 称为复数 A 的指数形式表示。在工程上常把式 (5.2-3) 简写为

$$A = |A| \angle \theta \qquad (5.2-4)$$

【例 5.2-1】 将复数 $A = 3 + j4$ 化为指数表示形式。

解

$$|A| = \sqrt{3^2 + 4^2} = 5$$

$$\theta = \arctan \frac{4}{3} = 53.1°$$

复数 A 的指数表示形式为

$$A = |A| \angle \theta = 5 \angle 53.1°$$

【例 5.2-2】 将复数 $A = 10 \angle -30°$ 化为直角坐标形式。

解

$$A = 10 \angle -30° = 10 \cos(-30°) + j10 \sin(-30°)$$

$$= 10 \times \frac{\sqrt{3}}{2} - j10 \times \frac{1}{2} = 5\sqrt{3} - j5$$

5.2.2 用相量表示正弦信号

设正弦电压为

$$u(t) = U_{\mathrm{m}} \cos(\omega t + \psi_u)$$

显然可把它看做一个复数的实部，写为

$$u(t) = \mathrm{Re}[U_{\mathrm{m}} \mathrm{e}^{\mathrm{j}(\omega t + \psi_u)}] = \mathrm{Re}[U_{\mathrm{m}} \mathrm{e}^{\mathrm{j}\psi_u} \cdot \mathrm{e}^{\mathrm{j}\omega t}] = \mathrm{Re}[\dot{U}_{\mathrm{m}} \mathrm{e}^{\mathrm{j}\omega t}] \qquad (5.2-5)$$

式中

$$\dot{U}_{\mathrm{m}} = U_{\mathrm{m}} \mathrm{e}^{\mathrm{j}\psi_u} = U_{\mathrm{m}} \angle \psi_u \qquad \text{（电压振幅相量）} \qquad (5.2-6)$$

$\dot{U}_{\mathrm{m}}$ 是一个复数，它的模是正弦电压的振幅，辐角是正弦电压的初相。由于在同一正弦稳态电路中，各处的电压、电流响应与激励源均为同频率的正弦信号，频率是已知的，它们的

角频率 ω 相同，区别仅在于振幅和初相，因此只要求出正弦信号的振幅和初相即可。式 (5.2-6) 中，$\dot{U}_{\mathrm{m}}$ 正好包含正弦电压的振幅和初相这两个要素。通常把这样一个足以表征正弦电压的复数称为相量，$\dot{U}_{\mathrm{m}}$ 称为电压振幅相量。

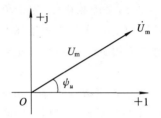

图 5.2-2　相量图

相量是一个复数，在复平面上可用一条带箭头的线段表示，如图 5.2-2 所示。相量在复平面上的图示称为相量图。

式 (5.2-5) 中，$\mathrm{e}^{\mathrm{j}\omega t}$ 称为旋转因子，相量 $\dot{U}_{\mathrm{m}}$ 与 $\mathrm{e}^{\mathrm{j}\omega t}$ 的乘积 $\dot{U}_{\mathrm{m}} \mathrm{e}^{\mathrm{j}\omega t} = U_{\mathrm{m}} \mathrm{e}^{\mathrm{j}(\omega t + \psi_u)}$ 是时间 t 的复函数，在复平面上可用一个以恒定角速度 ω 逆时针方向旋转的相量表示，如图 5.2-3 所示。当 $t = 0$ 时，旋转相量在复平面的位置位于相量 $\dot{U}_{\mathrm{m}}$，它在实轴上的投影为 $U_{\mathrm{m}} \cos\psi_u$，其值正好等于 $u(t)|_{t=0} = U_{\mathrm{m}} \cos(\omega t + \psi_u)|_{t=0} = U_{\mathrm{m}} \cos\psi_u$ 时的值；当 $t = t_1$ 时，旋转相量由初始位置旋转 ωt_1 角度到 $\omega t_1 + \psi_u$ 处，它在实轴上的投影为 $U_{\mathrm{m}} \cos(\omega t_1 + \psi_u)$，其值等于正弦电压在 $t = t_1$ 时刻的值 $u(t)|_{t=t_1} = U_{\mathrm{m}} \cos(\omega t + \psi_u)|_{t=t_1} = U_{\mathrm{m}} \cos(\omega t_1 + \psi_u)$；当时间 t 继续增加时，旋转相量继续逆时针旋转，任意时刻它在实轴上的投影正好是正弦电压 $u(t) = U_{\mathrm{m}} \cos(\omega t + \psi_u)$ 在这一瞬间的值。所以，复平面上的一个旋转相量在实轴上的投影可以完整地表示一个正弦信号。

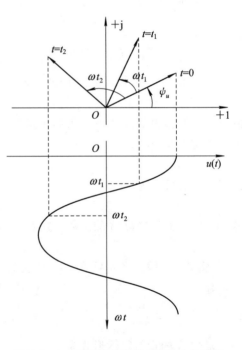

图 5.2-3　旋转相量及其在实轴上的投影

同样地，正弦电流可表示为

$$i(t) = I_{\mathrm{m}} \cos(\omega t + \psi_i) = \mathrm{Re}[I_{\mathrm{m}} \mathrm{e}^{\mathrm{j}(\omega t + \psi_i)}] = \mathrm{Re}[I_{\mathrm{m}} \mathrm{e}^{\mathrm{j}\psi_i} \cdot \mathrm{e}^{\mathrm{j}\omega t}] = \mathrm{Re}[\dot{I}_{\mathrm{m}} \mathrm{e}^{\mathrm{j}\omega t}]$$

式中

$$\dot{I}_{\mathrm{m}} = I_{\mathrm{m}} \mathrm{e}^{\mathrm{j}\psi_i} = I_{\mathrm{m}} \angle \psi_i \qquad \text{（电流振幅相量）} \qquad (5.2-7)$$

这里必须指出，相量只能表征或代表正弦信号，并不等于正弦信号，它们之间是一种对应关系。正弦信号及其相量之间的关系常用如下双箭头表示：

$$u(t) = U_{\mathrm{m}} \cos(\omega t + \psi_u) \leftrightarrow \dot{U}_{\mathrm{m}} = U_{\mathrm{m}} \angle \psi_u \qquad \text{或} \qquad \dot{U} = U \angle \psi_u$$

$$i(t) = I_m \cos(\omega t + \psi_i) \leftrightarrow \dot{I}_m = I_m \angle \psi_i \quad 或 \quad \dot{I} = I \angle \psi_i$$

注意，只有正弦信号才能用相量表示，只有同频率的正弦信号才能画在同一相量图上，不同频率的正弦信号不能画在一个相量图上，否则无法比较和计算。

【例 5.2 - 3】 已知正弦电流 $i_1(t)$ 和 $i_2(t)$ 分别为

$$i_1(t) = 5 \cos(314t + 60°) \text{ A}$$

$$i_2(t) = -10 \sin(314t + 120°) \text{ A}$$

试写出 $i_1(t)$ 和 $i_2(t)$ 对应的振幅相量和有效值相量，并作相量图。

解　用相量表示正弦信号时，该正弦信号必须是 cos 函数形式。将 $i_2(t)$ 化为 cos 函数形式

$$i_2(t) = -10 \sin(314t + 120°) = 10 \cos(314t + 210°) = 10 \cos(314t - 150°) \text{A}$$

于是振幅相量

$$i_1(t) \leftrightarrow \dot{I}_{1m} = 5 \angle 60° \text{ A}$$

$$i_2(t) \leftrightarrow \dot{I}_{2m} = 10 \angle -150° \text{ A}$$

有效值相量

$$\dot{I}_1 = \frac{5}{\sqrt{2}} \angle 60° \text{ A}$$

$$\dot{I}_2 = \frac{10}{\sqrt{2}} \angle -150° \text{ A}$$

振幅相量图如图 5.2 - 4 所示。

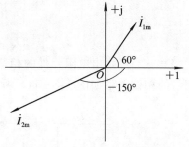

图 5.2 - 4　例 5.2 - 3 用图

【例 5.2 - 4】 试计算 $4 \cos 2t + 3 \sin 2t$。

解　先将同频正弦信号用相应的相量表示，用相量进行运算（即复数运算），最后再将相量的运算结果还原为正弦信号，这样就避开了繁琐的三角函数运算，使运算过程得以大大简化。

将正弦信号化为统一的 cos 函数形式：

$$4 \cos 2t + 3 \sin 2t = 4 \cos 2t + 3 \cos(2t - 90°)$$

写出对应相量，作相量运算：

$$4 \angle 0° + 3 \angle -90° = 4 \cos 0° + j4 \sin 0° + 3 \cos(-90°) + j3 \sin(-90°)$$

$$= 4 - j3 = 5 \angle -36.9°$$

于是，得

$$4 \cos 2t + 3 \sin 2t = 5 \cos(2t - 36.9°)$$

5.3　三种基本电路元件 VAR 的相量形式

前面我们讨论了用相量表示正弦信号，以解决正弦信号繁琐的运算问题。为了利用相量的概念来简化正弦稳态电路的分析，首先要建立三种基本电路元件 R、L、C 的相量模型及 VAR 的相量形式。

1. 电阻元件

图 5.3 - 1(a)所示为电阻元件的时域模型，u_R 和 i_R 取关联参考方向。设通过电阻的正

弦电流

$$i_R(t) = I_{\mathrm{m}} \cos(\omega t + \psi_i)$$

根据欧姆定律，电阻两端的电压

$$u_R(t) = Ri_R(t) = RI_{\mathrm{m}} \cos(\omega t + \psi_i) = U_{\mathrm{m}} \cos(\omega t + \psi_u)$$

上式表明：电阻上的电压 u_R 与电流 i_R 是同频率、同相位的正弦信号。它们的振幅值和相位具有如下关系

$$\begin{cases} U_{\mathrm{m}} = RI_{\mathrm{m}} \\ \psi_u = \psi_i \end{cases} \tag{5.3-1}$$

又因

$$\dot{U}_{\mathrm{m}} = U_{\mathrm{m}} \angle \psi_u = RI_{\mathrm{m}} \angle \psi_i = R\dot{I}_{\mathrm{m}}$$

所以

$$\dot{U}_{\mathrm{m}} = R\dot{I}_{\mathrm{m}} \quad \text{或} \quad \dot{U} = R\dot{I} \tag{5.3-2}$$

由式(5.3-2)可画出电阻元件的相量模型如图 5.3-1(b)所示。电阻元件的电压相量与电流相量的相位关系如图 5.3-1(c)所示。

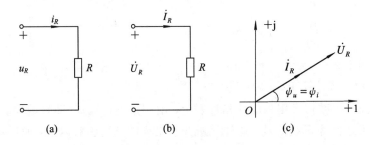

图 5.3-1　电阻元件的时域模型、相量模型及电压和电流的相量图

2. 电感元件

图 5.3-2(a)所示为电感元件的时域模型，u_L 和 i_L 取关联参考方向，有

$$u_L(t) = L \frac{\mathrm{d}i_L}{\mathrm{d}t} \tag{5.3-3}$$

设通过电感的正弦电流为

$$i_L(t) = I_{\mathrm{m}} \cos(\omega t + \psi_i)$$

将其代入式(5.3-3)中，得

$$\begin{aligned} u_L(t) &= L \frac{\mathrm{d}}{\mathrm{d}t} [I_{\mathrm{m}} \cos(\omega t + \psi_i)] \\ &= -\omega L I_{\mathrm{m}} \sin(\omega t + \psi_i) \\ &= \omega L I_{\mathrm{m}} \cos\left(\omega t + \psi_i + \frac{\pi}{2}\right) \\ &= U_{\mathrm{m}} \cos(\omega t + \psi_u) \end{aligned}$$

由上式可见，在正弦稳态电路中，电感元件的电压 $u_L(t)$ 与电流 $i_L(t)$ 是同频率的正弦信号，且电压超前于电流90°，它们的振幅与相位关系是

$$\begin{cases} U_{\mathrm{m}} = \omega L I_{\mathrm{m}} \\ \psi_u = \psi_i + \dfrac{\pi}{2} \end{cases} \tag{5.3-4}$$

又因

$$\dot{U}_{\mathrm{m}} = U_{\mathrm{m}}\angle\psi_u = \omega L I_{\mathrm{m}}\angle\left(\psi_i + \frac{\pi}{2}\right) = \mathrm{j}\omega L I_{\mathrm{m}}\angle\psi_i = \mathrm{j}\omega L \dot{I}_{\mathrm{m}}$$

所以

$$\dot{U}_{\mathrm{m}} = \mathrm{j}\omega L \dot{I}_{\mathrm{m}} \quad \text{或} \quad \dot{U} = \mathrm{j}\omega L \dot{I} \tag{5.3-5}$$

由式(5.3-5)可画出电感元件的相量模型如图 5.3-2(b)所示。电感电压和电流的相量图如图 5.3-2(c)所示。

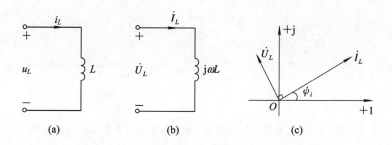

图 5.3-2　电感元件的时域模型、相量模型及电压和电流的相量图

3. 电容元件

图 5.3-3(a)所示为电容元件的时域模型，u_C 和 i_C 取关联参考方向，有

$$i_C(t) = C\frac{\mathrm{d}u_C}{\mathrm{d}t} \tag{5.3-6}$$

设电容两端的正弦电压为

$$u_C(t) = U_{\mathrm{m}}\cos(\omega t + \psi_u)$$

将其代入式 (5.3-6)中，得

$$\begin{aligned} i_C(t) &= C\frac{\mathrm{d}}{\mathrm{d}t}[U_{\mathrm{m}}\cos(\omega t + \psi_u)] \\ &= -\omega C U_{\mathrm{m}}\sin(\omega t + \psi_u) \\ &= \omega C U_{\mathrm{m}}\cos\left(\omega t + \psi_u + \frac{\pi}{2}\right) \\ &= I_{\mathrm{m}}\cos(\omega t + \psi_i) \end{aligned}$$

由上式可见：在正弦稳态电路中，电容元件的电流 $i_C(t)$ 与电压 $u_C(t)$ 是同频率的正弦信号，且电流超前于电压 $90°$，或电压滞后于电流 $90°$。它们的振幅与相位关系是

$$\begin{cases} I_{\mathrm{m}} = \omega C U_{\mathrm{m}} \\ \psi_i = \psi_u + \dfrac{\pi}{2} \end{cases} \tag{5.3-7}$$

又因

$$\dot{I}_\mathrm{m} = I_\mathrm{m}\angle\psi_i = \omega C U_\mathrm{m}\angle\left(\psi_u + \frac{\pi}{2}\right) = \mathrm{j}\omega C U_\mathrm{m}\angle\psi_u = \mathrm{j}\omega C \dot{U}_\mathrm{m}$$

所以

$$\dot{I}_\mathrm{m} = \mathrm{j}\omega C \dot{U}_\mathrm{m}$$

一般将上式写为

$$\dot{U}_\mathrm{m} = \frac{1}{\mathrm{j}\omega C}\dot{I}_\mathrm{m} \quad 或 \quad \dot{U} = \frac{1}{\mathrm{j}\omega C}\dot{I} \tag{5.3-8}$$

由式(5.3-8)可画出电容元件的相量模型如图 5.3-3(b)所示。电容电压和电流的相量图如图 5.3-3(c)所示。

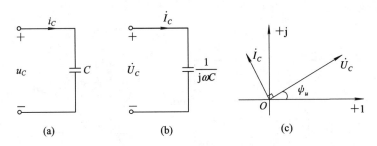

图 5.3-3　电容元件的时域模型、相量模型及电压和电流的相量图

5.4　基尔霍夫定律的相量形式和电路的相量模型

5.4.1　基尔霍夫定律的相量形式

基尔霍夫定律指出：对于集总参数电路中的任一节点，在任意时刻，流出或流入该节点的所有支路电流的代数和恒等于零。KCL 的时域表达式为

$$\sum i(t) = 0$$

在正弦稳态电路中，所有的激励和响应都是同一频率的正弦信号，设

$$i(t) = I_\mathrm{m}\cos(\omega t + \psi)$$

则

$$\sum i(t) = \sum\left[I_\mathrm{m}\cos(\omega t + \psi)\right] = \sum\left\{\mathrm{Re}\left[I_\mathrm{m}\mathrm{e}^{\mathrm{j}(\omega t + \psi)}\right]\right\} = \sum\left\{\mathrm{Re}\left[\dot{I}_\mathrm{m}\mathrm{e}^{\mathrm{j}\omega t}\right]\right\} = 0$$

要使上式对任意时间 t 都成立(等于零)，必有

$$\sum\dot{I}_\mathrm{m} = 0 \quad 或 \quad \sum\dot{I} = 0 \tag{5.4-1}$$

式(5.4-1)就是基尔霍夫电流定律 KCL 的相量形式。它表明：在正弦稳态电路中，对任一节点而言，流出或流入该节点的所有支路电流相量的代数和恒等于零。

同理可得，基尔霍夫电压定律 KVL 的相量形式为

$$\sum\dot{U}_\mathrm{m} = 0 \quad 或 \quad \sum\dot{U} = 0 \tag{5.4-2}$$

式(5.4-2)表明：在正弦稳态电路中，对任一回路而言，沿选定的该回路的回路参考方向，各支路电压降相量的代数和恒等于零。

5.4.2　电路的相量模型

前面我们讨论了正弦信号的相量表示，三种基本电路元件 R、L、C 的电压相量与电流相量的关系，以及基尔霍夫定律的相量形式，它们是建立电路相量模型和列写电路相量方程的基本依据。下面以一个简单例子来说明电路相量模型的建立。

图 5.4-1(a)所示为一正弦稳态电路，电压 $u_s(t) = \sqrt{2} U_s \cos(\omega t + \psi_u)$ V，根据正弦信号的相量表示以及基本电路元件的相量模型，可画出该正弦稳态电路的相量模型如图(b)所示。具体的做法是：将时域模型中的各正弦量用它们对应的相量表示，将各基本电路元件都用它们的相量模型替代。

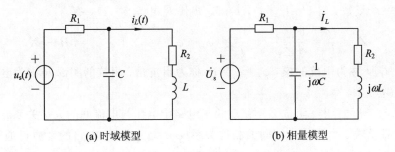

(a) 时域模型	(b) 相量模型

图 5.4-1　电路的时域模型和相量模型

电路的相量模型只适用于激励为同频率的正弦信号且已处于稳态的电路，即相量模型只能用于正弦稳态电路的分析。

【例 5.4-1】 已知正弦稳态电路的时域模型如图 5.4-2(a)所示，试画出其相量模型。

解 将时域模型中的正弦量 $i_s(t)$、$i_1(t)$、$u_C(t)$ 用它们对应的相量 $\dot{I}_s$、$\dot{I}_1$、$\dot{U}_C$ 表示，基本电路元件 R、L、C 用它们的相量模型代替，得图 5.4-2(b)所示的电路的相量模型。

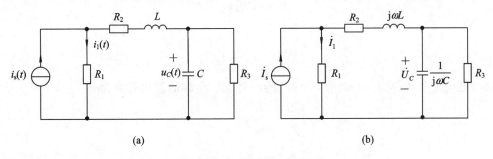

(a)	(b)

图 5.4-2　例 5.4-1 用图

5.5　阻 抗 与 导 纳

若要把前面熟悉的电阻电路的分析方法有效地运用到正弦稳态电路的分析中，需引入两个新的概念，即正弦稳态电路的阻抗和导纳。

5.5.1　阻抗

图 5.5-1(a)所示为无源二端正弦稳态电路，设端口电压相量 $\dot{U} = U \angle \psi_u$，端口电流相量 $\dot{I} = I \angle \psi_i$，且取关联参考方向。

在正弦稳态时，定义无源二端电路端口电压相量与电流相量的比值为该无源二端电路的阻抗，记为 Z，即

$$Z = \frac{\dot{U}}{\dot{I}} \quad 或 \quad Z = \frac{\dot{U}_{\mathrm{m}}}{\dot{I}_{\mathrm{m}}} \qquad (5.5-1)$$

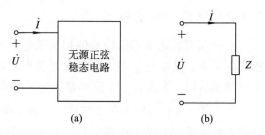

图 5.5 - 1　无源二端正弦稳态电路及其阻抗

其等效电路模型如图 5.5 - 1(b)所示。阻抗的单位是欧姆(Ω)。式(5.5 - 1)亦可写为

$$\dot{U} = Z\dot{I} \quad 或 \quad \dot{U}_{\mathrm{m}} = Z\dot{I}_{\mathrm{m}} \qquad (5.5-2)$$

式(5.5 - 2)与电阻电路中的欧姆定律在形式上相似，常称为欧姆定律的相量形式。

阻抗是一个复数，将 $\dot{U}=U\angle\psi_u$，$\dot{I}=I\angle\psi_i$ 代入式(5.5 - 1)，有

$$Z = \frac{\dot{U}}{\dot{I}} = \frac{U\angle\psi_u}{I\angle\psi_i} = \frac{U}{I}\angle(\psi_u - \psi_i) = |Z|\angle\varphi_Z = R + \mathrm{j}X \qquad (5.5-3)$$

式中，$|Z|=U/I$ 称为阻抗的模，$\varphi_Z=\psi_u-\psi_i$ 称为阻抗角，阻抗的实部 R 称为电阻，阻抗的虚部 X 称为电抗。

由式(5.5 - 3)可看出，阻抗 Z 不仅反映了电路中电压与电流间的大小关系($|Z|=U/I=U_{\mathrm{m}}/I_{\mathrm{m}}$)，而且反映了电压与电流间的相位关系($\varphi_Z=\psi_u-\psi_i$)。电路的性质可通过阻抗角反映出来：

若 $\varphi_Z=0$，表明电压相量与电流相量同相，电路呈电阻性；

若 $\varphi_Z>0$，表明电压相量超前于电流相量，电路呈感性；

若 $\varphi_Z<0$，表明电压相量滞后于电流相量，电路呈容性。

在 5.4 节中我们讨论了三个基本电路元件 VAR 的相量形式，在关联参考方向下，它们是

$$\dot{U}_R = R\dot{I}_R$$
$$\dot{U}_L = \mathrm{j}\omega L\dot{I}_L$$
$$\dot{U}_C = \frac{1}{\mathrm{j}\omega C}\dot{I}_C$$

将其与阻抗定义式(5.5 - 2)对照，可得电阻、电感、电容的阻抗分别为

$$\begin{cases} Z_R = R \\ Z_L = \mathrm{j}\omega L = \mathrm{j}X_L \\ Z_C = \dfrac{1}{\mathrm{j}\omega C} = -\mathrm{j}X_C \end{cases} \qquad (5.5-4)$$

式中，$X_L=\omega L$ 称为感抗，$X_C=\dfrac{1}{\omega C}$ 称为容抗。

5.5.2　导纳

仍以图 5.5 - 1(a)所示的无源二端正弦稳态电路为例。

在正弦稳态时，定义无源二端电路端口的电流相量与电压相量之比为该无源二端电路的导纳，记为 Y，即

$$Y = \frac{\dot{I}}{\dot{U}} \quad 或 \quad Y = \frac{\dot{I}_{\mathrm{m}}}{\dot{U}_{\mathrm{m}}} \qquad (5.5-5)$$

显然，导纳等于阻抗的倒数，导纳的单位为西门子(S)。式(5.5－5)也可写为

$$\dot{I} = Y\dot{U} \quad 或 \quad \dot{I}_m = Y\dot{U}_m \tag{5.5-6}$$

式(5.5－6)也称为欧姆定律的相量形式。

导纳也是一个复数，将 $\dot{U} = U\angle\psi_u$，$\dot{I} = I\angle\psi_i$ 代入式(5.5－5)，有

$$Y = \frac{\dot{I}}{\dot{U}} = \frac{I\angle\psi_i}{U\angle\psi_u} = \frac{I}{U}\angle(\psi_i - \psi_u) = |Y|\angle\varphi_Y = G + jB \tag{5.5-7}$$

式中，$|Y| = \dfrac{I}{U}$ 称为导纳的模；$\varphi_Y = \psi_i - \psi_u$ 称为导纳角；导纳的实部 G 称为电导；导纳的虚部 B 称为电纳。

同样，电路的性质也可通过导纳角反映出来。

由三个基本电路元件电阻、电感和电容的 VAR 的相量形式，可得它们的导纳分别为

$$\begin{cases} Y_R = \dfrac{1}{R} = G \\[2mm] Y_L = \dfrac{1}{j\omega L} = -j\dfrac{1}{\omega L} = -jB_L \\[2mm] Y_C = j\omega C = jB_C \end{cases} \tag{5.5-8}$$

式中，$B_L = \dfrac{1}{\omega L}$ 称为感纳，$B_C = \omega C$ 称为容纳。

在运用阻抗和导纳这一概念时，需要注意，虽然 $Y = \dfrac{1}{Z}$，但导纳的实部 $G \neq \dfrac{1}{R}$（阻抗实部的倒数），导纳的虚部 $B \neq \dfrac{1}{X}$（阻抗虚部的倒数），因为

$$Y = \frac{1}{Z} = \frac{1}{R + jX} = \frac{R - jX}{R^2 + X^2} = \frac{R}{R^2 + X^2} - j\frac{X}{R^2 + X^2} = G + jB$$

另外，阻抗和导纳均与正弦激励信号的频率有关，若正弦激励信号的频率改变，则阻抗与导纳也随之改变。

5.5.3　无源单口正弦稳态电路的等效阻抗与导纳计算

由前面几节的讨论可看出，正弦稳态电路的分析方法与电阻电路完全相同，其差别仅在于将电阻电路中的电压和电流用正弦稳态电路中的电压相量和电流相量代之，将电阻和电导改为阻抗和导纳。根据这一对换关系，不难导出正弦稳态电路中阻抗、导纳的串并联计算式。

1. 阻抗串联

设有 n 个阻抗串联，如图 5.5－2(a)所示，它可等效为图 5.5－2(b)，其等效阻抗为

$$Z_{eq} = Z_1 + Z_2 + \cdots + Z_n = \sum_{k=1}^{n} Z_k \tag{5.5-9}$$

式(5.5－9)表明，阻抗串联的等效阻抗等于各串联阻抗之和。因此，凡是串联的元件，用阻抗来表征较为方便。

分压公式为

$$\dot{U}_k = \frac{Z_k}{Z_{eq}}\dot{U} \tag{5.5-10}$$

式(5.5－10)表明，阻抗串联分压与阻抗成正比。

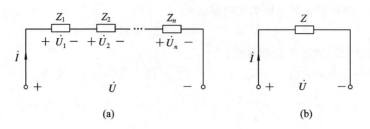

图 5.5-2　阻抗的串联及等效

2. 导纳并联

设有 n 个导纳并联，如图 5.5-3(a)所示，它可等效为图(b)，其等效导纳为

$$Y_{eq} = Y_1 + Y_2 + \cdots + Y_n = \sum_{k=1}^{n} Y_k \qquad (5.5-11)$$

式(5.5-11)表明：导纳并联的等效导纳等于各并联导纳之和。因此，凡是并联的元件，用导纳来表征较为方便。

分流公式为

$$\dot{I}_k = \frac{Y_k}{Y_{eq}}\dot{I} \qquad (5.5-12)$$

式(5.5-12)表明：导纳并联分流与导纳成正比。

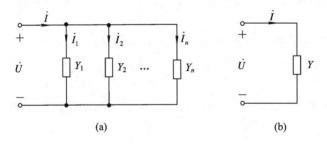

图 5.5-3　导纳的并联及等效

在两个阻抗并联时，如图 5.5-4 所示，由式(5.5-11)和式(5.5-12)不难得出端口的等效阻抗为

$$Z_{eq} = \frac{Z_1 Z_2}{Z_1 + Z_2} \qquad (5.5-13)$$

分流公式为

$$\begin{cases} \dot{I}_1 = \dfrac{Z_2}{Z_1 + Z_2}\dot{I} \\[2mm] \dot{I}_2 = \dfrac{Z_1}{Z_1 + Z_2}\dot{I} \end{cases} \qquad (5.5-14)$$

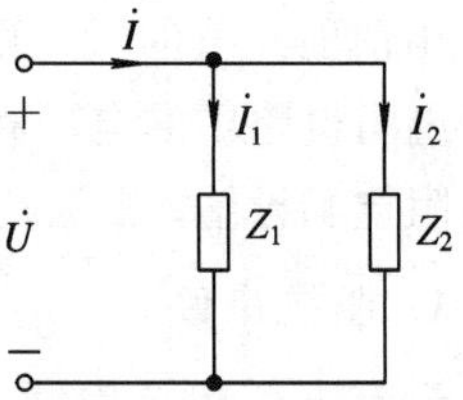

图 5.5-4　两个阻抗并联

3. 无源单口正弦稳态混联电路的等效化简

前面我们阐述了阻抗串联和导纳并联电路的等效化简，对于无源单口正弦稳态混联电路的等效化简，可仿照电阻混联电路的处理方法。下面举例说明。

【例 5.5-1】　正弦稳态电路如图 5.5-5(a)所示，已知 $\omega = 3$ rad/s，求 ab 端口的输入阻抗，并指出电压与电流的相位关系。

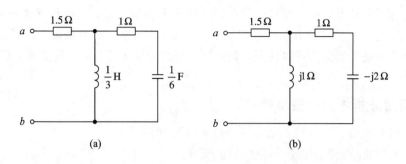

图 5.5 - 5 例 5.5 - 1 用图

解　首先作出其相量模型，如图 5.5 - 5(b) 所示。仿照电阻混联电路的处理方法，可得 ab 端口的输入阻抗为

$$Z_{ab} = 1.5 + \mathrm{j}1 \mathbin{/\mkern-5mu/} (1 - \mathrm{j}2)$$

$$= 1.5 + \frac{\mathrm{j}1(1 - \mathrm{j}2)}{\mathrm{j}1 + 1 - \mathrm{j}2} = 1.5 + \frac{2 + \mathrm{j}1}{1 - \mathrm{j}1}$$

$$= 1.5 + \frac{(2 + \mathrm{j}1)(1 + \mathrm{j}1)}{(1 - \mathrm{j}1)(1 + \mathrm{j}1)} = 1.5 + \frac{1 + \mathrm{j}3}{2}$$

$$= 2 + \mathrm{j}1.5 = 2.5\angle 36.9° \ \Omega$$

由阻抗角 $\varphi_Z = 36.9° > 0$ 可知，端口电压超前于电流 $36.9°$。

【例 5.5 - 2】　正弦稳态电路的相量模型如图 5.5 - 6 所示，求 ab 端的输入阻抗。

解　这是一个含受控源的无源单口电路。根据电阻电路部分的处理方法，用外加激励法求该单口电路的输入阻抗。在端口施加一源电压 $\dot{U}$，产生端口电流 $\dot{I}$，列写出端口的 VAR 式。沿端口所在回路列 KVL 方程

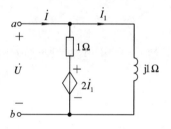

$$\dot{U} = 1 \times (\dot{I} - \dot{I}_1) + 2\dot{I}_1 \qquad (1)$$

$$\dot{U} = \mathrm{j}1\dot{I}_1 \qquad (2)$$

结合式 (1)、(2)，有

$$\dot{I} + \dot{I}_1 = \mathrm{j}1\dot{I}_1 \ \rightarrow \ \dot{I}_1 = \frac{1}{-1 + \mathrm{j}1}\dot{I}$$

图 5.5 - 6 例 5.5 - 2 用图

将上式代入式 (2) 中，得

$$\dot{U} = \mathrm{j}1 \times \frac{1}{-1 + \mathrm{j}1}\dot{I} = \left(\frac{1}{2} - \mathrm{j}\,\frac{1}{2}\right)\dot{I}$$

于是 ab 端口的输入阻抗

$$Z_{ab} = \frac{\dot{U}}{\dot{I}} = \frac{1}{2} - \mathrm{j}\,\frac{1}{2} = 0.5\sqrt{2}\angle -45° \ \Omega$$

5.6　正弦稳态电路的相量法分析

前面我们讨论了正弦稳态电路中三种基本电路元件的相量模型和 VAR 的相量形式，基尔霍夫定律的相量形式，以及阻抗和导纳的串并联等效、分压、分流等，这些定律和公式在形式上与电阻电路中的完全相同，其差别仅在于把电阻电路中的电压和电流分别用电

压相量和电流相量代替，把电阻和电导分别用阻抗和导纳代替。因此根据这一对换关系，分析电阻电路的一些公式和方法均可用于正弦稳态电路分析。也就是说，利用电路的相量模型，正弦稳态电路的分析可以仿照电阻电路的处理方法来进行，这就是正弦稳态电路的相量分析法。

5.6.1　相量分析法的一般步骤

用相量分析法分析正弦稳态电路的步骤可归纳如下：

（1）由电路的时域模型画出对应的相量模型。

（2）仿照电阻电路的分析方法建立相量形式的电路方程，求出响应相量。

（3）将求得的响应相量变换成对应的时域瞬时值表达式。

下面举例说明相量分析法的应用。

【例 5.6 - 1】　正弦稳态电路如图 5.6 - 1(a)所示，已知激励 $u_s(t) = 10\sqrt{2}\cos 2t$ V，求电流 $i(t)$。

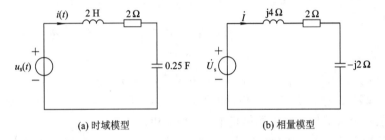

(a) 时域模型　　　　　　　(b) 相量模型

图 5.6 - 1　例 5.6 - 1 用图

解　（1）由电路的时域模型画出电路的相量模型，如图 5.6 - 1(b)所示。图(b)中：

$$\dot{U}_s = 10\angle 0° \text{ V}$$

$$j\omega L = j \times 2 \times 2 = j4 \ \Omega$$

$$\frac{1}{j\omega C} = \frac{1}{j \times 2 \times 0.25} = -j2 \ \Omega$$

（2）仿照电阻电路的分析方法建立相量形式的电路方程并求解。由图(b)可知

$$\dot{I} = \frac{\dot{U}_s}{j4 + 2 - j2} = \frac{10\angle 0°}{2 + j2} = 2.5\sqrt{2}\angle -45° \text{ A}$$

（3）写出电流相量 $\dot{I}$ 对应的时域瞬时值表达式：

$$i(t) = 2.5\sqrt{2} \times \sqrt{2}\cos(2t - 45°) = 5\cos(2t - 45°) \text{ A}$$

【例 5.6 - 2】　已知正弦稳态电路的相量模型如图 5.6 - 2 所示，$\dot{I}_s = 30\angle 45°$ A，求支路电流 $\dot{I}_1$ 和 $\dot{I}_2$。

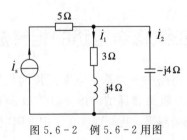

图 5.6 - 2　例 5.6 - 2 用图

解　由阻抗分流公式(5.5-14)，得

$$\dot{I}_1 = \frac{-j4}{3+j4-j4}\dot{I}_s = \frac{-j4}{3} \times 30\angle 45° = 40\angle -45° \text{ A}$$

$$\dot{I}_2 = \frac{3+j4}{3+j4-j4}\dot{I}_s = \frac{3+j4}{3} \times 30\angle 45° = 5\angle 53.1° \times 10\angle 45° = 50\angle 98.1° \text{ A}$$

或由 KCL 相量形式，可求得 $\dot{I}_2$ 为

$$\dot{I}_2 = \dot{I}_s - \dot{I}_1 = 30\angle 45° - 40\angle -45° = 50\angle 98.1° \text{ A}$$

5.6.2　电路的基本分析法和电路定理在正弦稳态电路中的应用

前面已提及，利用电路的相量模型，正弦稳态电路的分析可以仿照电阻电路的处理方法来进行。也就是说，可用电阻电路的分析方法来分析正弦稳态电路。下面举例说明如何应用节点分析法、回路分析法以及戴维南定理来分析正弦稳态电路。

1. 节点分析法和回路分析法用于正弦稳态电路的分析

在第 3 章我们已阐述了节点方程和回路方程的一般形式，以及列写节点方程和回路方程的方法。对于正弦稳态电路，根据其与电阻电路的对换关系，可写出分析正弦稳态电路的节点方程和回路方程的相量形式。对于具有 3 个独立节点和 3 个独立回路(网孔)的正弦稳态电路，可得到相量形式的节点方程和回路方程为

$$\begin{cases} Y_{11}\dot{U}_1 + Y_{12}\dot{U}_2 + Y_{13}\dot{U}_3 = \dot{I}_{s11} \\ Y_{21}\dot{U}_1 + Y_{22}\dot{U}_2 + Y_{23}\dot{U}_3 = \dot{I}_{s22} \\ Y_{31}\dot{U}_1 + Y_{32}\dot{U}_2 + Y_{33}\dot{U}_3 = \dot{I}_{s33} \end{cases} \qquad (5.6-1)$$

$$\begin{cases} Z_{11}\dot{I}_A + Z_{12}\dot{I}_B + Z_{13}\dot{I}_C = \dot{U}_{s11} \\ Z_{21}\dot{I}_A + Z_{22}\dot{I}_B + Z_{23}\dot{I}_C = \dot{U}_{s22} \\ Z_{31}\dot{I}_A + Z_{32}\dot{I}_B + Z_{33}\dot{I}_C = \dot{U}_{s33} \end{cases} \qquad (5.6-2)$$

式中，各符号的含义与电阻电路节点方程和回路方程中的一样，这里不再赘述。下面举例说明这两种分析方法在正弦稳态电路分析中的应用。

【例 5.6-3】　正弦稳态电路如图 5.6-3(a)所示，已知 $i_s(t) = 10\sqrt{2}\cos 2t$ A，$u_s(t) = -20\sqrt{2}\sin 2t$ V，试用节点分析法求电流 $i(t)$。

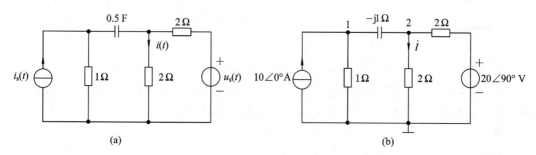

图 5.6-3　例 5.6-3 用图

解　作电路的相量模型如图 5.6-3(b)所示。本题电路有 3 个节点，选其中一个节点作为参考节点，其余两个节点为独立节点，标示于图(b)中。由式(5.6-1)列节点方程如下：

节点 1：　　$\left(\dfrac{1}{1}+\dfrac{1}{-\mathrm{j}1}\right)\dot{U}_1-\dfrac{1}{-\mathrm{j}1}\dot{U}_2=10\angle 0°$

节点 2：　　$-\dfrac{1}{-\mathrm{j}1}\dot{U}_1+\left(\dfrac{1}{2}+\dfrac{1}{2}+\dfrac{1}{-\mathrm{j}1}\right)\dot{U}_2=10\angle 90°$

整理得

$$(1+\mathrm{j}1)\dot{U}_1-\mathrm{j}1\dot{U}_2=10$$
$$-\mathrm{j}1\dot{U}_1+(1+\mathrm{j}1)\dot{U}_2=\mathrm{j}10$$

用行列式解上方程组，得

$$\dot{U}_1=\frac{\begin{vmatrix}10 & -\mathrm{j}1\\ \mathrm{j}10 & 1+\mathrm{j}1\end{vmatrix}}{\begin{vmatrix}1+\mathrm{j}1 & -\mathrm{j}1\\ -\mathrm{j}1 & 1+\mathrm{j}1\end{vmatrix}}=\frac{\mathrm{j}10}{1+\mathrm{j}2}=2\sqrt{5}\angle 26.57°\ \mathrm{V}$$

$$\dot{U}_2=\frac{\begin{vmatrix}1+\mathrm{j}1 & 10\\ -\mathrm{j}1 & \mathrm{j}10\end{vmatrix}}{\begin{vmatrix}1+\mathrm{j}1 & -\mathrm{j}1\\ -\mathrm{j}1 & 1+\mathrm{j}1\end{vmatrix}}=\frac{-10+\mathrm{j}20}{1+\mathrm{j}2}=10\angle 53.13°\ \mathrm{V}$$

则电流

$$\dot{I}=\frac{\dot{U}_2}{2}=5\angle 53.13°\ \mathrm{A}$$

其时域瞬时值表达式为

$$i(t)=5\sqrt{2}\cos(2t+53.13°)\ \mathrm{A}$$

【例 5.6 - 4】　图 5.6 - 4(a)所示的正弦稳态电路中，已知 $u_{\mathrm{s}1}(t)=10\sqrt{2}\cos 10^3 t\ \mathrm{V}$，$U_{\mathrm{s}2}(t)=10\sqrt{2}\sin 10^3 t\ \mathrm{V}$，求电流 $i(t)$。

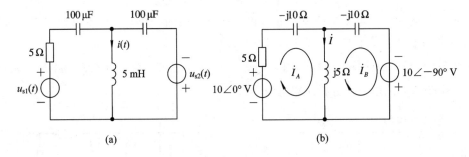

图 5.6 - 4　例 5.6 - 4 用图

解　作电路的相量模型如图 5.6 - 4(b)所示。本题电路有两个网孔，选网孔为独立回路，网孔电流方向示于图(b)中。由式(5.6 - 2)列回路方程如下：

回路 $\dot{I}_A$：　　　　$(5-\mathrm{j}10+\mathrm{j}5)\dot{I}_A-\mathrm{j}5\dot{I}_B=10\angle 0°$

回路 $\dot{I}_B$：　　　　$-\mathrm{j}5\dot{I}_A+(-\mathrm{j}10+\mathrm{j}5)\dot{I}_B=10\angle -90°$

整理得

$$(1-\mathrm{j}1)\dot{I}_A-\mathrm{j}1\dot{I}_B=2$$
$$-\mathrm{j}1\dot{I}_A-\mathrm{j}1\dot{I}_B=-\mathrm{j}2$$

解上方程组，得

$$\dot{I}_A = 2 + j2 \ \text{A}$$

$$\dot{I}_B = -j2 \ \text{A}$$

由图(b)可知

$$\dot{I} = \dot{I}_A - \dot{I}_B = 2 + j2 - (-j2) = 2 + j4 = 2\sqrt{5}\angle 63.43° \ \text{A}$$

于是得电流

$$i(t) = 2\sqrt{5} \times \sqrt{2}\cos(10^3 t + 63.43°) = 2\sqrt{10}\cos(10^3 t + 63.43°) \ \text{A}$$

2. 电路定理用于正弦稳态电路的分析

在电阻电路部分曾讲过，一个线性含源单口电路 N，就其端口来看，可等效为一个理想电压源串联电阻支路(或理想电流源并联电阻组合)，即戴维南等效电路(或诺顿等效电路)。类似地，在正弦稳态电路中，也可将一个线性含源单口电路 N 的相量模型等效为戴维南等效电路(或诺顿等效电路)相量模型，如图 5.6 - 5 所示。

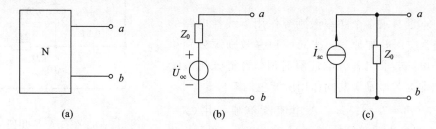

图 5.6 - 5　线性含源单口电路等效相量模型

【例 5.6 - 5】 已知正弦稳态电路如图 5.6 - 6 所示，求电流 $\dot{I}$。

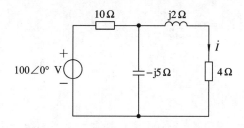

图 5.6 - 6　例 5.6 - 5用图(一)

解　将待求电流支路移去，求余下含源单口电路的戴维南等效电路。

(1) 求端口开路电压 $\dot{U}_{oc}$。作对应电路如图 5.6 - 7(a)所示。

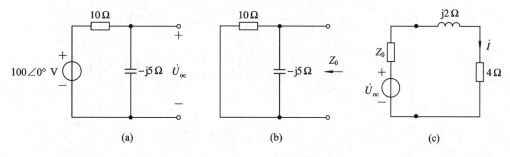

图 5.6 - 7　例 5.6 - 5用图(二)

由阻抗分压公式得

$$\dot{U}_{oc} = \frac{-j5}{10-j5} \times 100\angle 0° = \frac{-j}{2-j1} \times 100 = 20(1-j2)\ V$$

（2）求等效阻抗 Z_0。作对应电路如图 5.6-7(b) 所示，则

$$Z_0 = 10 /\!/ (-j5) = \frac{10 \times (-j5)}{10-j5} = 2-j4\ \Omega$$

（3）作含源单口电路的戴维南等效电路，接入待求支路，如图 5.6-7(c) 所示。由 KVL 得

$$\dot{I} = \frac{\dot{U}_{oc}}{Z_0+j2+4} = \frac{20(1-j2)}{(2-j4)+j2+4} = \frac{10(1-j2)}{3-j1} = 5-j5 = 5\sqrt{2}\angle -45°\ A$$

【例 5.6-6】 正弦稳态电路如图 5.6-8 所示，已知 $i_s(t) = 5\sqrt{2}\cos 5t\ A$，$u_s(t) = 5\sqrt{2}\cos 10t\ V$，求电流 $i_R(t)$。

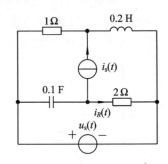

图 5.6-8　例 5.6-6 用图（一）

解　本题是求多个频率激励源作用下线性电路的稳态响应。应用叠加原理，按同一频率激励源分别单独作用于电路，求出各分响应瞬时值，再将分响应瞬时值叠加即为各激励源共同作用所产生的响应。

（1）$i_s(t) = 5\sqrt{2}\cos 5t\ A$ 电流源单独作用（$\omega = 5\ rad/s$），对应电路相量模型如图 5.6-9(a) 所示，此时 $u_s(t) = 0$，视作短路。

由阻抗分流公式知

$$\dot{I}'_R = -\frac{-j2}{-j2+2} \times \dot{I}_s = \frac{-j}{1-j1} \times 5\angle 0°$$

$$= \frac{5(1-j1)}{2} = \frac{5\sqrt{2}}{2}\angle -45°\ A$$

所以

$$i'_R(t) = \frac{5\sqrt{2}}{2} \times \sqrt{2}\cos(5t-45°) = 5\cos(5t-45°)\ A$$

（2）$u_s(t) = 5\sqrt{2}\cos 10t\ V$ 电压源单独作用（$\omega = 10\ rad/s$），对应电路相量模型如图 5.6-9(b) 所示，此时 $i_s(t) = 0$，视做开路。

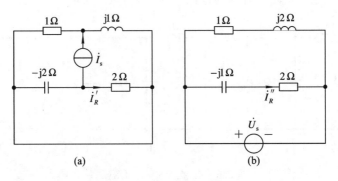

(a)　　　　　　　　　(b)

图 5.6-9　例 5.6-6 用图（二）

由欧姆定律的相量形式，得

$$\dot{I}_R'' = \frac{\dot{U}_s}{2 - j1} = \frac{5\angle 0°}{2 - j1} = \sqrt{5}\angle 26.6° \text{ A}$$

所以

$$i_R''(t) = \sqrt{5} \times \sqrt{2}\cos(10t + 26.6°) = 2.24\sqrt{2}\cos(10t + 26.6°) \text{ A}$$

根据叠加定理，得图 5.6 - 8 所示电路的正弦稳态响应为

$$i_R(t) = i_R'(t) + i_R''(t) = 5\cos(5t - 45°) + 2.24\sqrt{2}\cos(10t + 26.6°) \text{ A}$$

通过此例需要说明的是，叠加定理运用于正弦稳态电路时，叠加的含义是各频率激励源单独作用时所产生的分响应瞬时值的叠加，不是分响应相量的叠加，因为不同频率的相量是不能叠加的。

5.6.3　正弦稳态电路的相量图分析

相量图可以清晰地反映正弦稳态电路中各电压和电流间的大小和相位关系。因此，在分析正弦稳态电路时，采用相量图，往往会给问题的分析带来方便。相量图分析是在作出电路相量模型后，依据电路中电压相量和电流相量的关系，绘相量图，然后利用两类约束关系(KCL、KVL 及元件 VAR)和相量图的几何关系求解响应相量。

在绘相量图时，通常需选参考相量。所谓参考相量，是假定该相量的初相位为零。参考相量一般是这样选取的：对于串联电路，因流经各元件的电流是同一电流，故常选电流相量为参考相量；对于并联电路，因各并联支路的端电压是同一电压，故常选电压相量为参考相量。下面举例说明如何运用相量图分析正弦稳态电路。

【例 5.6 - 7】　RC 并联正弦稳态电路如图 5.6 - 10(a)所示，已知 $I = 2.5$ A，$I_2 = 2$ A。

(1) 求电流 I_1；

(2) 若电压 $u(t) = 20\cos 10^5 t$ V，求电容 C 的值。

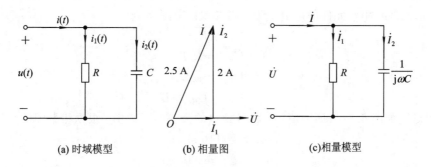

(a) 时域模型　　　(b) 相量图　　　(c) 相量模型

图 5.6 - 10　例 5.6 - 7 用图

解　(1) 本题为并联电路，选并联支路的端电压 $\dot{U}$ 为参考相量，即 $\dot{U} = U\angle 0°$ V。由 KCL 知

$$\dot{I} = \dot{I}_1 + \dot{I}_2$$

结合电阻元件和电容元件 VAR 的相量形式，绘相量图如图 5.6 - 10(b)所示。由图(b)的几何关系，得

$$I_1 = \sqrt{I^2 - I_2^2} = \sqrt{2.5^2 - 2^2} = 1.5 \text{ A}$$

（2）若电压 $u(t)=20\cos10^5 t$ V，此时 $\omega=10^5$ rad/s，作电路相量模型如图 5.6-10(c) 所示。因

$$u(t)=20\cos10^5 t \text{ V} \leftrightarrow \dot{U}=\frac{20}{\sqrt{2}}\angle0°=10\sqrt{2}\angle0° \text{ V}$$

由图(c)知

$$\dot{U}=\frac{1}{\mathrm{j}\omega C}\dot{I}_2$$

即

$$U=\frac{1}{\omega C}I_2$$

将 U 和 I_2 值代入上式，得

$$C=\frac{I_2}{\omega U}=\frac{2}{10^5\times10\sqrt{2}}=\sqrt{2}=1.414 \ \mu\text{F}$$

【**例 5.6-8**】　正弦稳态电路相量模型如图 5.6-11(a)所示，是一个测量电感线圈电感和电阻的电路。已知 $R_1=50$ Ω，用电压表测得电压 $U=110$ V，$U_1=60$ V，$U_2=70$ V，电路的工作频率 $f=50$ Hz，求电感线圈的电感 L_x 和电阻 R_x。

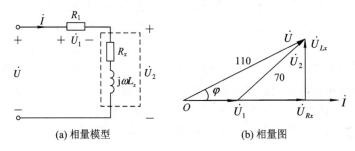

(a) 相量模型　　　　　　(b) 相量图

图 5.6-11　例 5.6-8 用图

解　正弦稳态电路中，电压表（或电流表）所测得的值（读数）一般是有效值。本题为串联电路，选流经各串联元件的电流 $\dot{I}$ 为参考相量。由图(a)知

$$\dot{U}_1=R_1\dot{I}$$
$$\dot{U}_{Rx}=R_x\dot{I}$$
$$\dot{U}_{Lx}=\mathrm{j}\omega L_x\dot{I}$$
$$\dot{U}_2=\dot{U}_{Rx}+\dot{U}_{Lx}$$

于是绘相量图如图 5.6-11(b)所示，将各相量的大小标于图中。根据相量图的几何关系有

$$\begin{cases}\omega L_x I=110\sin\varphi \\ 60+R_x I=110\cos\varphi\end{cases} \tag{1}$$

因

$$U_1=R_1 I \rightarrow I=\frac{U_1}{R_1}=\frac{60}{50}=1.2 \text{ A}$$

又由余弦定理有

$$\cos\varphi=\frac{U^2+U_1^2-U_2^2}{2UU_1}=\frac{110^2+60^2-70^2}{2\times110\times60}=0.818$$

由三角公式得

$$\sin\varphi=\sqrt{1-\cos\varphi^2}=\sqrt{1-0.818^2}=0.575$$

现将 I、$\cos\varphi$ 和 $\sin\varphi$ 值代入式(1)中，得

$$L_x = \frac{110\sin\varphi}{\omega I} = \frac{110 \times 0.575}{2\pi \times 50 \times 1.2} = 0.168 \text{ H} \quad (\omega = 2\pi f)$$

$$R_x = \frac{110\cos\varphi - 60}{I} = \frac{110 \times 0.818 - 60}{1.2} = 25 \text{ }\Omega$$

5.7　正弦稳态电路的功率

前面直流电路部分已介绍了电阻电路的功率，在电压、电流参考方向关联的条件下，一段电路在任一时刻 t 吸收的功率等于该时刻这段电路的端电压与端电流的乘积。但在正弦稳态电路中，由于包含电感、电容储能元件，因此正弦稳态电路中功率和能量的计算比电阻电路的计算复杂，需要引入一些新的概念。本节重点讨论单口电路的平均功率和功率因数，并简要介绍瞬时功率、视在功率、无功功率、复功率等概念。

最大功率传递是电子技术中的一个重要问题，本节也将进行讨论。

5.7.1　单口网络的功率

正弦稳态单口网络 N 如图 5.7-1 所示，设端口电压 $u(t)$ 和端口电流 $i(t)$ 取关联参考方向，其表达式分别为

$$u(t) = U_m\cos(\omega t + \psi_u)$$

$$i(t) = I_m\cos(\omega t + \psi_i)$$

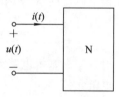

图 5.7-1　单口网络

1. 单口网络 N 的瞬时功率

$$p(t) = u(t)i(t) = U_m I_m\cos(\omega t + \psi_u)\cos(\omega t + \psi_i)$$

根据三角公式

$$\cos\alpha\cos\beta = \frac{1}{2}[\cos(\alpha - \beta) + \cos(\alpha + \beta)]$$

$p(t)$ 可写为

$$p(t) = \frac{U_m I_m}{2}[\cos(\psi_u - \psi_i) + \cos(2\omega t + \psi_u + \psi_i)]$$

$$= UI\cos\varphi + UI\cos(2\omega t + \psi_u + \psi_i) \tag{5.7-1}$$

式中，$\varphi = \psi_u - \psi_i$。电压 $u(t)$、电流 $i(t)$ 和瞬时功率 $p(t)$ 的波形如图 5.7-2 所示。

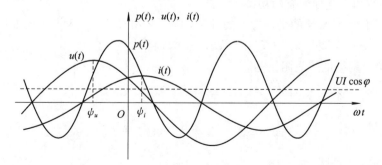

图 5.7-2　单口网络的瞬时功率波形

从波形图中可以看出：在 $u > 0$，$i > 0$ 或 $u < 0$，$i < 0$ 的一段时间内，$p > 0$，表明单口网

络 N 吸收功率；在 $u>0$，$i<0$ 或 $u<0$，$i>0$ 的一段时间内，$p<0$，表明单口网络 N 提供功率（向外输出功率）。电路瞬时功率的这种变化表明，外部电路与所考虑的单口网络之间存在着能量交换。

2. 单口网络 N 的平均功率

瞬时功率在一个周期内的平均值称为平均功率，记为 P，其计算式为

$$P = \frac{1}{T}\int_0^T p(t)\,\mathrm{d}t$$

将式(5.7-1)代入上式，得

$$P = \frac{1}{T}\int_0^T [UI\cos\varphi + UI\cos(2\omega t + \psi_u + \psi_i)]\,\mathrm{d}t = UI\cos\varphi \qquad (5.7-2)$$

式(5.7-2)为计算正弦稳态电路平均功率的一般公式。此式表明：正弦稳态电路中单口网络吸收的平均功率等于电压、电流的有效值乘积再乘以电压与电流相位差的余弦 $\cos\varphi$。平均功率的单位是瓦特（W）。

如果单口网络 N 内不含独立源（无源单口网络），则可以等效为一个阻抗 Z，此时式(5.7-2)可写为

$$P = UI\cos\varphi_Z \qquad (5.7-3)$$

对于三个基本电路元件 R、L、C 来说，平均功率分别如下：

电阻元件

$$P_R = UI\cos\varphi = UI \qquad (\varphi = \psi_u - \psi_i = 0°)$$

电感、电容元件

$$P_{L,C} = UI\cos\varphi = 0 \qquad \left(\varphi = \psi_u - \psi_i = \pm\frac{\pi}{2}\right)$$

即电感、电容元件的平均功率等于零。

当无源单口网络为纯电阻网络时，电压与电流同相，$\varphi_Z = 0°$，$\cos\varphi_Z = 1$，网络吸收的平均功率为

$$P_R = UI$$

当无源单口网络为纯电抗网络时，$\varphi_Z = \pm 90°$，$\cos\varphi_Z = 0$，网络吸收的平均功率为

$$P_X = 0$$

这就是说，由电感和电容组成的纯电抗网络吸收的平均功率为零，表明电抗元件不消耗电能。因此，平均功率亦称为有功功率。

关于无源单口网络 N 的平均功率的计算，除可利用式(5.7-3)外，还可根据阻抗和导纳的定义式(5.5-3)和式(5.5-7)导出如下两个计算式。

设无源单口网络的等效阻抗为

$$Z = \frac{\dot{U}}{\dot{I}} = \frac{U}{I}\angle\varphi_Z = \frac{U}{I}\cos\varphi_Z + \mathrm{j}\frac{U}{I}\sin\varphi_Z = R + \mathrm{j}X$$

即

$$\frac{U}{I}\cos\varphi_Z = R \rightarrow U\cos\varphi_Z = RI$$

将上式代入式(5.7-3)，有

$$P = I^2 R \qquad (5.7-4)$$

同理，由无源单口网络的等效导纳表达式可导出

$$P = U^2 G \qquad (5.7-5)$$

由平均功率计算式(5.7-3)、式(5.7-4)、式(5.7-5)可见,无源单口网络的平均功率只与电阻有关,与电抗无关。也就是说,一个无源单口网络 N 的平均功率实质上就是该网络中各电阻所消耗的平均功率之和,即

$$P = \sum P_R \qquad (5.7-6)$$

3. 单口网络 N 的视在功率和功率因数

单口网络 N 端口的电压有效值与电流有效值的乘积称为视在功率,用 S 表示,即

$$S = UI \qquad (5.7-7)$$

视在功率的单位为伏·安(V·A),以区别于平均功率。

由平均功率表达式(5.7-2)与视在功率表达式(5.7-7)可看出,平均功率是在视在功率上打了一个折扣,这个折扣就是 $\cos\varphi$,称为功率因数,用 λ 表示,即

$$\lambda = \frac{P}{S} = \cos\varphi \qquad (5.7-8)$$

因此,端电压与电流的相位差 φ 又可称为功率因数角。对于不含独立源的网络,$\varphi = \varphi_Z$。当阻抗为感性时,$\varphi_Z > 0$;当阻抗为容性时,$\varphi_Z < 0$。但不论 φ_Z 是正还是负,$\cos\varphi_Z$ 均为正,仅给出 λ 值不能体现电路的性质。因此,习惯上在功率因数 $\cos\varphi$ 后注明"滞后"或"超前"。所谓滞后,是指电流滞后电压,$\varphi_Z > 0$;所谓超前,是指电流超前电压,$\varphi_Z < 0$。例如,$\cos\varphi_Z = 0.6$(滞后)表示电流滞后于电压,电路呈感性。

视在功率虽不代表电路实际消耗的功率,却可以反映电气设备的容量。任何电气设备都是按照一定的额定电压和额定电流值设计和使用的。对于电阻性电气设备,如灯泡、电烙铁等,其功率因数为 1,平均功率等于视在功率,因此可根据额定电压和额定电流获得额定功率(平均功率),如 45 W 灯泡,40 W 电烙铁等。但对于发电机、变压器等电气设备,在运行时其功率因数取决于所接负载的性质,因此根据其额定电压和额定电流可以确定其额定视在功率,但不能确定额定平均功率。至于发电机、变压器等对负载能提供多大的平均功率,则要据负载的 λ 而定。例如,某台变压器的容量为 1000 kV·A(视在功率),若负载为电阻性负载,$\cos\varphi = 1$,则输出的功率为 1000 kW;若负载为电动机,设功率因数 $\cos\varphi = 0.6$,则只能输出 $1000 \times 0.6 = 600$ kW 的功率。因此,为了充分利用发电机或变压器的容量,应当尽量提高电路的功率因数。

4. 单口网络 N 的无功功率

前面在分析瞬时功率波形时曾提到,单口网络 N 的瞬时功率在一段时间内大于零,表明单口网络 N 吸收功率,另一段时间内瞬时功率又小于零,表明单口网络 N 提供功率。也就是说,外部电路与单口网络之间存在着能量交换。为了解释这一现象,下面我们对瞬时功率表达式(5.7-1)作进一步的讨论。为分析方便起见,设电流的初相 $\psi_i = 0$,$\varphi = \psi_u - \psi_i = \psi_u$,利用三角公式展开,式(5.7-1)可写为

$$\begin{aligned}
p(t) &= UI \cos\varphi + UI \cos(2\omega t + \varphi) \\
&= UI \cos\varphi + UI \cos\varphi \cos 2\omega t - UI \sin\varphi \sin 2\omega t \\
&= UI \cos\varphi [1 + \cos 2\omega t] - UI \sin\varphi \sin 2\omega t \\
&= p_R + p_X
\end{aligned}$$

上式表明，瞬时功率是由两个分量组成的，这两个分量的波形分别如图 5.7-3 所示。

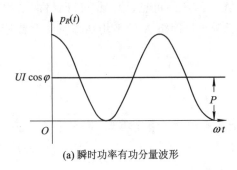

(a) 瞬时功率有功分量波形

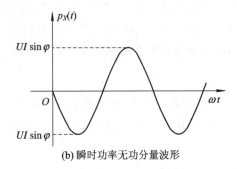

(b) 瞬时功率无功分量波形

图 5.7-3　瞬时功率的两个分量

第一个分量 p_R 总为正值，它是网络接收能量的瞬时功率，它代表网络耗能速率的有功分量，这一分量显然是网络的等效电阻所消耗的功率，其平均值为 $UI\cos\varphi$，等于平均功率 P。因此，平均功率又叫有功功率。

第二个分量 p_X 是以角频率 2ω 在横轴上下波动的交变分量，其正、负半周与横轴之间构成的面积分别代表等量的吸收能量和释放能量，其平均值为零，是一个在平均意义上不能作功的无功分量。这个分量反映了网络与外部电路之间存在着能量往返的情况，我们把它的最大值定义为无功功率，用 Q 表示，即

$$Q = UI \ \sin\varphi \tag{5.7-9}$$

无功功率的单位为乏（var）。无功功率反映了具有储能元件的单口网络与外部电路交换能量的规模，"无功"意味着"交换而不消耗"，不能理解为"无用"。

如果单口网络 N 内不含独立源，则式（5.7-9）可写为

$$Q = UI \ \sin\varphi_Z \tag{5.7-10}$$

类似于平均功率计算式（5.7-4）和式（5.7-5）的推导，同样可根据阻抗和导纳定义式导出无源单口网络无功功率的另外两个计算式：

$$Q = I^2 X = -U^2 B \tag{5.7-11}$$

对于三个基本电路元件，其无功功率分别如下：

电阻元件

$$Q_R = UI \ \sin\varphi = 0 \quad (\varphi = \psi_u - \psi_i = 0°)$$

即电阻元件的无功功率等于零。

电感元件

$$Q_L = UI \ \sin\varphi = UI \quad \left(\varphi = \psi_u - \psi_i = \frac{\pi}{2}\right)$$

电容元件

$$Q_C = UI \ \sin\varphi = -UI \quad \left(\varphi = \psi_u - \psi_i = -\frac{\pi}{2}\right)$$

由式（5.7-10）可知，无功功率也有正、负之分。对于电感性电路，功率因数角 $\varphi > 0$，无功功率 $Q > 0$；对于电容性电路，功率因数角 $\varphi < 0$，无功功率 $Q < 0$。换言之，电感性电路的无功功率为正值，电容性电路的无功功率为负值。

由以上分析可见，无源单口网络的无功功率只与电抗有关，与电阻无关。也就是说，

一个无源单口网络的无功功率等于网络中各电抗的无功功率之和，即

$$Q = \sum Q_k \tag{5.7-12}$$

5. 单口网络 N 的复功率

工程上为了计算方便，常把视在功率、有功功率、无功功率和功率因数角用一个复数来统一表达，这个复数称为复功率。

设单口网络端口的电压相量和电流相量为

$$\dot{U} = U\angle\psi_u, \qquad \dot{I} = I\angle\psi_i$$

且电流相量的共轭

$$\dot{I}^* = I\angle-\psi_i$$

则定义端口电压相量 $\dot{U}$ 与电流相量的共轭 $\dot{I}^*$ 的乘积为复功率，用 $\tilde{S}$ 表示，即

$$\tilde{S} = \dot{U}\dot{I}^* = UI\angle(\psi_u-\psi_i) = UI\angle\varphi = S\angle\varphi \tag{5.7-13}$$

将式(5.7-13)写成复数的直角坐标形式，有

$$\tilde{S} = UI\cos\varphi + jUI\sin\varphi = P + jQ \tag{5.7-14}$$

由式(5.7-13)和式(5.7-14)可见，复功率的模就是视在功率，复功率的辐角就是功率因数角，故复功率的单位与视在功率的单位相同，都是伏·安(V·A)，复功率的实部为有功功率 P，虚部为无功功率 Q，从而可将它们之间的关系用图5.7-4所示的功率三角形表示。由功率三角形可得以下关系式：

$$\begin{cases} S = \sqrt{P^2 + Q^2} \\ \cos\varphi = \dfrac{P}{S} \\ \tan\varphi = \dfrac{Q}{P} \end{cases} \tag{5.7-15}$$

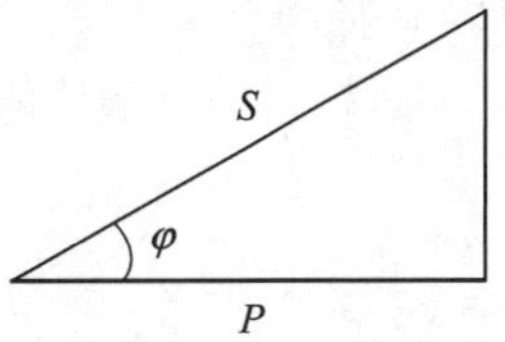

图 5.7-4　功率三角形

前面讨论有功功率和无功功率时，导出式(5.7-6)式(5.7-12)，现结合式(5.7-14)有

$$\tilde{S} = P + jQ = \sum_{k=1}^{n} P_k + j\sum_{k=1}^{n} Q_k = \sum_{k=1}^{n} \tilde{S}_k \tag{5.7-16}$$

但

$$S \neq \sum_{k=1}^{n} S_k$$

式(5.7-16)说明，单口网络的复功率等于各支路复功率的总和。

【例 5.7-1】　电路如图5.7-5所示，输入端电压相量 $\dot{U} = 100\angle0°$ V，求该无源二端网络的平均功率 P、无功功率 Q、视在功率 S 和功率因数 λ。

解　先求无源二端网络的平均功率 P。根据平均功率表达式 $P = UI\cos\varphi = I^2R = U^2G$，题目已给出端口电压 $\dot{U}$，只要求出输入端的等效导纳，采用式 $P = U^2G$，即可求得平均功率。

由图5.7-5可知，输入端的等效导纳为

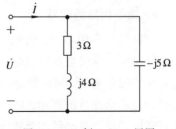

图 5.7-5　例5.7-1用图

$$Y = \frac{1}{3+j4} + \frac{1}{-j5} = \frac{3+j1}{25} = G + jB \ \text{S}$$

于是平均功率

$$P = U^2 G = 100^2 \times \frac{3}{25} = 1200 \ \text{W}$$

因平均功率只与电阻有关，故求出电阻支路的导纳或电阻元件的电导及电压，利用式 $P = U^2 G$，同样也可方便求得平均功率。

再求无源二端网络的无功功率 Q。

由无功功率表达式(5.7-11)，得

$$Q = -U^2 B = -100^2 \times \frac{1}{25} = -400 \ \text{var}$$

由式(5.7-15)得视在功率为

$$S = \sqrt{P^2 + Q^2} = \sqrt{1200^2 + (-400)^2} = 1265 \ \text{V} \cdot \text{A}$$

功率因数

$$\lambda = \cos\varphi = \frac{P}{S} = \frac{1200}{1265} = 0.95$$

【例 5.7-2】 电路如图 5.7-6 所示，已知 $\dot{U} = 10 - j5 \ \text{V}$，$\dot{I} = 2 + j1 \ \text{A}$，求网络 N 吸收的平均功率 P_N。

解 题目已知 ab 端口的电压相量和电流相量

$$\dot{U} = 10 - j5 = \sqrt{125} \angle -26.57° \ \text{V}$$

$$\dot{I} = 2 + j1 = \sqrt{5} \angle 26.57° \ \text{A}$$

求得二端电路的平均功率为

$$\begin{aligned}
P_{ab} &= UI \cos\varphi = \sqrt{125} \times \sqrt{5} \times \cos(-26.57° - 26.57°) \\
&= 25 \cos(-53.1°) = 25 \times 0.6 \\
&= 15 \ \text{W}
\end{aligned}$$

电阻 R 吸收的平均功率

$$P_R = I^2 R = (\sqrt{5})^2 \times 0.5 = 2.5 \ \text{W}$$

由式(5.7-6)，有

$$P_{ab} = P_R + P_\text{N}$$

于是

$$P_\text{N} = P_{ab} - P_R = 15 - 2.5 = 12.5 \ \text{W}$$

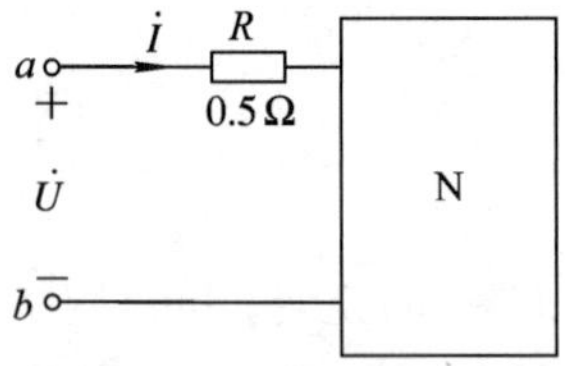

图 5.7-6　例 5.7-2 用图

6. 功率因数的提高

在讨论视在功率时已讲到，发电机、变压器这类电器设备能够对负载提供的有功功率 $P = UI \cos\varphi$，不仅与其额定电压和额定电流有关，而且还与负载的功率因数 $\lambda = \cos\varphi$ 有关。负载功率因数越低，同一额定容量的供电设备能够提供的有功功率越小，也就是说，设备的容量得不到充分的利用。此外，若将功率因数低的实际负载接入供电系统，负载向供电设备所取的电流就必然相对地大，也就是说，电源设备向负载提供的电流大，输电线路上的电流增大会使线路上电压损失和功率损失增加。因此，有必要提高负载的功率因数。

可以从两个方面来提高负载的功率因数：一方面是改进用电设备的功率因数；另一方面，由于工农业生产和日常家用电气设备绝大多数为感性负载，因此可在其两端并联一个适当的电容来提高功率因数，这是因为感性负载的无功功率 $Q_L > 0$，容性负载的无功功率 $Q_C < 0$，并联电容后电路总的无功功率 $Q = Q_L + Q_C$ 必然减小，由功率三角形知，无功功率的减小可使功率因数角 φ 减小，从而使功率因数 $\lambda = \cos\varphi$ 得以提高。下面举例说明。

【例 5.7 - 3】　图 5.7 - 7(a)为一日光灯电路模型，工作频率为 50 Hz，已知端电压 $U = 200$ V，日光灯功率为 40 W，额定电流为 0.4 A。

(1) 试求并电容前电路的功率因数 $\cos\varphi_Z$、电感 L 和电阻 R。

(2) 若要将功率因数提高到 0.95，试求需要在 RL 支路两端并联的电容 C 的值。

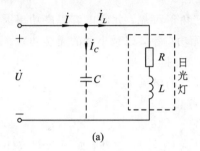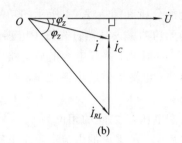

图 5.7 - 7　例 5.7 - 3 用图

解　(1) 根据 $P = UI\cos\varphi_Z$，可得并电容前电路的功率因数为

$$\cos\varphi_Z = \frac{P}{UI} = \frac{40}{200 \times 0.4} = 0.5$$

阻抗角

$$\varphi_Z = 60°$$

端口等效阻抗

$$Z = \frac{\dot{U}}{\dot{I}} = \frac{U}{I}\angle\varphi_Z = \frac{200}{0.4}\angle 60° = 250 + j433 \ \Omega$$

由图(a)可知

$$Z = R + j\omega L$$

所以

$$R = 250 \ \Omega$$

$$\omega L = 433 \rightarrow L = \frac{433}{\omega} = \frac{433}{2\pi \times 50} = 1.378 \ \text{H}$$

(2) 求应并联一个多大的电容 C，可使电路的功率因数提高到 0.95。

未并联电容 C 时，电路的无功功率

$$Q_{前} = P\tan\varphi_Z = 40 \times \tan 60° = 69.28 \ \text{var}$$

并联电容 C 后，电路的功率因数和功率因数角分别为

$$\cos\varphi_Z' = 0.95, \quad \varphi_Z' = 18.2°$$

由于并联电容前后有功功率 $P = 40$ W 是不变的，得并联电容后电路的无功功率为

$$Q_{后} = P\tan\varphi_Z' = 40 \times \tan 18.2° = 13.15 \ \text{var}$$

又因

$$Q_{后} = Q_{前} + Q_C$$

所以得电容的无功功率为

$$Q_C = Q_{后} - Q_{前} = 13.15 - 69.28 = -56.13 \text{ var}$$

考虑到电容的导纳

$$Y_C = j\omega C = jB$$

故由式(5.7 − 11)得

$$Q_C = -U^2 B = -U^2 \omega C$$

于是求得并联电容

$$C = -\frac{Q_C}{U^2 \omega} = -\frac{-56.13}{200^2 \times 2\pi \times 50} = 4.467 \ \mu\text{F}$$

通过此例的分析和图 5.7 − 4 所示的功率三角形可见，并联电容提高功率因数的实质是利用电容的无功功率去补偿日光灯中电感的无功功率，以减小总的无功功率。

图 5.7 − 7(b)画出了并联电容前后电路的相量图。

并联电容前，电源提供的电流就是流过日光灯的电流 $\dot{I}_{RL}$，即

$$I = I_{RL} = 0.4 \text{ A}$$

此时电流 $\dot{I}$ 与端电压 $\dot{U}$ 之间的相位为 φ_Z。

并联电容后，电源提供的电流 $\dot{I}$ 等于电容电流 $\dot{I}_C$ 与 $\dot{I}_{RL}$ 之和，如图 5.7 − 7(b)所示。此时，日光灯的额定电流 I_{RL} 没变，电路的有功功率没变，只是电路的无功功率发生了改变，电源提供的电流为

$$I = \frac{P}{U \cos\varphi_Z'} = \frac{40}{200 \times 0.95} = 0.21 \text{ A}$$

电流 $\dot{I}$ 与端电压 $\dot{U}$ 之间的相位差为 φ_Z'。由图 5.7 − 7(b)可见，$\varphi_Z' < \varphi_Z$，电路的功率因数得到了提高。从并联电容前后电源提供的电流来看，在同样的负载下，并联电容后，电源提供给它的电流减小了，使电源有可能多负担一些有功功率，从而提高了电源设备的利用率，也减小了传输线上的损耗。

5.7.2 　最大功率传输定理

在正弦稳态电路中，当电源电压和内阻抗一定时，负载阻抗满足什么条件才能从给定电源获得最大功率？下面对此问题进行讨论。

电路如图 5.7 − 8 所示，图中电压源 $\dot{U}_s$ 串联内阻抗 Z_s 可以认为是实际电源的电压源模型，也可以认为是任何一个线性含源二端电路 N 的戴维南等效电路，Z_L 是负载阻抗。

设电源内阻抗为

$$Z_s = R_s + jX_s$$

负载阻抗为

$$Z_L = R_L + jX_L$$

由图 5.7 − 8 可知，电路中的电流为

$$\dot{I} = \frac{\dot{U}_s}{Z_s + Z_L} = \frac{\dot{U}_s}{(R_s + R_L) + j(X_s + X_L)}$$

于是，电流的有效值为

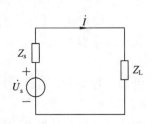

图 5.7 − 8 　求最大功率传输用图

$$I = \frac{U_s}{\sqrt{(R_s + R_L)^2 + (X_s + X_L)^2}}$$

由此得负载吸收的平均功率为

$$P_L = I^2 R_L = \frac{U_s^2 R_L}{(R_s + R_L)^2 + (X_s + X_L)^2} \tag{5.7-17}$$

式中，U_s 和 Z_s 已给定，我们的任务是要求出使上式所示的 P_L 为最大时的 X_L 及 R_L 值。

由式(5.7-17)可见，X_L 只出现在分母中，显然对任意 R_L 值，当 $X_s + X_L = 0$，即 $X_L = -X_s$ 时分母最小，此即为所求的 X_L 值。在 X_L 选定后，功率变成

$$P_L = \frac{U_s^2 R_L}{(R_s + R_L)^2} \tag{5.7-18}$$

我们再继续求出使上式所示 P_L 为最大时的 R_L 值。将 P_L 对 R_L 求导数并令其为零，即

$$\frac{\mathrm{d}P_L}{\mathrm{d}R_L} = U_s^2 \frac{(R_s + R_L)^2 - 2R_L(R_s + R_L)}{(R_s + R_L)^4} = 0$$

上式要成立，分子必为零，所以有

$$(R_s + R_L)^2 - 2R_L(R_s + R_L) = 0$$

解得

$$R_L = R_s$$

因此，在电源给定的情况下，负载 Z_L 获得最大功率的条件是：

$$\begin{cases} X_L = -X_s \\ R_L = R_s \end{cases}$$

即

$$Z_L = Z_s^* \tag{5.7-19}$$

也就是说，负载阻抗与电源内阻抗互为共轭复数。满足这一条件时，我们称负载阻抗与电源内阻抗为最大功率匹配或共轭匹配。

将式(5.7-19)代入式(5.7-17)，得在共轭匹配条件下负载获得的最大功率为

$$P_{L\,\mathrm{max}} = \frac{U_s^2}{4R_s} \tag{5.7-20}$$

在通信工程和电子技术中，由于信号源功率不大，因此往往要求达成共轭匹配，使负载获得最大功率。

在电力工程中，主要的问题是要提高效率，而负载获得的最大功率则取决于电源的容量。在共轭匹配的状态下，负载电阻等于电源的内阻，二者消耗等量功率，使用电效率降低到 50%，电能浪费大，故在电力工程中不允许共轭匹配。

在某些情况下，负载阻抗的实部和虚部以相同的比例增大或减小，即阻抗角保持不变，只改变阻抗的模 $|Z_L|$。可以证明，在这种情况下，负载获得最大功率的条件是：

$$|Z_L| = |Z_s| \tag{5.7-21}$$

即负载阻抗的模与电源内阻抗的模相等，通常称为模匹配。显然，当负载是纯电阻，即 $Z_L = R_L$ 时，负载获得最大功率的条件是 $|Z_L| = R_L = |Z_s|$，而不是 $R_L = R_s$。

在模匹配条件下，负载最大功率的计算一般根据具体电路进行。

【例 5.7-4】 电路如图 5.7-9(a)所示，Z_L 为负载阻抗，试求在下列情况下负载 Z_L 获得的最大功率。

（1）负载 Z_L 的实部和虚部均可调节。

（2）负载为纯电阻 R_L。

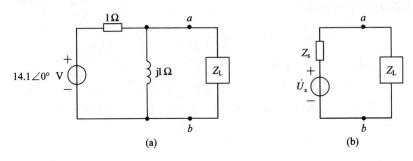

图 5.7-9　例 5.7-4 用图

解　先将负载 Z_L 移去，求余下电路的戴维南等效电路。

ab 端口开路电压

$$\dot{U}_{oc} = \frac{j1}{1+j1} \times 14.1\angle 0° = 10\angle 45° \text{ V}$$

ab 端等效内阻抗

$$Z_s = 1 \ // \ j1 = \frac{j}{1+j1} = \frac{1}{2} + \frac{1}{2}j = \frac{\sqrt{2}}{2}\angle 45° \ \Omega$$

于是可画出其戴维南等效电路，接上负载 Z_L，如图 5.7-9(b)所示。

（1）负载 Z_L 的实部和虚部均可调节，由式(5.7-19)和式(5.7-20)可知，共轭匹配时，负载可获得最大功率，此时

$$Z_L = Z_s^* = \frac{1}{2} - j\frac{1}{2} = \frac{\sqrt{2}}{2}\angle -45° \ \Omega$$

最大功率为

$$P_{L\,max} = \frac{U_{oc}^2}{4R_s} = \frac{10^2}{4 \times 0.5} = 50 \text{ W}$$

（2）负载为纯电阻 R_L，由式(5.7-21)可知，当 $|Z_L| = R_L = |Z_s| = \frac{\sqrt{2}}{2}$ Ω 模匹配时，负载获得功率最大。由图 5.7-9(b)得这时电流

$$\dot{I} = \frac{\dot{U}_{oc}}{Z_s + R_L} = \frac{10\angle 45°}{\frac{1}{2} + j\frac{1}{2} + \frac{\sqrt{2}}{2}} = \frac{20\angle 45°}{(1+\sqrt{2}) + j1} \text{ A}$$

其模

$$I = \frac{20}{\sqrt{(1+\sqrt{2})^2 + 1^2}} = \frac{20}{\sqrt{4+2\sqrt{2}}} \text{ A}$$

负载获得的功率

$$P_L = I^2 R_L = \frac{20^2}{4+2\sqrt{2}} \times \frac{\sqrt{2}}{2} = \frac{100\sqrt{2}}{2+\sqrt{2}} = 41.42 \text{ W}$$

由此例分析可见，在模匹配条件下负载获得的功率小于共轭匹配时所获得的功率。

*5.8　三　相　电　路

三相电路是由三个频率相同、幅值相等、相位依次互差 $120°$ 的正弦交流电源供电的电路。目前电力系统几乎都采用三相制的方式供电。例如，几乎所有的发电厂都用三相交流发电机，电气设备中的大部分是三相交流电动机，日常生活中的用电电源也是取自三相电源中的一相。为了能正确使用三相交流电，有必要学习和了解三相电路的有关知识。本节主要讨论三相电源的基本概念、对称三相电源的连接、三相电路的功率以及对称三相电路。

5.8.1　三相电源

1. 对称三相电源

三相电源是由三相发电机获得的。图 5.8-1(a) 所示是三相发电机的示意图，它主要由转子和定子组成。图中，AX、BY、CZ 是完全相同而彼此相隔 $120°$ 的三个定子绕组，每个绕组称为一相，分别称为 A 相、B 相和 C 相，其中 A、B、C 称为始端，X、Y、Z 称为末端，定子是固定不动的，它一般由硅钢片叠成。三相发动机中部的磁极是转动的，称为转子。

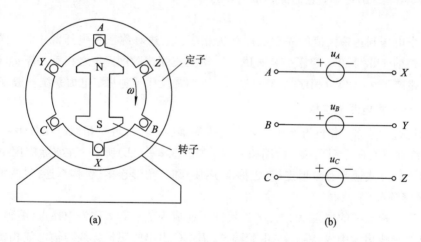

図 5.8-1　三相发电机示意图和三相电源模型

当转子在汽轮机或水轮机驱动下以角速度 ω 匀速旋转时，三个定子绕组中便会感应出随时间按正弦方式变化的电压。这三个电压的频率相同，幅值相等，相位彼此相差 $120°$，相当于三个独立的正弦电压源，称为对称三相电压源，其模型如图 5.8-1(b) 所示，它们的瞬时值表达式分别为

$$\begin{cases} u_A(t) = U_{pm}\cos\omega t = \sqrt{2}U_p\cos\omega t \\ u_B(t) = U_{pm}\cos(\omega t - 120°) = \sqrt{2}U_p(\cos\omega t - 120°) \\ u_C(t) = U_{pm}\cos(\omega t + 120°) = \sqrt{2}U_p(\cos\omega t + 120°) \end{cases} \tag{5.8-1}$$

式中，U_{pm} 为每相电压的振幅，U_p 为每相电压的有效值。由式(5.8-1)可写出对称三相电压的相量分别为

$$\begin{cases} \dot{U}_A = U_p \angle 0° \\ \dot{U}_B = U_p \angle -120° \\ \dot{U}_C = U_p \angle 120° \end{cases} \qquad (5.8-2)$$

图 5.8 - 2 是对称三相电压源的波形图和相量图。

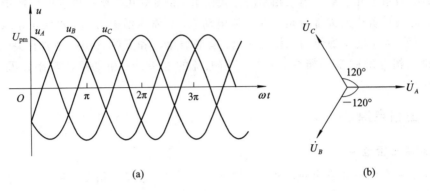

(a)   (b)

图 5.8 - 2 对称三相电压源的波形图和相量图

显然，对称三相电压源的瞬时值之和为零，即

$$u_A + u_B + u_C = 0 \qquad (5.8-3)$$

由图 5.8 - 2(b)可知，它们的相量之和为零，即

$$\dot{U}_A + \dot{U}_B + \dot{U}_C = 0 \qquad (5.8-4)$$

这三个电压到达最大值的先后次序称为相序。上述对称三相电压源中，u_A 超前于 u_B 120°，u_B超前于 u_C 120°，相序是 $A—B—C$，称为正序或顺序。与之相反，若 u_A 超前于 u_C 120°，u_C 超前于 u_B 120°，相序是 $A—C—B$，则称为反序或逆序。电力系统一般采用正序。

2. 对称三相电源的连接

前面说过，对称三相电源是由三相发电机提供的，其中每一相源电压各由一个绕组产生，每个绕组都有两个引出端：始端和末端，如图 5.8 - 1(b)所示。在实际应用中，对称三相电源的连接方式通常有星形连接(也称 Y 连接)和三角形连接(也称△连接)两种。

1) 星形连接(Y 连接)

将对称三相电源的末端 X、Y、Z 连接在一起成为节点 N，称为中性点(简称中点)，由中点引出的导线称为中线(零线)，由始端 A、B、C 引出的三根导线与输电线相接，输送电能到负载，这三根导线称为端线(或火线)，如图 5.8 - 3(a)所示。图 5.8 - 3(a)所示的供电方式称为三相四线制(三根火线和一根中线)。图 5.8 - 3(a)中，如果没有中线，则称为三相三线制。

图 5.8 - 3 中，端线与中线之间的电压(即每相电源的电压)称为相电压，用 u_A、u_B 和 u_C 表示；两条端线之间的电压称为线电压，用 u_{AB}、u_{BC} 和 u_{CA} 表示。由图 5.8 - 3(a)可见，线电压与相电压有如下关系：

$$\begin{cases} u_{AB} = u_A - u_B \\ u_{BC} = u_B - u_C \\ u_{CA} = u_C - u_A \end{cases}$$

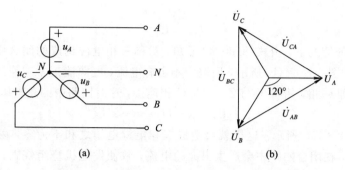

图 5.8 - 3　对称三相电源的 Y 连接及相量图

用相量表示为

$$\begin{cases} \dot{U}_{AB} = \dot{U}_A - \dot{U}_B \\ \dot{U}_{BC} = \dot{U}_B - \dot{U}_C \\ \dot{U}_{CA} = \dot{U}_C - \dot{U}_A \end{cases} \tag{5.8 - 5}$$

将式(5.8 - 2)代入式(5.8 - 5)中,得相电压和线电压的相量图如图 5.8 - 3(b)所示。由图 5.8 - 3(b)可得线电压的有效值为

$$U_{AB} = 2U_A \cos 30° = \sqrt{3} U_p$$

同理可得

$$U_{BC} = \sqrt{3} U_p$$

$$U_{CA} = \sqrt{3} U_p$$

由此可见,若相电压是对称的,则线电压也是对称的,而且线电压的有效值是相电压的有效值的$\sqrt{3}$倍。设线电压的有效值用 U_l[①] 表示,则

$$U_l = \sqrt{3} U_p \tag{5.8 - 6}$$

根据相量图(见图 5.8 - 3(b))不难看出,对称三相线电压相量与相电压相量之间的相位关系如下:

$$\dot{U}_{AB} = \sqrt{3} \dot{U}_A \angle 30°$$

$$\dot{U}_{BC} = \sqrt{3} \dot{U}_B \angle 30° \tag{5.8 - 7}$$

$$\dot{U}_{CA} = \sqrt{3} \dot{U}_C \angle 30°$$

即线电压的相位超前于相应的第一个相电压的相位 30°。

2) 三角形连接(△连接)

将对称三相电源的始端与末端依次相连,即 X 与 B、Y 与 C、Z 与 A 相连形成一个闭合回路,由三个连接点引出三根端线向外供电,就构成了△连接,如图 5.8 - 4(a)所示。这种接法是没有中线的。

在△连接中,由于每相电源直接连接在两端线之间,所以线电压就等于相电压,即

$$\begin{cases} u_{AB} = u_A \\ u_{BC} = u_B \\ u_{CA} = u_C \end{cases} \quad 或 \quad \begin{cases} \dot{U}_{AB} = \dot{U}_A \\ \dot{U}_{BC} = \dot{U}_B \\ \dot{U}_{CA} = \dot{U}_C \end{cases} \tag{5.8 - 8}$$

①　此处下标 l 表示线(line),用斜体是为了与 1 区别,并非表示变量。

也即
$$U_l = U_p \tag{5.8-9}$$

在正确连接的情况下，由式(5.8-4)可知，对称三相电源构成的闭合中有 $\dot{U}_A + \dot{U}_B + \dot{U}_C = 0$，相量图如图 5.8-4(b) 所示，回路中不会有电流，电源能正常工作。但若有一相电源极性接反，例如 C 相，错将 Y 与 Z、A 与 C 相连接，这时回路中的总电压为
$$\dot{U}_A + \dot{U}_B + (-\dot{U}_C) = -2\dot{U}_C$$

相量关系如图 5.8-4(c) 所示。这样就会造成三相电源电压之和不为零，由于发电机绕组本身的阻抗很小，在闭合回路中会产生很大的电流，致使发电机绕组烧毁，所以在将对称三相电源作三角形连接时这是必须注意的。

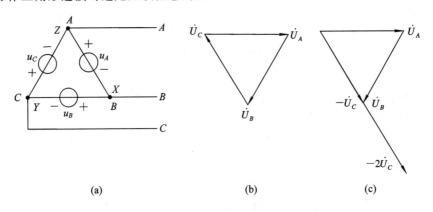

图 5.8-4　对称三相电源的△连接及相量图

5.8.2　对称三相电路的计算

对称三相电路是由对称三相电源连接对称三相负载组成的电路。所谓对称三相负载，是指三个负载的参数完全相同，它们也可接成星形和三角形，如图 5.8-5 所示。

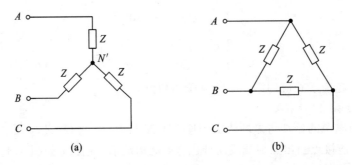

图 5.8-5　对称三相负载的连接

首先分析图 5.8-6 所示的对称三相电路，称为三相四线制 Y-Y 供电系统。图中，NN' 为中线；Z_N 为中线阻抗；端线电流称为线电流，其有效值用 I_l 表示；流过各相负载的电流称为相电流，其有效值用 I_p 表示。显然，在负载为 Y 连接时，相电流等于线电流，即
$$I_p = I_l \tag{5.8-10}$$

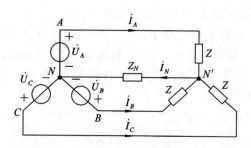

图 5.8-6　三相四线制 Y-Y 供电系统

设每相负载阻抗 $Z=|Z|\angle\varphi_Z$，由于图 5.8-6 所示的电路只有两个节点 N 和 N'，因此采用节点分析法分析较为方便。选 N 为参考节点，节点 N' 到 N 的电压为 $U_{N'N}$，列节点方程为

$$\left(\frac{1}{Z}+\frac{1}{Z}+\frac{1}{Z}+\frac{1}{Z_N}\right)U_{N'N}=\frac{\dot{U}_A}{Z}+\frac{\dot{U}_B}{Z}+\frac{\dot{U}_C}{Z}$$

即

$$\left(\frac{3}{Z}+\frac{1}{Z_N}\right)U_{N'N}=\frac{\dot{U}_A+\dot{U}_B+\dot{U}_C}{Z}$$

由于电源对称，即

$$\dot{U}_A+\dot{U}_B+\dot{U}_C=0$$

所以有

$$U_{N'N}=0 \qquad\qquad (5.8-11)$$

亦即 N' 与 N 是等电位点，中线阻抗 Z_N 可用短路线替代，这样各相就是彼此独立的，可以分别进行计算。由于三相电源和三相负载是对称的，所以只要分析计算三相中的任一相，其他两相的电压、电流就可按对称顺序直接写出。

由图 5.8-6 可知，各线电流(也即各相电流)为

$$\begin{cases}\dot{I}_A=\dfrac{\dot{U}_A}{Z} \\[2mm] \dot{I}_B=\dfrac{\dot{U}_B}{Z} \\[2mm] \dot{I}_C=\dfrac{\dot{U}_C}{Z}\end{cases} \qquad\qquad (5.8-12)$$

由式(5.8-12)可见，各线电流也是对称的。

根据 KCL，中线电流为

$$\dot{I}_N=\dot{I}_A+\dot{I}_B+\dot{I}_C=0 \qquad\qquad (5.8-13)$$

式(5.8-13)表明，在 Y-Y 连接的对称三相电路中，中线电流为零，中线的有无是无关紧要的。有中线的电路称为三相四线制，取消中线就成为三相三线制。

值得一提的是，实际三相供电电路中，由于负载不可能绝对对称，因此一般都装设有中线，即三相四线制。在三相电路中装设中线，且中线阻抗很小，可迫使中线电压 $U_{N'N}\approx0$，从而使负载相电压等于线电压的 $\dfrac{1}{\sqrt{3}}$，并且几乎不随负载的变化而变化。所以在三相四线制

电路中，中线不能断开，即中线上不允许安装熔断器。

由于在 Y - Y 连接的对称三相电路中，$U_{N'N} = 0$，即节点 N' 和 N 是等电位点，因此，在分析这类电路时，无论中线是否存在，都可以将节点 N' 和 N 短接，用上述方法进行分析。

由图 5.8 - 6 可见，各负载的相电压等于各电源的相电压。各线电压的计算按式 (5.8 - 6) 和式 (5.8 - 7) 进行。

每相负载的平均功率为

$$P_p = U_p I_p \cos\varphi_Z \tag{5.8-14}$$

在负载作 Y 形连接时，有

$$U_l = \sqrt{3} U_p$$
$$I_l = I_p$$

于是

$$P_p = \frac{U_l}{\sqrt{3}} I_l \cos\varphi_Z$$

三相负载总的平均功率为

$$P = 3P_p = \sqrt{3} U_l I_l \cos\varphi_Z \tag{5.8-15}$$

【例 5.8 - 1】 对称三相三线制电路如图 5.8 - 7 所示。已知对称三相电源的相电压为 220 V，对称三相负载阻抗 $Z = 10 \angle 45° \ \Omega$，求三相负载的电流和消耗的总功率。

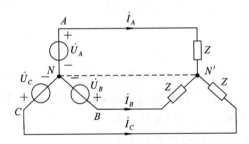

图 5.8 - 7　例 5.8 - 1 用图

解　本题是对称三相电路，节点 N' 和 N 等电位，用短路线连接，如图 5.8 - 7 所示。取 A 相分析。设 $\dot{U}_A = 220 \angle 0° \ V$，可得 A 相负载电流

$$\dot{I}_A = \frac{\dot{U}_A}{Z} = \frac{220 \angle 0°}{10 \angle 45°} = 22 \angle -45° \ A$$

根据对称关系可得其他两相电流为

$$\dot{I}_B = 22 \angle (-45° - 120°) = 22 \angle -165° \ A$$
$$\dot{I}_C = 22 \angle (-45° + 120°) = 22 \angle 75° \ A$$

由图 5.8 - 7 可知，此时负载的相电流就等于线电流。

A 相负载的平均功率为

$$P_A = U_p I_p \cos\varphi_Z = U_A I_A \cos\varphi_Z = 220 \times 22 \cos 45° = 3422 \ W$$

三相负载总功率为

$$P = 3P_A = 3 \times 3422 = 10\ 266 \ W$$

下面我们分析另一类典型的三相电路，即三角形连接的对称三相负载与对称三相电源

组成的电路。三相电源可能是 Y 形连接，也可能是△连接。当只要求分析负载的电流和电压时，只需知道线电压即可。图 5.8 - 8(a)所示是△连接的对称三相负载。

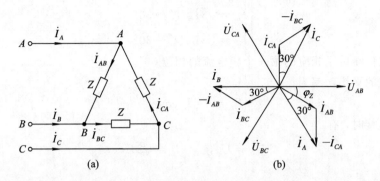

图 5.8 - 8　△连接的对称三相负载及其相量图

图 5.8 - 8 中，$\dot{I}_A$、$\dot{I}_B$、$\dot{I}_C$ 是线电流，其有效值用 I_l 表示；$\dot{I}_{AB}$、$\dot{I}_{BC}$、$\dot{I}_{CA}$ 是负载的相电流，其有效值 I_p 表示。

设线电压

$$\begin{cases} \dot{U}_{AB} = U_l \angle 0° \\ \dot{U}_{BC} = U_l \angle -120° \\ \dot{U}_{CA} = U_l \angle 120° \end{cases} \tag{5.8-16}$$

由图 5.8 - 8(a)可知，各相负载的相电压等于线电压，于是得负载的相电流为

$$\begin{cases} \dot{I}_{AB} = \dfrac{\dot{U}_{AB}}{Z} = \dfrac{U_l \angle 0°}{|Z| \angle \varphi_Z} = I_p \angle -\varphi_Z \\[2mm] \dot{I}_{BC} = \dfrac{\dot{U}_{BC}}{Z} = \dfrac{U_l \angle -120°}{|Z| \angle \varphi_Z} = I_p \angle (-\varphi_Z - 120°) \\[2mm] \dot{I}_{CA} = \dfrac{\dot{U}_{CA}}{Z} = \dfrac{U_l \angle 120°}{|Z| \angle \varphi_Z} = I_p \angle (-\varphi_Z + 120°) \end{cases} \tag{5.8-17}$$

线电流为

$$\begin{cases} \dot{I}_A = \dot{I}_{AB} - \dot{I}_{CA} \\ \dot{I}_B = \dot{I}_{BC} - \dot{I}_{AB} \\ \dot{I}_C = \dot{I}_{CA} - \dot{I}_{BC} \end{cases} \tag{5.8-18}$$

由式(5.8 - 16)、式(5.8 - 17)和式(5.8 - 18)绘出电压、电流的相量图如图 5.8 - 8(b)所示。由图 5.8 - 8(b)可见，若线电压是对称的，则相电流和线电流也是对称的。根据此相量图可得线电流的有效值为

$$I_A = 2 \times I_{AB} \cos 30° = \sqrt{3} I_p$$

同理可得

$$I_B = \sqrt{3} I_p$$

$$I_C = \sqrt{3} I_p$$

线电流的有效值是相电流有效值的 $\sqrt{3}$ 倍，即

$$I_l = \sqrt{3} I_p \tag{5.8-19}$$

此外，由图 5.8 – 8(b)可得各线电流与相电流的相位关系为

$$\begin{cases} \dot{I}_A = \sqrt{3}\dot{I}_{AB}\angle -30° \\ \dot{I}_B = \sqrt{3}\dot{I}_{BC}\angle -30° \\ \dot{I}_C = \sqrt{3}\dot{I}_{CA}\angle -30° \end{cases} \tag{5.8 – 20}$$

即线电流的相位滞后于相应的第一个相电流的相位 30°。

每相负载的平均功率为

$$P_p = U_p I_p \cos\varphi_Z$$

在负载作△连接时，有

$$U_l = U_p, \qquad I_l = \sqrt{3}I_p$$

于是

$$P_p = U_l \frac{I_l}{\sqrt{3}} \cos\varphi_Z$$

三相负载总的平均功率为

$$P = 3P_p = \sqrt{3}U_l I_l \cos\varphi_Z \tag{5.8 – 21}$$

式(5.8 – 15)和式(5.8 – 21)完全相同。也就是说，不论对称三相电路负载是 Y 连接或是△连接，其三相总功率都等于线电压有效值和线电流有效值的乘积的$\sqrt{3}$倍，再乘以负载的功率因数。

下面讨论对称三相电路的瞬时功率。

设三相负载的相电压为

$$u_A = \sqrt{2}U_p \cos\omega t$$
$$u_B = \sqrt{2}U_p \cos(\omega t - 120°)$$
$$u_C = \sqrt{2}U_p \cos(\omega t + 120°)$$

则相电流为

$$i_A = \sqrt{2}I_p \cos(\omega t - \varphi_Z)$$
$$i_B = \sqrt{2}I_p \cos(\omega t - \varphi_Z - 120°)$$
$$i_C = \sqrt{2}I_p \cos(\omega t - \varphi_Z + 120°)$$

各相负载的瞬时功率分别为

$$p_A = u_A i_A = \sqrt{2}U_p \cos\omega t \cdot \sqrt{2}I_p \cos(\omega t - \varphi_Z)$$
$$p_B = u_B i_B = \sqrt{2}U_p \cos(\omega t - 120°) \cdot \sqrt{2}I_p \cos(\omega t - \varphi_Z - 120°)$$
$$p_C = u_C i_C = \sqrt{2}U_p \cos(\omega t + 120°) \sqrt{2}I_p \cos(\omega t - \varphi_Z + 120°)$$

三相负载的瞬时功率等于各相负载瞬时功率之和，即

$$p = p_A + p_B + p_C = 3U_p I_p \cos\varphi_Z = 3P_p = P = 定值 \tag{5.8 – 22}$$

式(5.8 – 22)表明，对称三相电路中，三相负载的总瞬时功率是定值，等于三相总的平均功率 P。对三相电动机负载来说，瞬时功率恒定意味着电动机的转矩是恒定的，电动机转动平稳，没有振动，这是对称三相电路的一个优点。

【例 5.8 – 2】 对称三相电路如图 5.8 – 9 所示。已知对称三相电源 $\dot{U}_A = 220\angle 0°$ V，

负载阻抗 $Z=10\angle 45^\circ\ \Omega$，求电路中的电压、电流和三相功率。

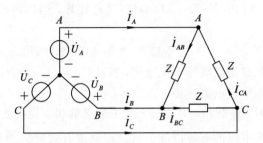

图 5.8 - 9　例 5.8 - 2 用图

解　题目已知电源相电压 $\dot{U}_A=220\angle 0^\circ$ V，由式(5.8 - 6)和式(5.8 - 7)可得线电压：

$$\dot{U}_{AB}=\sqrt{3}\dot{U}_A\angle 30^\circ=380\angle 30^\circ\ \text{V}$$

根据对称性有

$$\dot{U}_{BC}=380\angle(30^\circ-120^\circ)=380\angle -90^\circ\ \text{V}$$
$$\dot{U}_{CA}=380\angle(30^\circ+120^\circ)=380\angle 150^\circ\ \text{V}$$

此线电压亦为负载相电压。

负载相电流

$$\dot{I}_{AB}=\frac{\dot{U}_{AB}}{Z}=\frac{380\angle 30^\circ}{10\angle 45^\circ}=38\angle -15^\circ\ \text{A}$$

其他两相电流

$$\dot{I}_{BC}=38\angle(-15^\circ-120^\circ)=38\angle -135^\circ\ \text{A}$$
$$\dot{I}_{CA}=38\angle(-15^\circ+120^\circ)=38\angle -105^\circ\ \text{A}$$

由式(5.8 - 19)和式(5.8 - 20)可得线电流

$$\dot{I}_A=\dot{I}_{AB}-\dot{I}_{CA}=\sqrt{3}\dot{I}_{AB}\angle -30^\circ=\sqrt{3}\times 38\angle(-15^\circ-30^\circ)=66\angle -45^\circ\ \text{A}$$
$$\dot{I}_B=66\angle(-45^\circ-120^\circ)=66\angle -165^\circ\ \text{A}$$
$$\dot{I}_C=66\angle(-45^\circ+120^\circ)=66\angle 75^\circ\ \text{A}$$

三相负载的总功率为

$$\begin{aligned}P&=3P_A=3U_p I_p\cos\varphi_Z=3U_{AB}I_{AB}\cos\varphi_Z\\&=3\times 380\times 38\cos 45^\circ\\&=30\ 632\ \text{W}\end{aligned}$$

或

$$\begin{aligned}P&=\sqrt{3}U_l I_l\cos\varphi_Z=\sqrt{3}U_{AB}I_A\cos\varphi_Z\\&=\sqrt{3}\times 380\times\sqrt{3}\times 38\cos 45^\circ\\&=30\ 632\ \text{W}\end{aligned}$$

综上所述，关于对称三相电路的分析，可归纳如下：

(1) 对称三相电路中，三相的电压、电流均是对称的，均为频率相同、幅值相等、相位依次互差 120°的正弦交流电。

(2) 三相电源为 Y 连接时，线电压的有效值等于电源相电压有效值的 $\sqrt{3}$ 倍，即 $U_l=\sqrt{3}U_p$，线电压相位超前于相应的相电压相位 30°，如式(5.8 - 7)所示；三相电源为△连接时，线电压等于电源相电压。

(3) 对三相负载进行分析时，取一相（A 相）进行计算，然后再根据对称性得出其他两相的电压、电流。

(4) 负载作 Y 连接时，$U_{NN'}=0$，N 与 N' 为等电位点，可用一导线短接。此时负载相电压等于电源相电压；负载相电流等于线电流，按式(5.8-12)计算。如果对称三相电路为三相四线制供电电路，则中线电流为零。

(5) 负载作△连接时，负载相电压等于线电压；负载相电流按式(5.8-17)计算，等于线电压除以负载阻抗；线电流的有效值等于负载相电流有效值的 $\sqrt{3}$ 倍，即 $I_l=\sqrt{3}I_p$；线电流相位滞后于相应相电流相位 30°，如式(5.8-20)所示。

习　题　5

5-1　填空题。

(1) 正弦信号的三参量是 _____。

(2) 已知正弦电流的表达式为 $i(t)=5\cos(314t+60°)$A，它的振幅值相量 $\dot{I}_m=$ _____。

(3) 在关联参考方向下，若无源单口网络的端口电压超前于端口电流，则该单口网络呈____。

(4) 阻抗 $Z=R+jX$，其虚部称做_____。

(5) 若阻抗角 $\varphi_Z>0$，表明电压相量超前于电流相量，电路呈____性，若阻抗角 $\varphi_Z<0$，表明电压相量滞后于电流相量，电路呈____性。

(6) 无源单口网络的有功功率仅与_____有关。

(7) 视在功率它反映了电器设备的_____。

(8) 在负载阻抗与电源内阻抗满足共轭匹配条件下，负载可获得最大功率，最大功率为_____。

(9) 当线性电路有多个频率激励源作用时，其响应的求取可应用_____分别求出各分响应瞬时值，再将分响应瞬时值叠加即为各激励源共同作用所产生的响应。

5-2　选择题。

(1) 已知某正弦电压 $u(t)$ 的有效值相量 $\dot{U}=4\angle30°$ V，频率 $f=50$ Hz，则其时间函数表达式为(　　　　)。

(A) $4\sin(100\pi t+30°)$V　　　　(B) $2\sqrt{2}\sin(100\pi t+30°)$V

(C) $2\sqrt{2}\sin(50\pi t+30°)$V　　　(D) $4\sqrt{2}\sin(100\pi t+30°)$V

(2) 如题 5-2-2 图所示电路，端口导纳为(　　　　)。

(A) $1+j1$ S　　　(B) $1-j1$ S　　　(C) $j1$ S　　　(D) 1 S

(3) 电路如题 5-2-3 图所示，阻抗 Z_{ab} 等于(　　　　)。

(A) 8 Ω　　　(B) $2+j1$ Ω　　　(C) $6+j3$ Ω　　　(D) 6 Ω

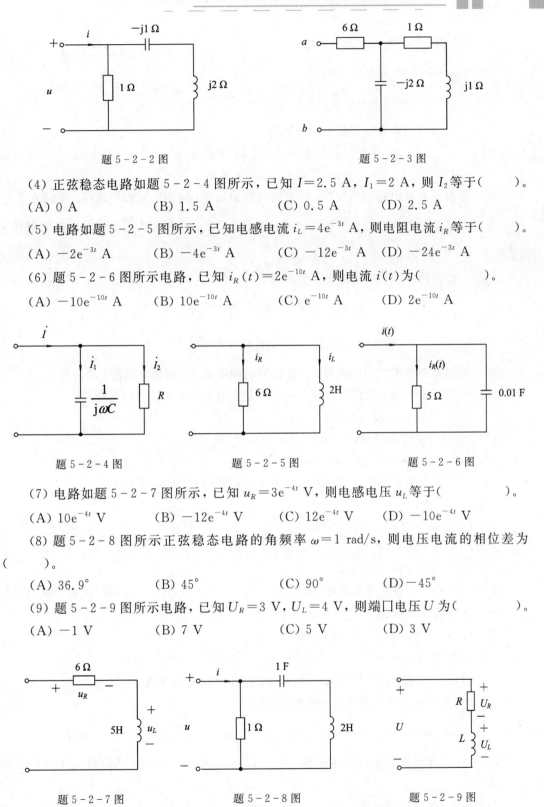

题 5 - 2 - 2 图　　　　　　　　　　　题 5 - 2 - 3 图

（4）正弦稳态电路如题 5 - 2 - 4 图所示，已知 $I=2.5$ A，$I_1=2$ A，则 I_2 等于（　　）。

(A) 0 A　　　　　(B) 1.5 A　　　　　(C) 0.5 A　　　　　(D) 2.5 A

（5）电路如题 5 - 2 - 5 图所示，已知电感电流 $i_L=4e^{-3t}$ A，则电阻电流 i_R 等于（　　）。

(A) $-2e^{-3t}$ A　　(B) $-4e^{-3t}$ A　　(C) $-12e^{-3t}$ A　　(D) $-24e^{-3t}$ A

（6）题 5 - 2 - 6 图所示电路，已知 $i_R(t)=2e^{-10t}$ A，则电流 $i(t)$ 为（　　）。

(A) $-10e^{-10t}$ A　　(B) $10e^{-10t}$ A　　(C) e^{-10t} A　　(D) $2e^{-10t}$ A

题 5 - 2 - 4 图　　　　　　题 5 - 2 - 5 图　　　　　　题 5 - 2 - 6 图

（7）电路如题 5 - 2 - 7 图所示，已知 $u_R=3e^{-4t}$ V，则电感电压 u_L 等于（　　）。

(A) $10e^{-4t}$ V　　　(B) $-12e^{-4t}$ V　　(C) $12e^{-4t}$ V　　(D) $-10e^{-4t}$ V

（8）题 5 - 2 - 8 图所示正弦稳态电路的角频率 $\omega=1$ rad/s，则电压电流的相位差为
（　　）。

(A) 36.9°　　　　(B) 45°　　　　　(C) 90°　　　　　(D) -45°

（9）题 5 - 2 - 9 图所示电路，已知 $U_R=3$ V，$U_L=4$ V，则端口电压 U 为（　　）。

(A) -1 V　　　　(B) 7 V　　　　　(C) 5 V　　　　　(D) 3 V

题 5 - 2 - 7 图　　　　　　题 5 - 2 - 8 图　　　　　　题 5 - 2 - 9 图

5 - 3　试画出下列正弦电压或电流的波形，并指出其振幅、频率和初相角。

(1) $u(t) = 100 \cos\left(314t + \dfrac{\pi}{4}\right)$ V;

(2) $i(t) = 3\sqrt{2} \cos(10^3 t - 60°)$ A;

(3) $u(t) = 15 \cos\left(100\pi t - \dfrac{\pi}{6}\right)$ V。

5-4　已知两同频率的正弦电流分别为

$$i_1(t) = 100 \sin(\omega t - 90°) \text{ A}$$

$$i_2(t) = 60 \cos(\omega t + 30°) \text{ A}$$

试在同一坐标系中画出它们的波形，计算它们的相位差，并指出它们的超前、滞后关系。

5-5　已知正弦电流的有效值为 2 A，周期为 20 ms，初相为 $\dfrac{\pi}{6}$，试写出其瞬时值表达式。

5-6　已知两同频率的正弦电压分别为

$$u_1(t) = 20 \sin\left(314t - \dfrac{\pi}{3}\right) \text{ V}$$

$$u_2(t) = 15 \cos\left(314t + \dfrac{2\pi}{3}\right) \text{ V}$$

试在同一坐标系中画出它们的波形，计算它们的相位差，并指出其超前、滞后关系。

5-7　试写出下列正弦信号对应的振幅相量和有效值相量，并作相量图。

(1) $u(t) = 110 \cos(314t + 45°)$ V;

(2) $u(t) = -100 \sin(314t - 60°)$ V;

(3) $i(t) = -30 \cos(314t + 30°)$ A。

5-8　写出下列相量代表的正弦信号的瞬时值表达式（设角频率为 ω）：

(1) $\dot{I}_m = 30 + j40$ A；

(2) $\dot{I} = 20 e^{-j30°}$ A；

(3) $\dot{U}_m = -2 + j1$ V；

(4) $\dot{U} = -60 - j80$ V。

5-9　根据下列各式给出的电流瞬时值表达式 $i_1(t)$ 和 $i_2(t)$，试利用相量计算 $i(t) = i_1(t) + i_2(t)$，并作相量图。

(1) $i_1(t) = 4 \cos 2t$ A，$i_2(t) = 3 \sin 2t$ A；

(2) $i_1(t) = 10 \cos(\omega t + 36.86°)$ A，$i_2(t) = 6 \cos(\omega t + 120°)$ A；

(3) $i_1(t) = 15 \sin(\omega t - 30°)$ A，$i_2(t) = 10\sqrt{2} \sin(\omega t + 45°)$ A。

5-10　下列各式哪些是错的？哪些是对的？

$$u = \omega L i, \quad u = L i, \quad u = j\omega L i, \quad \dot{U}_m = j\omega L \dot{I}_m, \quad u = L \dfrac{\mathrm{d}i}{\mathrm{d}t}, \quad \dot{U} = \omega L \dot{I}$$

5-11　已知元件 A 的正弦端电压 $u(t) = 12 \cos(10^3 t + 30°)$ V，求流过元件 A 的正弦电流 $i(t)$。

(1) A 为 $R = 4$ Ω 的电阻；

(2) A 为 $L = 20$ mH 的电感；

（3）A 为 $C=1\ \mu\mathrm{F}$ 的电容。

5-12　已知元件 A 为电阻、电感或电容，若其端电压和电流如下列情况所示，试确定 A 为何种元件，并求其参数。

（1）$u(t)=1600\cos(628t+20°)$ V，$i(t)=4\cos(628t-70°)$ A；

（2）$u(t)=70\cos(314t+30°)$ V，$i(t)=7\sin(314t+120°)$ A；

（3）$u(t)=250\cos(200t+50°)$ V，$i(t)=0.5\cos(200t+140°)$ A；

（4）$u(t)=3800\sin(400t+60°)$ V，$i(t)=4\cos(400t+60°)$ A。

5-13　正弦稳态电路如题 5-13 图所示，已知 $u_{s1}(t)=2\cos(3t+45°)$ V，$u_{s2}(t)=10\sqrt{2}\sin(10^{3}t+30°)$ V，试画出其相量模型。

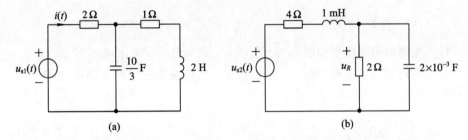

题 5-13 图

5-14　试求题 5-14 图所示各电路 ab 端的阻抗或导纳。

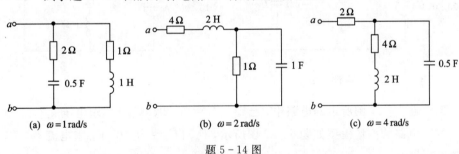

题 5-14 图

5-15　求题 5-15 图所示电路 ab 端的输入阻抗 Z_{ab}。

（1）$\omega=0$；

（2）$\omega=1$ rad/s。

5-16　电路如题 5-16 图所示，A 是电抗元件（L 或 C），已知 $u(t)=10\cos(2t+45°)$ V，$i(t)=5\sqrt{2}\cos 2t$ A，试求元件 A 的参数值。

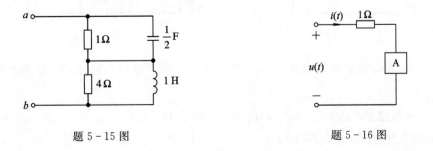

题 5-15 图　　　　　　　　　　题 5-16 图

5-17　题 5-17 图所示的电路中，A 是动态元件(L 或 C)，已知 $u(t)=24\sqrt{2}\cos(5t+20°)$ V，$i(t)=2\sqrt{2}\cos(5t-33.1°)$ A，试求元件 R 和 A 的参数值。

5-18　正弦稳态电路的相量模型如题 5-18 图所示，试求 ab 端的输入阻抗 Z_{ab}。

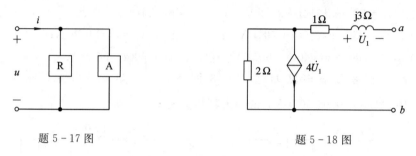

题 5-17 图　　　　　　　　　题 5-18 图

5-19　电路的相量模型如题 5-19 图所示，试用分压关系求电压 $\dot{U}_1$。

5-20　电路的相量模型如题 5-20 图所示，试用分流公式求支路电流 $\dot{I}_1$ 和 $\dot{I}_2$，并画出相量图。

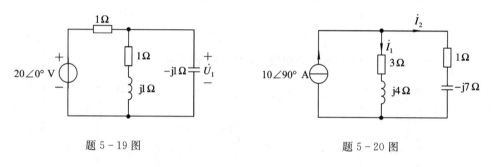

题 5-19 图　　　　　　　　　题 5-20 图

5-21　题 5-21 图所示的电路中，已知 $u_s(t)=5\sqrt{2}\cos2t$ V，求电压 $u_C(t)$。

5-22　电路的相量模型如题 5-22 图所示，已知 $\dot{U}_s=10\angle0°$ V，求电流 $\dot{I}_R$、$\dot{I}_L$、$\dot{I}_C$ 和 $\dot{I}$，并画出相量图。

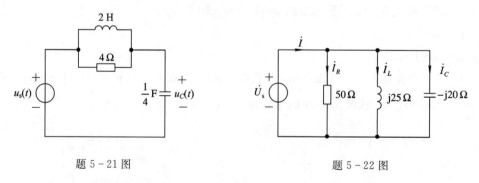

题 5-21 图　　　　　　　　　题 5-22 图

5-23　电路的相量模型如题 5-23 图所示，试用节点分析法求 A、B 两点间的电压 $\dot{U}_{AB}$。

5-24　正弦稳态电路如题 5-24 图所示，已知 $i_{s1}(t)=4\sqrt{2}\cos2t$ A，$i_{s2}(t)=\sqrt{2}\cos(2t-90°)$ A，试用节点分析法求电压 $u_1(t)$。

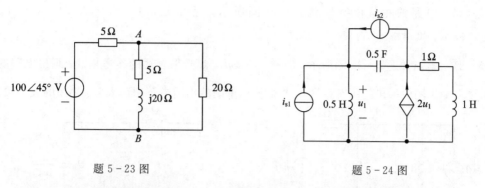

题 5 - 23 图　　　　　　　　　　　题 5 - 24 图

5 - 25　电路的相量模型如题 5 - 25 图所示，试用回路分析法求电流 $\dot{I}$。

5 - 26　电路的相量模型如题 5 - 26 图所示，试用节点分析法和回路分析法求电压 $\dot{U}$。

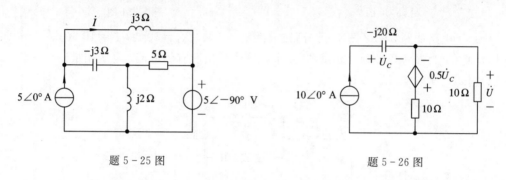

题 5 - 25 图　　　　　　　　　　　题 5 - 26 图

5 - 27　单口电路如题 5 - 27 图所示，已知 $u_s(t)=2\sqrt{2}\cos 2t$ V，试求其戴维南等效相量模型。

5 - 28　试求题 5 - 28 图所示电路的戴维南等效相量模型，已知 $\dot{U}_s=1\angle 10°$ V。

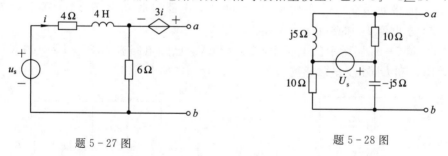

题 5 - 27 图　　　　　　　　　　　题 5 - 28 图

5 - 29　试求题 5 - 29 图所示各电路的戴维南等效电路或诺顿等效电路。

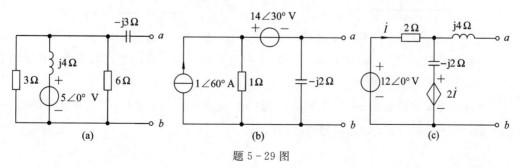

(a)　　　　　　　　　　(b)　　　　　　　　　　(c)

题 5 - 29 图

5-30 电路的相量模型如题 5-30 图所示，已知 $u_s(t)=4\sqrt{2}\cos3t$ V，$i_s(t)=7\sqrt{2}\cos5t$ A，试求电流 $i(t)$。

5-31 电路如题 5-31 图所示，$R=\dfrac{1}{\omega C}=2\omega L$，试选取合适的参考相量，画出电路的相量图（要求画出图中标出的所有相量），并根据相量图给出图中 U、U_L 及 U_R 之间的大小关系。

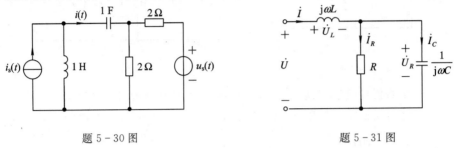

题 5-30 图　　　　　　　　　　题 5-31 图

5-32 电路如题 5-32 图所示，已知 $R=X_C=5\ \Omega$，$X_L=10\ \Omega$，$I_1=10$ A。

(1) 以 $\dot{U}_1$ 为参考相量画出相量图（要求在图中标出所有的电流、电压相量）；

(2) 求 I_2、I、U_1、U_2 和 U。

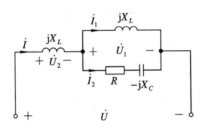

题 5-32 图

5-33 电路如题 5-33 图所示，$U=60$ V，电路吸收功率 $P=180$ W，功率因数 $\lambda=\cos\varphi=1$，求电流 I_C 和感抗 X_L。

5-34 题 5-34 图所示的电路中，$U_s=20$ V，已知电路有功功率 $P=100$ W，电阻 $R=5\ \Omega$，且 $\dot{U}$ 和 $\dot{I}$ 同相，试求感抗 X_L。

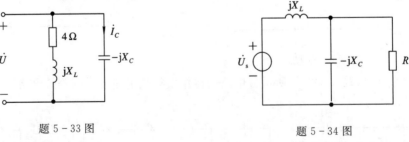

题 5-33 图　　　　　　　　　　题 5-34 图

5-35 电路如题 5-35 图所示，试求 ab 右边无源单口电路的平均功率 P、功率因数 λ、无功功率 Q 和视在功率 S。

5-36 单口电路如题 5-36 图所示，电压 $u(t)=300\sqrt{2}\cos(314t+10°)$ V，电流 $i(t)=50\sqrt{2}\cos(314t-45°)$ A，求该电路吸收的功率。

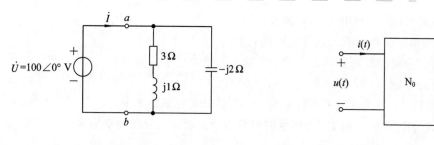

題 5 - 35 图　　　　　　題 5 - 36 图

5 - 37　电路如题 5 - 37 图所示，已知阻抗 $Z_1 = 0.5 - \mathrm{j}3.5\ \Omega$，$Z_2 = 5\angle 53°\ \Omega$，$Z_3 = -\mathrm{j}5\ \Omega$，试求：

（1）电流 $\dot{I}$；

（2）电路吸收的平均功率和功率因数。

5 - 38　电路如题 5 - 38 图所示，若 $u(t) = 2\sqrt{2}\cos(2t+30°)$ V，$i(t) = 10\sqrt{2}\cos(2t-30°)$ A，$R = 2\ \Omega$，求：

（1）电阻 R 上消耗的平均功率；

（2）网络 N_0 吸收的有功功率和无功功率。

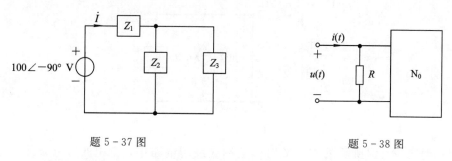

題 5 - 37 图　　　　　　題 5 - 38 图

5 - 39　电路如题 5 - 37 图所示，试求 ab 右侧电路的平均功率。

5 - 40　工厂中用的感应电动机是电感性负载，功率因数较低。为提高负载的功率因数，可并联大小适当的电容器，如题 5 - 40 图所示。设有一台 220 V、50 Hz、50 kW 的电动机，功率因数为 0.5。

（1）在使用时，电源供应的电流是多少？无功功率 Q 是多少？

（2）如果并联电容器，使功率因数达到 1，则所需的电容值是多少？此时电源供应的电流是多少？

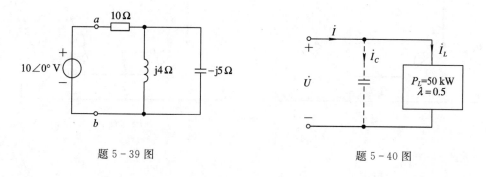

題 5 - 39 图　　　　　　題 5 - 40 图

5-41 电路如题 5-41 图所示，试求：

（1）ab 左侧单口电路的戴维南等效电路；

（2）负载 Z_L 为何值时可获得最大功率？获得的最大功率为多少？

5-42 电路如题 5-42 图所示，$\dot{I}_s = 8\angle 0°$ A。

（1）负载阻抗 Z_L 为何值时可获得最大功率？其最大功率是多少？

（2）若负载为电阻 R_L，则 R_L 为何值时可获得最大功率？最大功率为多少？

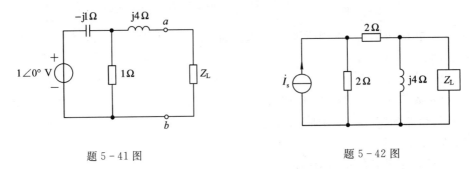

题 5-41 图　　　　　　　　　　题 5-42 图

5-43 电路如题 5-43 图所示，负载 Z_L 为何值时可获得最大功率？最大功率是多少？

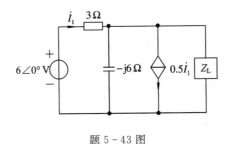

题 5-43 图

5-44 题 5-44 图所示的 Y-Y 对称三相四线制电路中，三相低压电源的线电压 $U_l = 380$ V，星形三相负载每相的阻抗均为 $Z = 40 + j30$ Ω，试求：

（1）每相负载的相电流；

（2）三相负载消耗的总功率。

5-45 Y-△对称三相电路如题 5-45 图所示，已知线电压 $U_l = 380$ V，负载阻抗 $Z = 26\angle 53.1°$ Ω，求负载相电流、线电流和三相负载消耗的总功率。

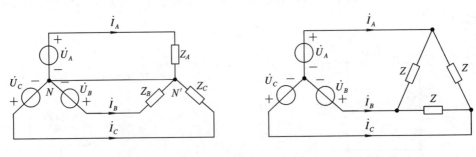

题 5-44 图　　　　　　　　　　题 5-45 图

第 6 章　耦合电感和理想变压器

第 1 章和第 4 章我们分别介绍了三个基本的无源二端元件：电阻、电容和电感。这一章我们将介绍另一类电路元件——耦合电感与理想变压器，它们是四端元件，是根据电磁感应原理制成的，同属耦合元件。在实际电路中，如收音机中使用耦合线圈将天线接收到的电信号耦合到输入电路，通信设备中利用变压器实现前级电路与后级负载之间的阻抗匹配，电力系统中用变压器来降低或升高电压，这些都是耦合电感元件与变压器元件的具体应用。因此，作为学习电路分析的基础，掌握这类元件的电路分析方法是十分必要的。

本章将首先介绍耦合电感的基本概念，接着重点讨论耦合电感的伏安关系、耦合电感的去耦等效、含耦合电感电路的分析和理想变压器的特性，最后简要介绍铁芯变压器模型。

6.1　耦　合　电　感

6.1.1　耦合电感的基本概念

在第 4 章中我们曾介绍过电感线圈，它是孤立的单个线圈，如图 6.1-1 所示。当线圈通以变化的电流 i 时，其周围将建立磁场，产生磁通 Φ，磁通 Φ 与 N 匝线圈交链，则磁链 $\psi = N\Phi$。磁通 Φ（或磁链 ψ）的方向与电流的参考方向成右手螺旋关系，如图 6.1-1 所示。磁链 ψ 与电流 i 满足以下关系：

$$\psi = Li \tag{6.1-1}$$

式中，比例系数 L 称为电感，单位是亨利，简称亨（H）。

当通过电感线圈的电流发生变化时，磁链也相应地发生变化，根据电磁感应定律，线圈两端将产生感应电压，感应电压等于磁链的变化率。当端电压 u 与端电流 i 取关联参考方向（见图 6.1-1）时，有

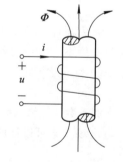

图 6.1-1　孤立的单个线圈

$$u(t) = \frac{\mathrm{d}\psi}{\mathrm{d}t} = L\frac{\mathrm{d}i}{\mathrm{d}t} \tag{6.1-2}$$

如果在一个线圈的邻近还有另一个线圈，并分别通以电流，则其周围也将激发磁场产生磁通。由于磁场的耦合作用，每个线圈中的电流产生的磁场除穿过本线圈外，还有一部分穿过邻近的线圈，即两个线圈具有磁耦合，我们将这种具有磁耦合的两个线圈称为耦合线圈，如图 6.1-2 所示。

在图 6.1-2 中，线圈 1 通电流 i_1，它所产生的并与线圈 1 相交链的磁通 Φ_{11} 称为线圈 1 的自感磁通，Φ_{11} 的方向与电流 i_1 的参考方向符合右手螺旋定则。自感磁通 Φ_{11} 与线圈 1 的匝数 N_1 的乘积为线圈 1 的自感磁链，即

$$\psi_{11} = L_1 i_1 \tag{6.1-3}$$

式中，比例系数 L_1 称为线圈 1 的自感系数（简称自感），其单位与电感相同，也是亨利（H）。

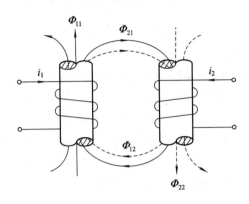

图 6.1-2　耦合线圈

　　由于磁场的耦合作用，磁通 Φ_{11} 中有一部分磁通 Φ_{21}，它不但穿过线圈 1，同时也穿过邻近的线圈 2，称为线圈 1 对线圈 2 的互感磁通，它与线圈 2 相交链而形成的磁链 ψ_{21} 称为线圈 1 对线圈 2 的互感磁链，即 $\psi_{21} = N_2 \Phi_{21}$。类似于自感系数的定义，有

$$\psi_{21} = M_{21} i_1 \tag{6.1-4}$$

式中，比例系数 M_{21} 称为线圈 1 对线圈 2 的互感系数（简称互感），其单位与自感相同，也是亨利（H）。

　　同样，若在线圈 2 中通电流 i_2，它产生的并与线圈 2 相交链的磁通 Φ_{22} 称为线圈 2 的自感磁通，自感磁链 $\psi_{22} = N_2 \Phi_{22}$，且有

$$\psi_{22} = L_2 i_2 \tag{6.1-5}$$

式中，比例系数 L_2 称为线圈 2 的自感系数（简称自感）。磁通 Φ_{22} 也将有一部分磁通 Φ_{12}，它不但穿过线圈 2，也穿过线圈 1，称为线圈 2 对线圈 1 的互感磁通，相应的互感磁链 $\psi_{12} = N_1 \Phi_{12}$，有

$$\psi_{12} = M_{12} i_2 \tag{6.1-6}$$

式中，比例系数 M_{12} 称为线圈 2 对线圈 1 的互感系数。

　　由电磁场理论可以证明

$$M_{12} = M_{21} = M \tag{6.1-7}$$

M 称为线圈 1 和线圈 2 之间的互感系数，简称互感。

　　为了定量描述两个线圈耦合的松紧程度，引入耦合系数 k。我们用两个线圈的互感磁链与自感磁链比值的几何平均值来表征两个线圈耦合的松紧程度，定义为耦合系数，即

$$k = \sqrt{\frac{\psi_{21}}{\psi_{11}} \cdot \frac{\psi_{12}}{\psi_{22}}} \tag{6.1-8}$$

将式（6.1-3）～式（6.1-7）代入式（6.1-8），可得耦合系数

$$k = \sqrt{\frac{\psi_{21}}{\psi_{11}} \cdot \frac{\psi_{12}}{\psi_{22}}} = \frac{M}{\sqrt{L_1 L_2}} \tag{6.1-9}$$

式中，由于 $\dfrac{\psi_{21}}{\psi_{11}} \cdot \dfrac{\psi_{12}}{\psi_{22}} = \dfrac{\Phi_{21}}{\Phi_{11}} \cdot \dfrac{\Phi_{12}}{\Phi_{22}}$，又 $\dfrac{\Phi_{21}}{\Phi_{11}} \leqslant 1$，$\dfrac{\Phi_{12}}{\Phi_{22}} \leqslant 1$，所以耦合系数 $0 \leqslant k \leqslant 1$。当 $k = 0$ 时，

说明两线圈之间没有耦合；当 $k=1$ 时，说明两线圈耦合最紧，称为全耦合。

两个线圈之间的耦合系数 k 的大小与线圈的结构、两线圈的相互位置及周围磁介质有关。如果两个线圈靠得很近或密绕在一起，则 k 值接近于 1，属于紧耦合；反之，如果两个线圈相距很远，则属于松耦合。

6.1.2　耦合电感的伏安关系

由 6.1.1 节的分析可知，当两个具有磁耦合的线圈（耦合电感）都通以变化的电流时，每个线圈中的磁链就由自感磁链和互感磁链两部分组成。根据电磁感应定律，这两个变化的磁链将在线圈两端产生感应电压，感应电压的大小等于磁链的变化率。

由自感磁链产生的感应电压称为自感电压，如图 6.1-3(a) 所示。由于自感磁链是由本线圈的电流产生的，因此自感磁链与电流符合右手螺旋关系。如果两线圈的电压、电流参考方向关联，则线圈 1 和线圈 2 的自感电压分别为

$$\begin{cases} u_{L1} = \dfrac{\mathrm{d}\psi_{11}}{\mathrm{d}t} = L_1 \dfrac{\mathrm{d}i_1}{\mathrm{d}t} \\[2mm] u_{L2} = \dfrac{\mathrm{d}\psi_{22}}{\mathrm{d}t} = L_2 \dfrac{\mathrm{d}i_2}{\mathrm{d}t} \end{cases} \tag{6.1-10}$$

也就是说，自感电压的极性只与本线圈的电流参考方向有关，并与之呈关联参考方向，与线圈绕向无关。

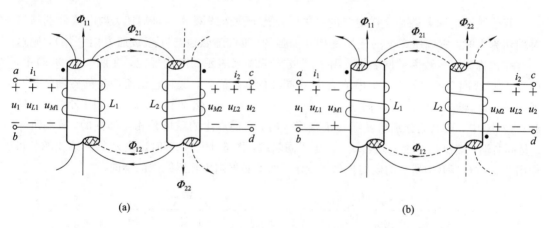

图 6.1-3　耦合电感的自感电压和互感电压

由互感磁链产生的感应电压称为互感电压。若互感电压的极性与互感磁链的方向按右手螺旋定则选取（见图 6.1-3(a)），则线圈 1 和线圈 2 的互感电压分别为

$$\begin{cases} u_{M1} = \dfrac{\mathrm{d}\psi_{12}}{\mathrm{d}t} = M \dfrac{\mathrm{d}i_2}{\mathrm{d}t} \\[2mm] u_{M2} = \dfrac{\mathrm{d}\psi_{21}}{\mathrm{d}t} = M \dfrac{\mathrm{d}i_1}{\mathrm{d}t} \end{cases} \tag{6.1-11}$$

于是，每个线圈的端电压等于自感电压和互感电压的代数和。对于图 6.1-3(a) 所示的耦合线圈，有

$$\begin{cases} u_1 = u_{L1} + u_{M1} = L_1 \dfrac{\mathrm{d}i_1}{\mathrm{d}t} + M \dfrac{\mathrm{d}i_2}{\mathrm{d}t} \\[2mm] u_2 = u_{L2} + u_{M2} = L_2 \dfrac{\mathrm{d}i_2}{\mathrm{d}t} + M \dfrac{\mathrm{d}i_1}{\mathrm{d}t} \end{cases} \tag{6.1-12}$$

式(6.1-12)就是耦合电感的伏安关系式。

下面再来讨论另一种情形，即把图 6.1-3(a) 所示的线圈 2 的绕向反过来，如图 6.1-3(b) 所示。取感应电压极性与产生它的磁通方向符合右手螺旋关系，则耦合电感的伏安关系为

$$\begin{cases} u_1 = u_{L1} - u_{M1} = L_1 \dfrac{\mathrm{d}i_1}{\mathrm{d}t} - M \dfrac{\mathrm{d}i_2}{\mathrm{d}t} \\[2mm] u_2 = u_{L2} - u_{M2} = L_2 \dfrac{\mathrm{d}i_2}{\mathrm{d}t} - M \dfrac{\mathrm{d}i_1}{\mathrm{d}t} \end{cases} \tag{6.1-13}$$

由以上分析可见，当线圈绕向改变后，自感电压的极性没变，它始终与本线圈的电流呈关联方向，但互感电压的极性发生了改变，这就是说，互感电压的极性与线圈的绕向有关。由于实际的互感线圈往往是密封的，看不见线圈的绕向，并且在电路图中绘出线圈绕向也不方便，因此为了能方便地确定互感电压的极性，需要在互感线圈的引出端标注某种形式的记号以反映线圈的绕向，于是人们引入了"同名端"标记。

6.1.3 互感线圈的同名端

互感线圈的同名端是这样规定的：它是分属于两个线圈的一对端钮，当电流分别从这对端钮流入时，它们所产生的磁场是相互加强的（即自感磁通与互感磁通方向一致），则这一对端钮称为互感线圈的同名端，用"·"或"*"等来表示。按此规定，在图6.1-3(a)中，电流 i_1 从线圈 1 的 a 端流入，电流 i_2 从线圈 2 的 c 端流入，这时它们所产生的磁场是相互加强的，我们称端钮 a、c 为同名端，并用"·"标示，显然端钮 b、d 也是同名端。在图 6.1-3(b) 中，当电流分别从 a 端和 d 端流入时，它们产生的磁场是相互加强的，故端钮 a、d 是同名端，端钮 b、c 也是同名端。标定了同名端，图 6.1-3(a) 和 (b) 所示的互感线圈就可用图 6.1-4(a) 和 (b) 所示的电路模型来表示，而不必再画出互感线圈的绕向。

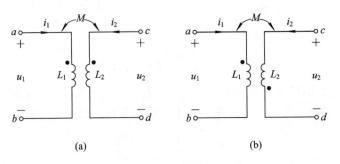

图 6.1-4 耦合电感的电路模型

当互感线圈的同名端标出后，就可根据同名端确定互感电压的极性。以图 6.1-3(a) 所示的互感线圈为例，当电流 i_2 由线圈 2 的同名端 c 流入时，由该电流在线圈 1 内产生的互感电压的"＋"极性端在对应的同名端 a；同理，当电流 i_1 由线圈 1 的同名端 a 流入时，由该电流在线圈 2 内产生的互感电压的"＋"极性端也应在对应的同名端 c。由以上分析不

难得出：当电流从同名端流入时，由该电流在另一线圈内产生的互感电压的正极性端必在对应的同名端。

　　下面就图 6.1-5(a)所示的耦合电感写出其端口的伏安关系式。同名端及电压、电流的参考方向已标示于图中。线圈 1 的端电压 u_1 包括自感电压 u_{L1} 和互感电压 u_{M1}，自感电压 u_{L1} 的极性与本线圈电流 i_1 呈关联方向，且 $u_{L1}=L_1\dfrac{\mathrm{d}i_1}{\mathrm{d}t}$，互感电压 u_{M1} 由电流 i_2 产生，当电流 i_2 从同名端流入时，由它产生的互感电压 u_{M1} 的"＋"极性端在对应的同名端，此时 $u_{M1}=M\dfrac{\mathrm{d}i_2}{\mathrm{d}t}$，于是有

$$u_1 = u_{L1} - u_{M1} = L_1\,\frac{\mathrm{d}i_1}{\mathrm{d}t} - M\,\frac{\mathrm{d}i_2}{\mathrm{d}t}$$

同理可得

$$u_2 = -u_{L2} + u_{M2} = -L_2\,\frac{\mathrm{d}i_2}{\mathrm{d}t} + M\,\frac{\mathrm{d}i_1}{\mathrm{d}t}$$

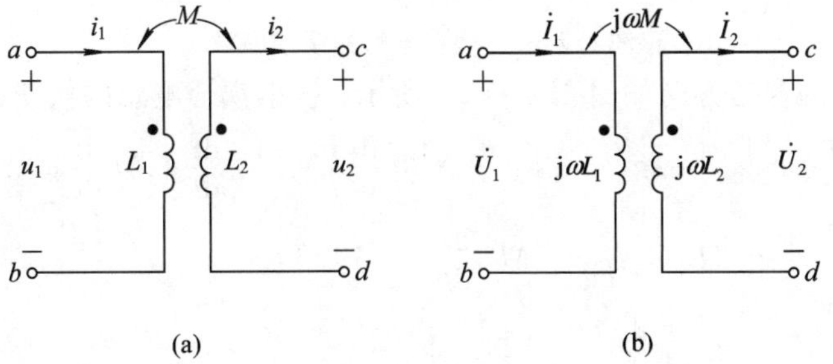

(a)　　　　　　　　(b)

图 6.1-5　耦合电感的时域模型和相量模型

　　图 6.1-5(b)是图 6.1-5(a)的相量模型，其端口的伏安关系的相量形式为

$$\dot{U}_1 = \mathrm{j}\omega L_1\dot{I}_1 - \mathrm{j}\omega M\dot{I}_2$$
$$\dot{U}_2 = -\mathrm{j}\omega L_2\dot{I}_2 + \mathrm{j}\omega M\dot{I}_1$$

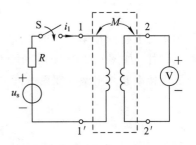

图 6.1-6　同名端的实验确定法

　　对于未标明同名端的一对不知绕向的耦合线圈，可用图 6.1-6 所示的实验装置来确定其同名端。把其中一个线圈通过开关 S 接到直流电源（如干电池），另一个线圈接直流电压表。当开关 S 迅速闭合时，电流 i_1 将从端钮 1 流入线圈 1，如果电压表指针正向偏转，表明线圈 2 中的互感电压的正极性端与电压表的正极性端一致，即端钮 2 为高电位端，由此可以判定端钮 1 和端钮 2 是同名端。反之，如果电压表指针反向偏转，表明线圈 2 中互感电压正极性端与电压表的正极性端相反，即端钮 2′ 是高电位端，由此判定端钮 1 和端钮 2′ 是同名端。

6.2　耦合电感的去耦等效及含互感电路的分析

　　对含有耦合电感的电路（简称互感电路）进行分析时，由于耦合电感上的电压包含自感电压和互感电压，且互感电压极性的判断与同名端的位置和另一线圈中电流参考方向有

关，这对分析含有互感的电路问题来说是非常不方便的。因此，为了解决这个问题，引入耦合电感的去耦等效，把具有耦合关系的互感元件化为无耦合的电感元件。

6.2.1　耦合电感的串联等效

耦合电感的串联有两种方式：顺接串联和反接串联。顺接串联是将两个线圈的异名端相连接，如图 6.2-1(a)所示。

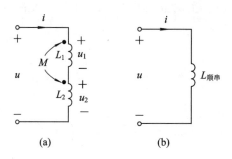

(a)　　　　　　　　　(b)

图 6.2-1　耦合电感的顺接串联

设电压、电流的参考方向如图 6.2-1(a)所示，根据耦合电感的伏安关系有

$$u = u_1 + u_2 = \left(L_1\,\frac{\mathrm{d}i}{\mathrm{d}t} + M\,\frac{\mathrm{d}i}{\mathrm{d}t}\right) + \left(L_2\,\frac{\mathrm{d}i}{\mathrm{d}t} + M\,\frac{\mathrm{d}i}{\mathrm{d}t}\right)$$

$$= (L_1 + L_2 + 2M)\,\frac{\mathrm{d}i}{\mathrm{d}t}$$

$$= L_{顺串}\,\frac{\mathrm{d}i}{\mathrm{d}t}$$

式中

$$L_{顺串} = L_1 + L_2 + 2M \tag{6.2-1}$$

称为耦合电感顺接串联时的等效电感。由此可知，顺接串联的耦合电感可以用一个等效电感来代替，如图 6.2-1(b)所示。

反接串联是将两个线圈的同名端相连接，如图 6.2-2(a)所示。由图 6.2-2(a)可得

$$u = u_1 + u_2 = \left(L_1\,\frac{\mathrm{d}i}{\mathrm{d}t} - M\,\frac{\mathrm{d}i}{\mathrm{d}t}\right) + \left(L_2\,\frac{\mathrm{d}i}{\mathrm{d}t} - M\,\frac{\mathrm{d}i}{\mathrm{d}t}\right)$$

$$= (L_1 + L_2 - 2M)\,\frac{\mathrm{d}i}{\mathrm{d}t}$$

$$= L_{反串}\,\frac{\mathrm{d}i}{\mathrm{d}t}$$

式中

$$L_{反串} = L_1 + L_2 - 2M \tag{6.2-2}$$

称为耦合电感反接串联时的等效电感。由此可知，反接串联的耦合电感也可以用一个等效电感来代替，如图 6.2-2(b)所示。

由式(6.2-1)和式(6.2-2)不难看出，当顺接时互感 M 的前面取正号，反接时则取负号。所以，顺接时等效电感大于两个线圈的自感之和，而反接时等效电感小于两个线圈的自感之和。这是因为顺接时电流自两个线圈的同名端流入，两个线圈中电流产生的磁通是相互加强的，导致串联等效电感增大；反接时两个线圈中的电流产生的磁通是相互削弱

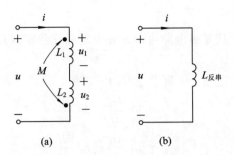

图 6.2 - 2　耦合电感的反接串联

的，导致等效电感减小。

6.2.2　耦合电感的 T 形去耦等效

下面分两种情况进行讨论。

1. 同名端相连

图 6.2 - 3(a)所示为具有互感的三端电路，它是由两个同名端相连的串联耦合线圈从连接点引出一个公共端所构成。

在图 6.2 - 3(a)所示的电压、电流参考方向下，有

$$
\begin{cases}
u_{13} = L_1 \dfrac{\mathrm{d}i_1}{\mathrm{d}t} + M \dfrac{\mathrm{d}i_2}{\mathrm{d}t} \\
u_{23} = L_2 \dfrac{\mathrm{d}i_2}{\mathrm{d}t} + M \dfrac{\mathrm{d}i_1}{\mathrm{d}t}
\end{cases}
\tag{6.2 - 3}
$$

将 $i = i_1 + i_2$ 代入式(6.2 - 3)，可得

$$
\begin{cases}
u_{13} = L_1 \dfrac{\mathrm{d}i_1}{\mathrm{d}t} + M \dfrac{\mathrm{d}(i - i_1)}{\mathrm{d}t} = (L_1 - M) \dfrac{\mathrm{d}i_1}{\mathrm{d}t} + M \dfrac{\mathrm{d}i}{\mathrm{d}t} \\
u_{23} = L_2 \dfrac{\mathrm{d}i_2}{\mathrm{d}t} + M \dfrac{\mathrm{d}(i - i_2)}{\mathrm{d}t} = (L_2 - M) \dfrac{\mathrm{d}i_2}{\mathrm{d}t} + M \dfrac{\mathrm{d}i}{\mathrm{d}t}
\end{cases}
\tag{6.2 - 4}
$$

式(6.2 - 4)中，可将 M 看成是电流 i_1、i_2 同时流过的公共支路的电感，把 L_1 和 L_2 分别以电感 $L_1 - M$ 和 $L_2 - M$ 代替，则根据式(6.2 - 4)可作出其等效电路如图 6.2 - 3(b)所示，图中三个电感相互间无耦合。

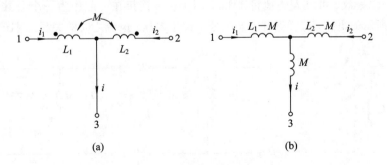

图 6.2 - 3　耦合电感的 T 形去耦等效图(一)

2. 异名端相连

图 6.2-4(a)所示的三端互感电路由两个异名端相连的串联耦合线圈从连接点引出一个公共端所构成。

在图 6.2-4(a)所示的电压、电流参考方向下，有

$$\begin{cases} u_{13} = L_1 \dfrac{\mathrm{d}i_1}{\mathrm{d}t} - M \dfrac{\mathrm{d}i_2}{\mathrm{d}t} \\[2mm] u_{23} = L_2 \dfrac{\mathrm{d}i_2}{\mathrm{d}t} - M \dfrac{\mathrm{d}i_1}{\mathrm{d}t} \end{cases} \tag{6.2-5}$$

将 $i = i_1 + i_2$ 代入式(6.2-5)，得

$$\begin{cases} u_{13} = L_1 \dfrac{\mathrm{d}i_1}{\mathrm{d}t} - M \dfrac{\mathrm{d}(i-i_1)}{\mathrm{d}t} = (L_1 + M) \dfrac{\mathrm{d}i_1}{\mathrm{d}t} - M \dfrac{\mathrm{d}i}{\mathrm{d}t} \\[2mm] u_{23} = L_2 \dfrac{\mathrm{d}i_2}{\mathrm{d}t} - M \dfrac{\mathrm{d}(i-i_2)}{\mathrm{d}t} = (L_2 + M) \dfrac{\mathrm{d}i_2}{\mathrm{d}t} - M \dfrac{\mathrm{d}i}{\mathrm{d}t} \end{cases} \tag{6.2-6}$$

由式(6.2-6)可作出其等效电路如图 6.2-4(b)所示。

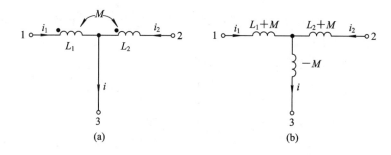

图 6.2-4　耦合电感的 T 形去耦等效图(二)

这里需明确指出以下两点：

(1) 耦合电感去耦等效电路的参数与电流的参考方向无关，只与两耦合线圈的自感系数、互感系数和同名端的位置有关。

(2) 耦合电感去耦等效电路虽是通过三端电路导出的，但也适用于具有互感的四端电路。例如，图 6.2-5(a)所示的四端互感电路中，具有互感的两线圈之间没有公共端子。为了便于进行去耦等效，可以人为地将 1′ 和 2′ 两个端子连接在一起作为一个公共端子，构成图 6.2-5(b)所示的电路，这样做并不影响原电路中电压、电流之间的关系。对图 6.2-5(b)，

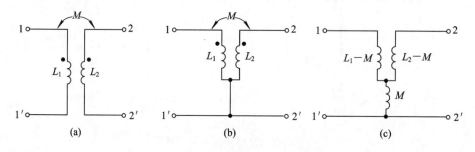

图 6.2-5　四端耦合电感的去耦等效

可按三端耦合电感进行去耦等效，其去耦等效电路如图(c)所示。

【例 6.2-1】 互感电路如图 6.2-6(a)所示，已知自感系数 $L_1=10$ mH，$L_2=2$ mH，互感系数 $M=4$ mH，求端口等效电感 L_{ab}。

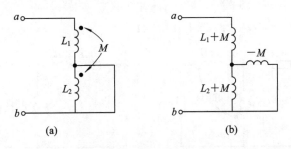

图 6.2-6 例 6.2-1 用图

解 应用耦合电感的去耦等效图 6.2-4，将图 6.2-6(a)等效为图(b)。根据无互感的电感串、并联公式，可得

$$L_{ab} = (L_1 + M) + (L_2 + M) /\!/ (-M)$$
$$= (10 + 4) + (2 + 4) /\!/ (-4)$$
$$= 14 + \frac{6 \times (-4)}{6 + (-4)}$$
$$= 2 \text{ mH}$$

【例 6.2-2】 互感电路如图 6.2-7 所示，已知激励 $i_s(t)=4(1-e^{-3t})$ A，求电压 $u_2(t)$。

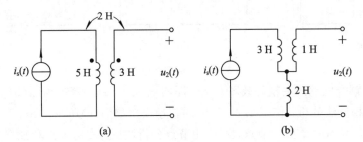

图 6.2-7 例 6.2-2 用图

解 应用四端耦合电感的去耦等效图 6.2-5，将图 6.2-7(a)等效为图(b)。根据电感元件的伏安关系有

$$u_2(t) = 2\frac{di_s(t)}{dt} = 2 \times \frac{d}{dt}[4(1-e^{-3t})] = 24e^{-3t} \text{ V}$$

6.2.3 含互感电路的相量法分析

在正弦稳态下，含耦合电感电路的分析可采用相量法。首先，应用耦合电感的去耦原理作出其去耦等效电路，然后应用前面在正弦稳态电路分析中介绍过的电路分析方法和电路定理，列方程并求解。下面举例说明。

【例 6.2-3】 求图 6.2-8(a)所示互感电路的 ab 端输入阻抗。

解 应用耦合电感的去耦等效图 6.2-3，将图 6.2-8(a)等效为图(b)。根据阻抗串、

并联公式，得 ab 端口输入阻抗为

$$Z_{ab} = 30 + j10 + j15 \ /\!/ \ (5 + j5)$$

$$= 30 + j10 + \frac{j15(5 + j5)}{j15 + 5 + j5}$$

$$= 32.65 + j14.4 \ \Omega$$

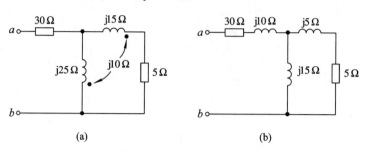

图 6.2-8　例 6.2-3 用图

【**例 6.2-4**】　图 6.2-9(a)所示为耦合电感的正弦稳态电路，已知 $u_s(t) = 12 \cos t$ V，$i_s(t) = 6 \cos t$ A，求电压 $u(t)$。

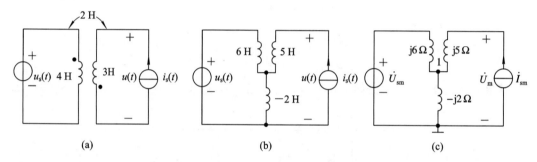

图 6.2-9　例 6.2-4 用图

解　应用耦合电感的去耦等效图 6.2-5，将图 6.2-9(a)等效为图(b)。本题为正弦稳态电路，采用相量法分析，作图 6.2-9(b)的相量模型如图(c)所示。图 6.2-9(c)所示的电路有两个节点，只有一个独立节点，可应用节点分析法，选参考节点和独立节点标于图中，列节点方程如下：

节点 1：
$$\left(\frac{1}{j6} + \frac{1}{-j2}\right)\dot{U}_{1m} = \frac{\dot{U}_{sm}}{j6} + \dot{I}_{sm}$$

将 $\dot{U}_{sm} = 12\angle 0° $ V，$\dot{I}_{sm} = 6\angle 0°$ A 代入上式，整理得

$$\frac{j}{3}\dot{U}_{1m} = -j2 + 6$$

所以

$$\dot{U}_{1m} = -6 - j18$$

于是

$$\dot{U}_m = j5\dot{I}_{sm} + \dot{U}_{1m} = j5 \times 6\angle 0° + (-6 - j18)$$

$$= -6 + j12 = 13.4\angle 116.6° \ V$$

故得

$$u(t) = 13.4 \cos(t + 116.6°) \ V$$

此题应用叠加定理分析求解也比较简便,读者可自行练习。

这里需说明一点,在分析求解过程中,应用节点分析法时,考虑与理想电流源串联的任意二端电路,对端口以外的电路而言,可予以短接,所以列节点方程时,阻抗 j5 Ω 被短接,但在求电压 $\dot{U}_m$ 时,应考虑阻抗 j5 Ω 的电压。(想一想,这是为什么?)

【**例 6.2-5**】 电路如图 6.2-10(a)所示,已知 $u_s(t)=10\cos 2t$ V,$M=0.5$ H,问负载阻抗 Z_L 为何值时可获得最大有功功率? 最大有功功率 P_{Lmax} 为多少?

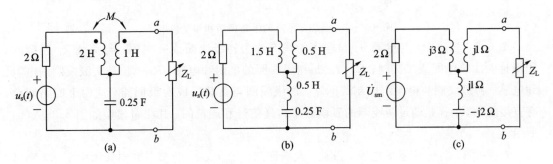

图 6.2-10　例 6.2-5 用图

解　先应用耦合电感的去耦等效图 6.2-3,将图 6.2-10(a)等效为图(b),再作图(b)的相量模型如图(c)所示。本题要求负载获得的最大功率,此类问题可应用戴维南定理与最大功率传输定理进行求解。

(1) 将负载阻抗 Z_L 从 a、b 两端移出,求余下含源单口电路的戴维南等效电路。应用阻抗分压公式,求得 ab 端口的开路电压

$$\dot{U}_{ocm} = \frac{j1-j2}{2+j3+j1-j2} \cdot \dot{U}_{sm} = \frac{-j1}{2+j2} \times 10\angle 0° = \frac{5}{2}\sqrt{2}\angle -135° \text{ V}$$

等效内阻抗

$$Z_0 = (2+j3) \,/\!/\, (j1-j2) + j1 = \frac{1}{4} - j\frac{1}{4} \text{ Ω}$$

(2) 根据最大功率传输定理,负载阻抗 Z_L 获得最大有功功率的条件是:负载阻抗 Z_L 与戴维南等效内阻抗共轭匹配,即

$$Z_L = Z_0^* = \frac{1}{4} + j\frac{1}{4} \text{ Ω}$$

负载阻抗 Z_L 获得的最大有功功率为

$$P_{Lmax} = \frac{U_{oc}^2}{4R_0} = \frac{\left(\dfrac{5}{2}\right)^2}{4\times\dfrac{1}{4}} = \frac{25}{4} = 6.25 \text{ W}$$

6.3　空芯变压器

空芯变压器通常由两个具有磁耦合的线圈绕在非铁磁材料制成的空芯骨架上构成。它在高频电路和测量仪器中获得广泛应用。由于变压器是利用电磁感应原理制作的,因此可以用耦合电感来构成它的模型。图 6.3-1(a)所示为空芯变压器的电路模型。

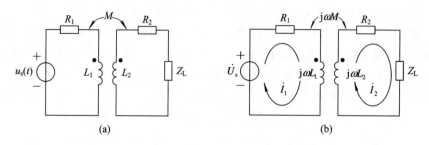

图 6.3-1　空芯变压器的电路模型和相量模型

图 6.3-1(a)中，与电源 $u_s(t)$ 连接的线圈称为初级线圈或一次侧；与负载 Z_L 连接的线圈称为次级线圈或二次侧；R_1、L_1 是初级线圈的电阻和电感；R_2、L_2 是次级线圈的电阻和电感。初级线圈与电源组成初级回路，次级线圈与负载组成次级回路。这两个回路间没有直接的联系，而是通过两线圈的磁耦合来传递信号和能量的。其相量模型如图 6.3-1(b)所示。

对图 6.3-1(b)所示的电路，设初、次级回路电流 $\dot{I}_1$、$\dot{I}_2$ 的参考方向如图中所示，则可列出初级回路和次级回路的 KVL 方程为

$$\begin{cases} (R_1 + j\omega L_1)\dot{I}_1 - j\omega M\dot{I}_2 = \dot{U}_s \\ -j\omega M\dot{I}_1 + (R_2 + j\omega L_2 + Z_L)\dot{I}_2 = 0 \end{cases} \tag{6.3-1}$$

将式(6.3-1)写为

$$\begin{cases} Z_{11}\dot{I}_1 - Z_M\dot{I}_2 = \dot{U}_s \\ -Z_M\dot{I}_1 + Z_{22}\dot{I}_2 = 0 \end{cases} \tag{6.3-2}$$

式中：$Z_{11} = R_1 + j\omega L_1$ 为初级回路自阻抗，$Z_{22} = R_2 + j\omega L_2 + Z_L$ 为次级回路自阻抗，$Z_M = j\omega M$ 为互感阻抗。由式(6.3-2)解得

$$\dot{I}_1 = \frac{\begin{vmatrix} \dot{U}_s & -Z_M \\ 0 & Z_{22} \end{vmatrix}}{\begin{vmatrix} Z_{11} & -Z_M \\ -Z_M & Z_{22} \end{vmatrix}} = \frac{Z_{22}\dot{U}_s}{Z_{11}Z_{22} - Z_M^2} = \frac{\dot{U}_s}{Z_{11} - \dfrac{Z_M^2}{Z_{22}}} = \frac{\dot{U}_s}{Z_{11} + \dfrac{\omega^2 M^2}{Z_{22}}} \tag{6.3-3}$$

令

$$Z_{f1} = \frac{\omega^2 M^2}{Z_{22}} \tag{6.3-4}$$

代入式(6.3-3)，得

$$\dot{I}_1 = \frac{\dot{U}_s}{Z_{11} + Z_{f1}} \tag{6.3-5}$$

式中：Z_{f1} 称为次级回路在初级回路的反映阻抗，它是次级回路自阻抗通过互感反映到初级的等效阻抗，它体现了次级回路对初级电流 $\dot{I}_1$ 的影响。

由式(6.3-2)的第二个式子，得次级回路电流

$$\dot{I}_2 = \frac{Z_M\dot{I}_1}{Z_{22}} = \frac{j\omega M\dot{I}_1}{Z_{22}} \tag{6.3-6}$$

根据式(6.3-5)和式(6.3-6)可作出初级等效电路和次级等效电路，如图 6.3-2 所示。

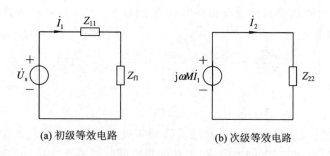

(a) 初级等效电路　　　　　　　　(b) 次级等效电路

图 6.3 - 2　空芯变压器初、次级等效电路

需要说明的是，初、次级回路的相互影响都在于互感电压。次级对初级的互感电压为 $j\omega M \dot{I}_2 = j\omega M \cdot \dfrac{j\omega M \dot{I}_1}{Z_{22}} = \dfrac{\omega^2 M^2}{Z_{22}} \dot{I}_1$，可看成是 $\dot{I}_1$ 在假想阻抗 $\dfrac{\omega^2 M^2}{Z_{22}}$ 上产生的电压降，故在初级回路内用这个反映阻抗来计及次级对初级的影响。初级对次级的互感电压为 $j\omega M \dot{I}_1$，在式 (6.3 - 6) 中已考虑，因此就不必再用反映阻抗来考虑初级对次级的影响。

值得一提的是，由式 (6.3 - 5) 可知，初级电流 $\dot{I}_1$ 的表达式中互感 M 是以平方形式出现的，$\dot{I}_1$ 与 M 的符号无关。也就是说，初级电流 $\dot{I}_1$ 与同名端的位置无关。但对于次级电流 $\dot{I}_2$ 却不同，由式 (6.3 - 6) 可知，$\dot{I}_2$ 随 $j\omega M \dot{I}_1$ 的符号而改变，这说明次级电流 $\dot{I}_2$ 与同名端的位置及初级电流 $\dot{I}_1$ 的参考方向有关。

【例 6.3 - 1】　互感电路如图 6.3 - 3(a) 所示，已知 $\dot{U}_s = 10\angle 0°$ V，$R_1 = 7.5$ Ω，$\omega L_1 = 30$ Ω，$\dfrac{1}{\omega C} = 40$ Ω，$R_2 = 45$ Ω，$\omega L_2 = 60$ Ω，$\omega M = 30$ Ω，求初、次级回路电流 $\dot{I}_1$、$\dot{I}_2$ 和电阻 R_2 上消耗的功率。

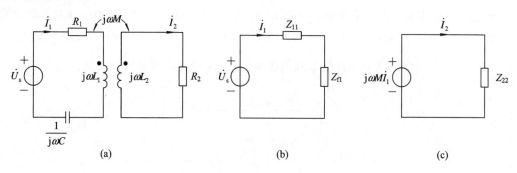

图 6.3 - 3　例 6.3 - 1 用图

解　初级和次级回路的自阻抗分别为

$$Z_{11} = R_1 + j\omega L_1 + \frac{1}{j\omega C} = 7.5 + j30 - j40 = 7.5 - j10 \ \Omega$$

$$Z_{22} = R_2 + j\omega L_2 = 45 + j60 \ \Omega$$

次级在初级的反映阻抗

$$Z_{f1} = \frac{\omega^2 M^2}{Z_{22}} = \frac{30^2}{45 + j60} = 7.2 - j9.6 \ \Omega$$

作初级等效电路如图 6.3 - 3(b) 所示。由图 (b) 得

$$\dot{I}_1 = \frac{\dot{U}_s}{Z_{11} + Z_{f1}} = \frac{10\angle 0°}{7.5 - j10 + 7.2 - j9.6} = 0.408\angle 53.13° \ \text{A}$$

根据图(a)所给同名端的位置及初级电流 $\dot{I}_1$ 的参考方向，作次级等效电路如图 6.3 - 3 (c)所示。由图(c)可得

$$\dot{I}_2 = \frac{\mathrm{j}\omega M\dot{I}_1}{Z_{22}} = \frac{\mathrm{j}30 \times 0.408\angle 53.13°}{45 + \mathrm{j}60} = 0.163\angle 90° \text{ A}$$

电阻 R_2 上消耗的功率

$$P_{R2} = I_2^2 R_2 = 0.163^2 \times 45 = 1.2 \text{ W}$$

由于 Z_{fl} 是次级回路自阻抗通过互感反映到初级的等效阻抗，此题中次级阻抗电阻部分只有 R_2，所以反映阻抗 Z_{fl} 的电阻 R_{fl} 消耗的功率就应该等于次级回路电阻 R_2 所消耗的功率，即

$$P_{R2} = P_{R_{\mathrm{fl}}} = I_1^2 R_{\mathrm{fl}} = 0.408^2 \times 7.2 = 1.2 \text{ W}$$

以上两种算法所得结果一致。

6.4　理想变压器

空芯变压器是将两个具有互感的线圈绕在非铁磁材料制成的空芯骨架上构成的。如果将两个具有互感的线圈绕在铁磁材料制成的芯子上，那么就构成了铁芯变压器。本节讨论的理想变压器可看成是实际变压器加以理想化而得到的理想电路元件模型。

6.4.1　理想变压器的电路模型和变换特性

1. 电路模型

理想变压器也是一种耦合元件，它是由实际变压器抽象出来的。理想变压器的电路模型如图 6.4 - 1 所示，与耦合电感元件的符号相同。图中，n 称为理想变压器的匝比或变比，$n = \dfrac{N_1}{N_2}$，N_1、N_2 分别称为初、次级线圈的匝数。n 是理想变压器唯一的参数。

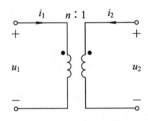

图 6.4 - 1　理想变压器模型

2. 变压、变流特性

在图 6.4 - 1 所示的同名端和电压、电流参考方向下，理想变压器初级电压 u_1、电流 i_1 与次级电压 u_2、电流 i_2 有如下关系：

$$\begin{cases} u_1 = nu_2 \\ i_1 = -\dfrac{1}{n}i_2 \end{cases} \tag{6.4-1}$$

式(6.4-1)表明，理想变压器的初、次级电压与其匝数成正比，初、次级电流与其匝数成反比。它反映了理想变压器对电压、电流的约束关系，是理想变压器的重要特性之一。利用这一关系，可以通过变压器实现电压、电流大小的改变。

如果我们把同名端的位置变更，如图 6.4-2 所示，则理想变压器的电压、电流关系为

$$\begin{cases} u_1 = -nu_2 \\ i_1 = \dfrac{1}{n}i_2 \end{cases} \tag{6.4-2}$$

这表明，当理想变压器的同名端或初、次级电压、电流的参考方向发生改变时，理想变压器电压、电流变换关系式中的符号将发生改变。

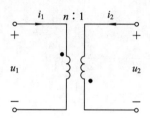

图 6.4-2　理想变压器的电压、电流特性说明图

无论由式(6.4-1)还是式(6.4-2)，都可导出理想变压器在所有时刻 t 从初级端口与次级端口吸收的功率总和为

$$p(t) = u_1 i_1 + u_2 i_2 = nu_2 \times \left(-\frac{1}{n}i_2\right) + u_2 i_2 = 0 \tag{6.4-3}$$

即在所有时刻 t 理想变压器从初级和次级吸收的总功率为零。式(6.4-3)表明，理想变压器既不消耗能量，也不产生能量，从初级输入的功率全部从次级输出到负载。由于理想变压器不储存能量，因此它是一种无记忆元件。

【例 6.4-1】　理想变压器电路如图 6.4-3 所示，试写出初、次级电压、电流变换关系式。

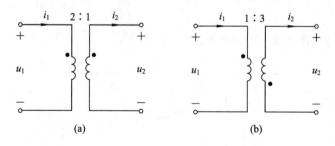

(a)　　　　　　　　　(b)

图 6.4-3　例 6.4-1 用图

解　应用理想变压器的变压、变流特性，对图 6.4-3(a)有

$$u_1 = 2u_2, \quad i_1 = \frac{1}{2}i_2$$

对图 6.4-3(b)有

$$u_2 = -3u_1, \quad i_2 = -\frac{1}{3}i_1$$

【例 6.4-2】　求图 6.4-4 所示的含理想变压器电路的输入电阻 R_{ab}。

解 设各电压、电流的参考方向如图 6.4 - 4 所示。由理想变压器的变压特性和欧姆定律，得

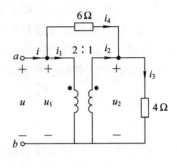

图 6.4 - 4 例 6.4 - 2 用图

$$u_2 = \frac{1}{2}u_1 = \frac{1}{2}u$$

$$i_3 = \frac{u_2}{4} = \frac{1}{8}u$$

$$i_4 = \frac{u_1 - u_2}{6} = \frac{u - \frac{1}{2}u}{6} = \frac{1}{12}u$$

由 KCL 和理想变压器的变流特性，得

$$i_2 = i_3 - i_4 = \frac{1}{8}u - \frac{1}{12}u = \frac{1}{24}u$$

$$i_1 = \frac{1}{2}i_2 = \frac{1}{2} \times \frac{1}{24}u = \frac{1}{48}u$$

$$i = i_1 + i_4 = \frac{1}{48}u + \frac{1}{12}u = \frac{5}{48}u$$

于是求得输入电阻

$$R_{ab} = \frac{u}{i} = \frac{u}{\frac{5}{48}u} = \frac{48}{5} = 9.6 \ \Omega$$

3. 变换阻抗特性

由前面可知，理想变压器具有变换电压和变换电流的特性，因而它也同时具备变换阻抗的特性。

图 6.4 - 5(a)所示的电路中，理想变压器次级接电阻 R_L，设电压、电流的参考方向及同名端位置如图中所示。由初级端看去的输入电阻

$$R_{in} = \frac{u_1}{i_1} = \frac{nu_2}{\frac{1}{n}i_2} = n^2 \frac{u_2}{i_2} = n^2 R_L \tag{6.4-4}$$

作对应的等效电路如图 6.4 - 5(b)所示。

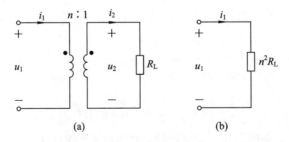

(a)   (b)

图 6.4 - 5 理想变压器变换电阻特性用图(一)

由此可见，把电阻 R_L 接在理想变压器的次级，变压器初级端的输入电阻即为 $n^2 R_L$。式(6.4 - 4)表明了理想变压器的变换电阻特性，把 R_L 变换为 $n^2 R_L$，通常将 $n^2 R_L$ 称为次级电阻 R_L 对初级的折合电阻。

图 6.4 - 6(a)所示的理想变压器电路中，初级端看去的输入电阻

$$R_{\text{in}} = \frac{u_1}{i_1} = \frac{\dfrac{1}{n}u_2}{ni_2} = \frac{1}{n^2}R_{\text{L}} \tag{6.4-5}$$

作对应的等效电路如图 6.4-6(b)所示。

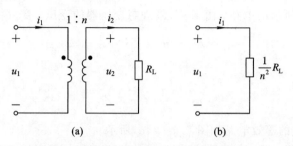

图 6.4-6　理想变压器变换电阻特性用图(二)

由式(6.4-4)和式(6.4-5)可知，电阻 R_{L} 折合到匝数多的一边时，折合电阻增大；电阻 R_{L} 折合到匝数少的一边时，折合电阻减小。

在正弦稳态时，若次级所接阻抗为 Z_{L}，则式(6.4-4)和式(6.4-5)仍成立，只需将式中的电阻 R_{L} 替换为阻抗 Z_{L} 即可。

这里需说明的是，理想变压器折合电阻或阻抗的计算与同名端位置及初级和次级电压、电流参考方向无关。理想变压器的阻抗折合作用只改变阻抗的大小，不改变阻抗的性质。也就是说，阻抗 Z_{L} 为感性时折合到初级的阻抗也为感性，阻抗 Z_{L} 为容性时折合到初级的阻抗也为容性。

图 6.4-7 所示为两种常见的理想变压器阻抗折合等效电路。

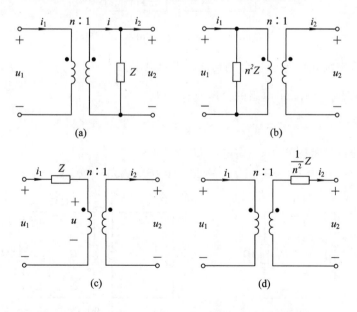

图 6.4-7　两种常见的理想变压器阻抗折合等效电路

设备电压、电流的参考方向及同名端的位置如图 6.4-7 所示。对图 6.4-7(a)所示的电路，由理想变压器的变压、变流特性及 KCL，得

$$i_1 = \frac{1}{n}i = \frac{1}{n}\left(i_2 + \frac{u_2}{Z}\right) = \frac{1}{n}i_2 + \frac{1}{n}\cdot\frac{\frac{1}{n}u_1}{Z} = \frac{1}{n}i_2 + \frac{u_1}{n^2 Z}$$

由上式可画出其对应的等效电路如图 6.4 - 7(b)所示。

对图 6.4 - 7(c)所示的电路，由 KVL 及理想变压器的变压、变流特性，得

$$u_1 = Zi_1 + u = Z\cdot\frac{1}{n}i_2 + nu_2$$

移项整理，得

$$u_2 = \frac{1}{n}u_1 - \frac{1}{n^2}Zi_2$$

由上式可画出其对应的等效电路如图 6.4 - 7(d)所示。

在电子技术中，常利用变压器变换阻抗的特性来实现负载阻抗与电源阻抗匹配，使负载获得最大功率。例如，某一放大器要求负载阻抗为 2 kΩ，而实际负载为 20 Ω，为了满足放大器对所接负载阻抗的要求，可以在放大器和负载间接入一个匝比 $n = \sqrt{2000/20} = 10$ 的变压器。

【例 6.4 - 3】 正弦稳态电路如图 6.4 - 8 所示，已知 $\dot{U}_s = 10\angle 0°$ V，求电压 $\dot{U}_2$。

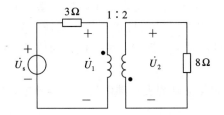

图 6.4 - 8　例 6.4 - 3 用图(一)

解法一 将次级 8 Ω 电阻折合到初级，折合电阻为 $\frac{1}{n^2}\times 8 = \frac{1}{2^2}\times 8 = 2$ Ω，作初级等效电路如图 6.4 - 9(a)所示。由电阻的分压公式，得

$$\dot{U}_1 = \frac{2}{3+2}\dot{U}_s = \frac{2}{3+2}\times 10\angle 0° = 4\angle 0° \text{ V}$$

由变压器的变压特性得图 6.4 - 8 中电压 $\dot{U}_2$ 为

$$\dot{U}_2 = -2\dot{U}_1 = -2\times 4\angle 0° = 8\angle -90° \text{ V}$$

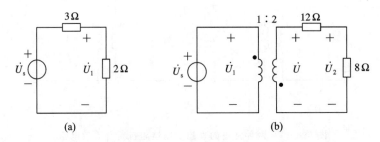

(a)　　　　　　　　　　(b)

图 6.4 - 9　例 6.4 - 3 用图(二)

解法二 将初级 3 Ω 电阻折合到次级，折合电阻为 $n^2\times 3 = 2^2\times 3 = 12$ Ω，作等效电路如图 6.4 - 9(b)所示。由变压器的变压特性得

$$\dot{U} = -2\dot{U}_1 = -2\dot{U}_s = -2 \times 10\angle 0° = 20\angle -90° \text{ V}$$

对次级应用电阻的分压公式,有:

$$\dot{U}_2 = \frac{8}{12+8}\dot{U} = \frac{8}{12+8} \times 20\angle -90° = 8\angle -90° \text{ V}$$

以上两种分析法的结果是一样的。此题应用戴维南定理求解也比较简便,读者可自行练习。

【例 6.4-4】 正弦稳态电路如图 6.4-10(a)所示,已知 $\dot{U}_s = 24\angle 0°$ V,负载 $R_L = 50$ Ω。试确定理想变压器的匝比 n,使负载电阻 R_L 能获得最大功率,并求出该最大功率 P_{Lmax}。

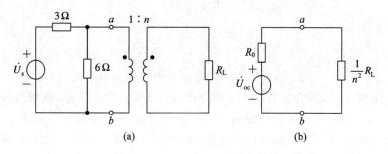

图 6.4-10　例 6.4-4 用图

解　先应用戴维南定理,将图 6.4-10(a)中的 ab 两端断开,求其左侧部分的戴维南等效电路。由电阻的分压公式,得 ab 端的开路电压

$$\dot{U}_{oc} = \frac{6}{3+6}\dot{U}_s = \frac{6}{3+6} \times 24\angle 0° = 16\angle 0° \text{V}$$

由电阻的并联公式,得 ab 端左侧看去的戴维南等效电阻

$$R_0 = 3 \mathbin{/\mkern-5mu/} 6 = \frac{3 \times 6}{3+6} = 2 \text{ Ω}$$

再应用变压器的变换阻抗特性,将次级 50 Ω 电阻折合到初级,折合电阻为 $\frac{1}{n^2}R_L$,于是可画出图 6.4-10(a)的等效电路如图(b)所示。根据负载获得最大功率的条件是负载电阻与电源内阻相等,有

$$\frac{1}{n^2}R_L = R_0$$

所以

$$n = \sqrt{\frac{R_L}{R_0}} = \sqrt{\frac{50}{2}} = 5$$

即当变压器匝比 $n=5$ 时,负载电阻 R_L 可获得最大功率,最大功率为

$$P_{Lmax} = \frac{U_{oc}^2}{4R_0} = \frac{16^2}{4 \times 2} = 32 \text{ W}$$

6.4.2　实现理想变压器的条件

利用电磁感应原理制作的实际变压器要具备理想的特性,需满足下述三个理想条件。

条件 1:无损耗。这意味着绕初、次级线圈的金属导线无电阻,或者说,绕线圈的金属导线导电率 $\sigma \to \infty$。此时对 6.3 节所介绍的图 6.3-1 所示的空芯变压器电路模型而言,

$R_1 = 0$，$R_2 = 0$，电路改画为图 6.4-11。初、次级回路方程为

$$\begin{cases} u_1 = L_1 \dfrac{\mathrm{d}i_1}{\mathrm{d}t} + M \dfrac{\mathrm{d}i_2}{\mathrm{d}t} \\[2mm] u_2 = L_2 \dfrac{\mathrm{d}i_2}{\mathrm{d}t} + M \dfrac{\mathrm{d}i_1}{\mathrm{d}t} \end{cases} \tag{6.4-6}$$

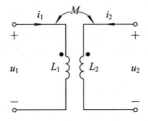

图 6.4-11　无损耗情况下变压器电路模型

　　条件 2：全耦合，即耦合系数 $k=1$。在全耦合情况下，变压器初、次级线圈的磁通分布示意图如图 6.4-12 所示。初级线圈的互感磁通等于次级线圈的自感磁通，即 $\Phi_{12} = \Phi_{22}$；次级线圈的互感磁通等于初级线圈的自感磁通，即 $\Phi_{21} = \Phi_{11}$。设初、次级线圈的匝数分别为 N_1 和 N_2，由图 6.4-12 可见，与初、次级线圈交链的总磁链分别为

$$\begin{cases} \psi_1 = N_1(\Phi_{11} + \Phi_{12}) \\[2mm] \psi_2 = N_2(\Phi_{22} + \Phi_{21}) \end{cases} \tag{6.4-7}$$

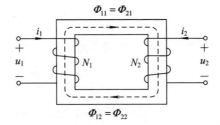

图 6.4-12　全耦合情况下变压器的磁通分布示意图

在全耦合理想条件下，有 $\Phi_{12} = \Phi_{22}$，$\Phi_{21} = \Phi_{11}$，则式(6.4-7)写为

$$\begin{cases} \psi_1 = N_1(\Phi_{11} + \Phi_{22}) = N_1\Phi \\[2mm] \psi_2 = N_2(\Phi_{22} + \Phi_{11}) = N_2\Phi \end{cases} \tag{6.4-8}$$

根据 $u = \dfrac{\mathrm{d}\psi}{\mathrm{d}t}$，对式(6.4-8)求导，得初、次级电压分别为

$$u_1 = \frac{\mathrm{d}\psi_1}{\mathrm{d}t} = N_1 \frac{\mathrm{d}\Phi}{\mathrm{d}t}$$

$$u_2 = \frac{\mathrm{d}\psi_2}{\mathrm{d}t} = N_2 \frac{\mathrm{d}\Phi}{\mathrm{d}t}$$

故得

$$\frac{u_1}{u_2} = \frac{N_1}{N_2} = n \rightarrow u_1 = nu_2 \tag{6.4-9}$$

即初、次级电压之比等于初、次级线圈匝数之比。式中 $n = \dfrac{N_1}{N_2}$。

条件 3：自感系数 L_1、L_2 为无穷大，且 L_1/L_2 为常数。考虑到耦合系数 $k = \dfrac{M}{\sqrt{L_1 L_2}} = 1$，则互感系数 $M = \sqrt{L_1 L_2}$ 也为无穷大。对式(6.4－6)的第一个式子两端积分，移项整理得

$$i_1 = \frac{1}{L_1} \int u_1 \mathrm{d}t - \frac{M}{L_1} i_2 \tag{6.4－10}$$

参见图 6.4－12，由 M、L_1 的定义，并考虑 $k = 1$ 的条件，得

$$\frac{M}{L_1} = \frac{\dfrac{N_2 \Phi_{21}}{i_1}}{\dfrac{N_1 \Phi_{11}}{i_1}} = \frac{\dfrac{N_2 \Phi_{11}}{i_1}}{\dfrac{N_1 \Phi_{11}}{i_1}} = \frac{N_2}{N_1} = \frac{1}{n} \tag{6.4－11}$$

将式(6.4－11)代入式(6.4－10)中，当 $L_1 \to \infty$ 时，有

$$i_1 = -\frac{N_2}{N_1} i_2 = -\frac{1}{n} i_2 \tag{6.4－12}$$

即初、次级电流之比与初、次级线圈匝数之比成反比。

此外，由式(6.4－11)不难得出全耦合时

$$\frac{M}{L_1} = \sqrt{\frac{L_2}{L_1}} = \frac{N_2}{N_1}$$

工程上为了近似获得理想变压器的特性，通常采用两方面的措施：一是尽量采用磁导率 μ 很高的铁磁材料做变压器的芯子；二是在保持匝数比 N_1/N_2 不变的情况下，增加线圈的匝数，并尽量紧密耦合，使 k 接近于 1。

* 6.5 铁芯变压器模型

一个实际的铁芯变压器是不能严格满足理想变压器的三个理想条件的。它的初、次级线圈不可能是全耦合的，总会有一些漏磁通；线圈的电感和两线圈间的互感也不可能是无穷大；线圈的金属导线总具有电阻，电流流过时会有功率损耗。因此实际的铁芯变压器所表现出的性能与理想变压器的性能是不一样的。为了导出铁芯变压器的电路模型，本节将先讨论无损耗、全耦合的变压器电路模型(它的特性介于实际变压器与理想变压器之间)，接着计入铁芯变压器的线圈电阻和漏磁电感等因素，便可得到铁芯变压器的电路模型。

1. 全耦合变压器

如果变压器的耦合系数 $k = 1$，无损耗，参数 L_1、L_2 和 M 均不为无限大，则这样的变压器称为全耦合变压器。

由于全耦合，即 $k = 1$，因此导得电压方程式(6.4－9)，即

$$u_1 = n u_2 \tag{6.5－1}$$

也就是说，全耦合变压器与理想变压器有相同的电压变换特性。

由式(6.4－10)和式(6.4－11)可得

$$i_1 = \frac{1}{L_1} \int u_1 \mathrm{d}t - \frac{1}{n} i_2 = i_\Phi - \frac{1}{n} i_2 = i_\Phi + i_1' \tag{6.5－2}$$

式(6.5－2)表明，全耦合变压器的初级电流 i_1 由两个电流分量组成：一个电流分量是 i_Φ，称为激磁电流，其值等于初始电流值为零的电感 L_1 上的电流；另一个电流分量是 i_1'，它与

次级电流 i_2 满足理想变压器的变流关系。根据式(6.5-1)和式(6.5-2)，可作出全耦合变压器的等效电路模型，如图6.5-1(b)所示。

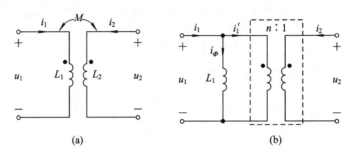

(a) 　　　　　　　　　　　(b)

图 6.5-1　全耦合变压器的等效电路模型($k=1$, $\sqrt{L_2/L_1}=n$)

由图6.5-1可见，全耦合变压器的等效电路模型是在理想变压器模型上增加了激磁电感 L_1。由式(6.5-2)可知，L_1 的端电压是初级线圈电压 u_1，故 L_1 与理想变压器的初级线圈并联。

2. 铁芯变压器

实际应用的铁芯变压器不仅有损耗，还有漏磁通，而且参数 L_1、L_2 和 M 也并非无穷大，即理想变压器的三个理想条件均不满足。下面来推导铁芯变压器的等效电路模型。

设电流 i_1 在初级线圈产生的磁通为 Φ_{11}，其中大部分与次级线圈相交链，即初级线圈对次级线圈的互磁通(见图6.5-2)，记为 Φ_{21}，而 Φ_{11} 中另一小部分不与次级线圈相交链的磁通称为漏磁通，记为 Φ_{s1}。类似地，电流 i_2 在次级线圈产生的磁通为 Φ_{22}，其中与初级线圈相交链的互磁通为 Φ_{12}，不与初级线圈相交链的漏磁通为 Φ_{s2}。显然有

$$\begin{cases} \Phi_{11} = \Phi_{21} + \Phi_{s1} \\ \Phi_{22} = \Phi_{12} + \Phi_{s2} \end{cases} \tag{6.5-3}$$

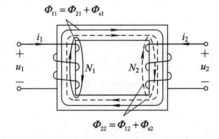

图 6.5-2　铁芯变压器的磁通分布示意图

根据自感系数 L_1、L_2 和互感系数 M 的定义，结合式(6.5-3)，有

$$\begin{cases} L_1 = \dfrac{\psi_{11}}{i_1} = \dfrac{N_1\Phi_{11}}{i_1} = \dfrac{N_1\Phi_{21}}{i_1} + \dfrac{N_1\Phi_{s1}}{i_1} = \dfrac{N_1}{N_2} \cdot \dfrac{N_2\Phi_{21}}{i_1} + \dfrac{N_1\Phi_{s1}}{i_1} = nM + L_{s1} \\[3mm] L_2 = \dfrac{\psi_{22}}{i_2} = \dfrac{N_2\Phi_{22}}{i_2} = \dfrac{N_2\Phi_{12}}{i_2} + \dfrac{N_2\Phi_{s2}}{i_2} = \dfrac{N_2}{N_1} \cdot \dfrac{N_1\Phi_{12}}{i_2} + \dfrac{N_2\Phi_{s2}}{i_2} = \dfrac{M}{n} + L_{s2} \end{cases}$$

$$\tag{6.5-4}$$

式中

$$L_{s1} = \frac{N_1\Phi_{s1}}{i_1}, \qquad L_{s2} = \frac{N_2\Phi_{s2}}{i_2}$$

是漏磁通所对应的电感，称为漏感。

式(6.5－4)中，$\dfrac{M}{n}$ 和 nM 是两线圈相交链那部分磁通所对应的电感系数，可视为全耦合电感系数，称为磁化电感。引入漏感和全耦合等效电感系数后，可作出非全耦合变压器等效电路模型，如图 6.5－3(b)所示。再考虑初、次级线圈的损耗电阻 R_1 和 R_2，一个实际的铁芯变压器等效电路模型如图 6.5－3(c)所示。

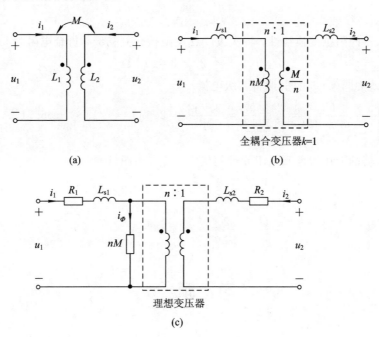

图 6.5－3　实际铁芯变压器的等效电路模型

顺便指出，在实际的铁芯变压器中，由于铁磁材料的 $\beta \sim H$ 曲线(磁化曲线)的非线性，铁芯变压器的耦合电感模型一般是非线性的。但是，如果采用了含有理想变压器的模型，则由于漏磁通主要是通过空气闭合的，因此漏感 L_{s1} 和 L_{s2} 基本上是线性的。磁化电感虽是非线性的，但由于电感值很大，因此并联在电路上只吸收很小的电流，影响很小。因此，上述变压器模型仍可按线性电路的方法来分析计算。

【例 6.5－1】　电路如图 6.5－4(a)所示，已知 $\dot{U}_s = 24\angle 0° \text{ V}$，试求电流 $\dot{I}_1$、$\dot{I}_2$ 和电压 $\dot{U}$。

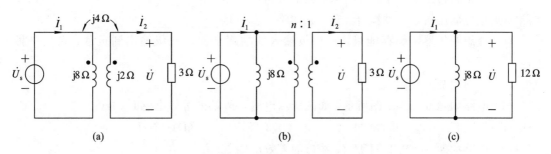

图 6.5－4　例 6.5－1 用图

解　由于耦合系数

$$k = \frac{M}{\sqrt{L_1 L_2}} = \frac{4}{\sqrt{2 \times 8}} = 1$$

因此该电路中的耦合电感为全耦合变压器。根据图 6.5-1 所示的全耦合变压器的等效电路模型，将图 6.5-4(a)等效为图(b)。图(b)中，匝比

$$n = \sqrt{\frac{L_1}{L_2}} = \sqrt{\frac{8}{2}} = 2$$

应用理想变压器的阻抗变换特性，将次级 3 Ω 电阻折合到初级，折合电阻为

$$n^2 \times 3 = 2^2 \times 3 = 12 \text{ Ω}$$

于是图(b)等效为图(c)。由图(c)得初级电流

$$\dot{I}_1 = \frac{\dot{U}_s}{\text{j}8 \,/\!/\, 12} = \frac{24\angle 0°}{\dfrac{\text{j}8 \times 12}{12 + \text{j}8}} = \frac{3 + \text{j}2}{\text{j}} = 2 - \text{j}3 = \sqrt{13}\angle -56.31° \text{ A}$$

应用理想变压器的变压特性和电阻元件的伏安关系，由图(b)得

$$\dot{U} = \frac{1}{n}\dot{U}_s = \frac{1}{2} \times 24\angle 0° = 12\angle 0° \text{ V}$$

$$\dot{I}_2 = \frac{\dot{U}}{3} = \frac{12\angle 0°}{3} = 4\angle 0° \text{ A}$$

习　题　6

6-1　填空题。

(1) 当有互感的两线圈上分别通以电流，由于磁场的耦合作用，每个线圈的磁通除穿过本线圈外，还有一部分穿过邻近的线圈，即两个线圈具有磁耦合。我们将这种具有磁耦合的线圈称为＿＿＿＿＿＿。

(2) 由自感磁链产生的感应电压称为＿＿＿＿＿＿，由互感磁链产生的感应电压称为＿＿＿＿＿＿。

(3) 当耦合线圈分别通以电流时，每个线圈的端电压等于＿＿＿＿＿＿和互感电压的代数和。

(4) 在正弦稳态下，含耦合电感电路的分析可采用＿＿＿＿＿。

(5) 理想变压器是一种耦合元件，它的唯一参数是＿＿＿＿＿。

(6) 理想变压器不储存能量，从初级输入的功率全部从次级输出到负载，它是一种＿＿＿＿元件。

6-2　选择题。

(1) 电路如题 6-2-1 图所示，如图所示电路，ab 端的等效电感 L_{ab} 为(　　　　)。

(A) 15 H　　　(B) 9 H　　　(C) 3 H　　　(D) 12 H

(2) 电路如题 6-2-2 图所示，端口的等效电感 L_{ab} 为(　　　　)。

(A) 1 H　　　(B) 2 H　　　(C) 3 H　　　(D) 5H

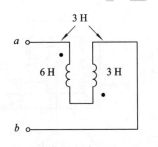

题 6-2-1 图

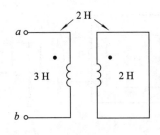

题 6-2-2 图

（3）耦合电感电路如题 6-2-3 图所示，电压 u_1 等于（　　　　　）。

（A）$L_1 \dfrac{\mathrm{d}i_1}{\mathrm{d}t} + M \dfrac{\mathrm{d}i_2}{\mathrm{d}t}$　　　　　　（B）$-L_1 \dfrac{\mathrm{d}i_1}{\mathrm{d}t} + M \dfrac{\mathrm{d}i_2}{\mathrm{d}t}$

（C）$-L_1 \dfrac{\mathrm{d}i_1}{\mathrm{d}t} - M \dfrac{\mathrm{d}i_2}{\mathrm{d}t}$　　　　　（D）$L_1 \dfrac{\mathrm{d}i_1}{\mathrm{d}t} - M \dfrac{\mathrm{d}i_2}{\mathrm{d}t}$

（4）题 6-2-4 图所示为一理想变压器电路，已知 $\dot{U}_\mathrm{S} = 12\angle 0° \mathrm{V}$，则电流 $\dot{I}$ 等于（　　　　　）。

（A）$-2\angle 0° \mathrm{A}$　　（B）$2\angle 0° \mathrm{A}$　　（C）$-24\angle 0° \mathrm{A}$　（D）$24\angle 0° \mathrm{A}$

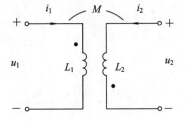

题 6-2-3 图　　　　　　　　题 6-2-4 图

（5）题 6-2-5 图所示电路，输入阻抗 Z_{ab} 为（　　　　　）。

（A）34　　　　　（B）$2\ \Omega$　　　　　（C）$4\ \Omega$　　　　　（D）$6\ \Omega$

（6）电路如题 6-2-6 图所示，输入阻抗 Z_{ab} 为（　　　　　）。

（A）$4\ \Omega$　　　　　（B）$8\ \Omega$　　　　　（C）$2\ \Omega$　　　　　（D）$16\ \Omega$

（7）理想变压器电路如题 6-2-7 图所示，电压 $\dot{U}$ 等于（　　　　　）。

（A）$16\angle 0° \mathrm{V}$　　（B）$8\angle 0° \mathrm{V}$　　（C）$1.2\angle 0° \mathrm{V}$　　（D）$12\angle 0° \mathrm{V}$

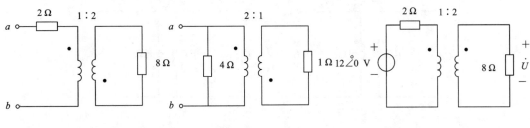

题 6-2-5 图　　　　　题 6-2-6 图　　　　　题 6-2-7 图

6-3　试标出题 6-3 图所示耦合线圈的同名端。

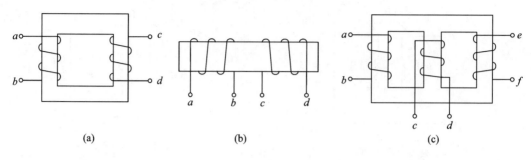

题 6 - 3 图

6 - 4　试写出题 6 - 4 图所示耦合电感的 VAR。

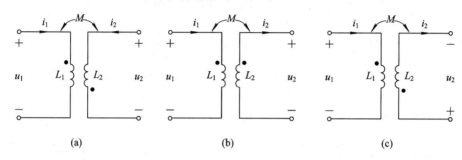

题 6 - 4 图

6 - 5　电路如题 6 - 5 图所示，试求开路电压 u_2。

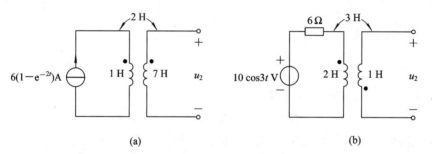

题 6 - 5 图

6 - 6　耦合电感的相量模型如题 6 - 6 图所示，试写出它们的 VAR。

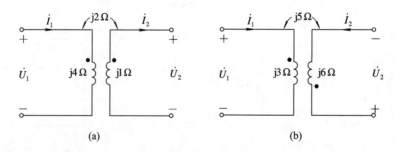

题 6 - 6 图

6 - 7　求题 6 - 7 图所示电路 ab 端的输入阻抗 $Z_{ab}(\omega = 1\ \text{rad/s})$。

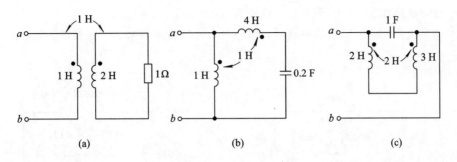

题 6-7 图

6-8　互感电路如题 6-8 图所示，已知 $\dot{U}_s = 24\angle 0°$ V，角频率 $\omega = 2$ rad/s，求电流 $\dot{I}$。

6-9　电路如题 6-9 图所示，已知 $\dot{U}_s = 12\angle 0°$ V，$\dot{I}_s = 6\angle 0°$ A，$\omega = 1$ rad/s，求电流 $\dot{I}_1$。

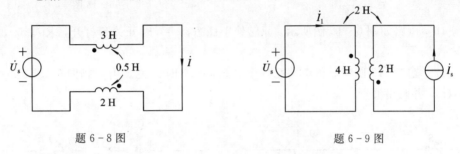

题 6-8 图　　　　　　　　　　题 6-9 图

6-10　电路如题 6-10 图所示，求 ab 端口的等效阻抗 Z_{ab}。

6-11　在题 6-11 图所示的电路中，已知 $\dot{I}_s = 10\angle 0°$ A，求开路电压 $\dot{U}_2$。

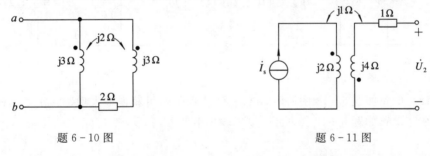

题 6-10 图　　　　　　　　　　题 6-11 图

6-12　题 6-12 图所示为两个有损耗的电感线圈串联连接，它们之间存在互感，通过测量电流和功率能够确定这两个线圈之间的互感系数。现在将频率为 50 Hz、电压有效值为 60 V 的电源加在串联线圈两端进行实验。当线圈顺接时，测得电流有效值为 2 A，平均功率为 96 W；当线圈反接时，测得电流为 2.4 A，功率已变。试确定该两线圈间的互感 M。

6-13　求题 6-13 图所示电路中的电流 $\dot{I}_1$ 和 $\dot{I}_2$。已知电源的角频率 $\omega = 100$ rad/s。

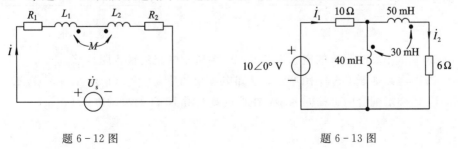

题 6-12 图　　　　　　　　　　题 6-13 图

6-14　电路如题 6-14 图所示，耦合系数 $k=0.5$，求电压 $\dot{U}$。

6-15　题 6-15 图所示的电路中，$i_s(t)=\sin t$ A，$u_s=\cos t$ V，试求每一元件的电压和电流。

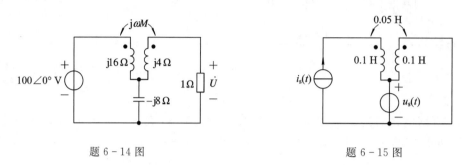

题 6-14 图　　　　　　　　　　　　题 6-15 图

6-16　电路如题 6-16 图所示，原已处于稳态，$t=0$ 时开关 S 打开，求 $t\geqslant 0_+$ 时的开路电压 $u(t)$。

6-17　题 6-17 图所示的电路已处于稳态，$t=0$ 时开关 S 由 a 打向 b，求 $t\geqslant 0_+$ 时的电流 $i_2(t)$，并画出波形。

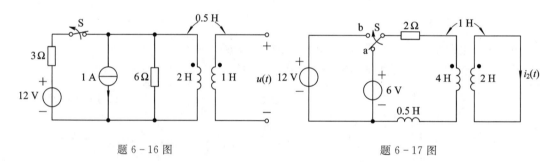

题 6-16 图　　　　　　　　　　　　题 6-17 图

6-18　电路如题 6-18 图所示，试问 Z_L 为何值时可获得最大功率？最大功率为多少？

6-19　电路如题 6-19 图所示，试求输出电压 $\dot{U}_2$。

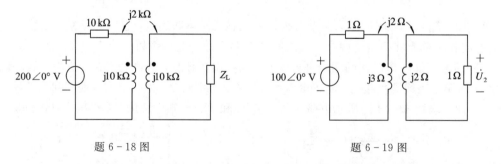

题 6-18 图　　　　　　　　　　　　题 6-19 图

6-20　试用反映阻抗的概念求题 6-20 图所示电路的输入阻抗 Z_{ab}。

6-21　电路如题 6-21 图所示，已知电源角频率 $\omega=1$ rad/s，$L_1=5$ H，$L_2=10$ H，$M=2$ H，试确定耦合电感的同名端，并求负载电阻 10 Ω 两端的电压 $\dot{U}$。

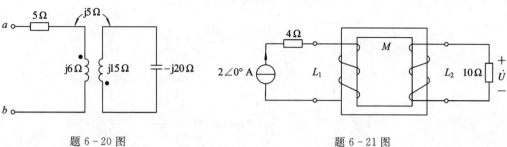

题 6-20 图　　　　　　　　　　　　　题 6-21 图

6-22　电路如题 6-22 图所示，试求电压 $\dot{U}$。

6-23　电路如题 6-23 图所示，为使负载 R_L 能获得最大功率，理想变压器的匝数 n 应为多少？R_L 吸收的最大功率 P_{Lmax} 为多少？

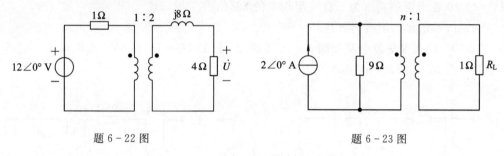

题 6-22 图　　　　　　　　　　　　题 6-23 图

6-24　理想变压器电路如题 6-24 图所示，求输出电压 $\dot{U}$。

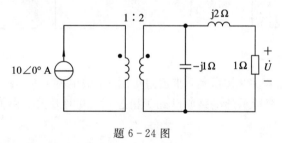

题 6-24 图

6-25　电路如题 6-25 图所示。

（1）求电流 $\dot{I}_1$ 和输入阻抗 Z_{ab}；

（2）若 b、d 两点短接，再求电流 $\dot{I}_1$ 和输入阻抗 Z_{ab}。

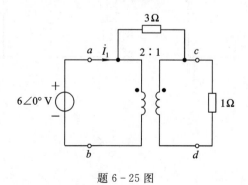

题 6-25 图

6-26　求题 6-26 图所示含理想变压器电路的输入阻抗 Z_{ab}。

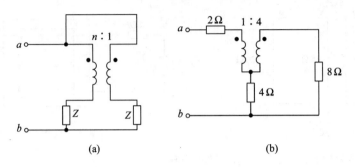

(a)　　　　　　　　　　　　(b)

题 6-26 图

6-27　电路如题 6-27 图所示，在下列条件下，理想变压器的变比 n 应为多少？

(1) 10 Ω 电阻的功率为 2 Ω 电阻功率的 25%；

(2) ab 端的输入阻抗为 8 Ω。

6-28　理想变压器电路如题 6-28 图所示，已知 $\dot{U}_s = 16 \angle 0° \text{ V}$，求电流 $\dot{I}_1$、电压 $\dot{U}_2$ 和负载电阻 R_L 上吸收的平均功率 P_L。

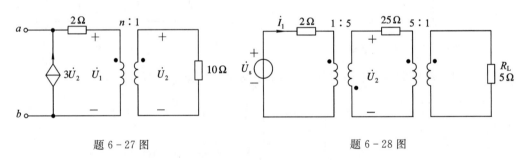

题 6-27 图　　　　　　　　　　　题 6-28 图

6-29　电路如题 6-29 图所示，求流过电阻 R_2 的电流 $\dot{I}$。

6-30　题 6-30 图所示的电路原已处于稳态，$t = 0$ 时开关 S 由 1 投向 2，求 $t \geq 0$ 时的电流 $i(t)$。

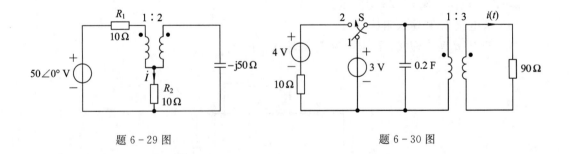

题 6-29 图　　　　　　　　　　　题 6-30 图

第 7 章　电路的频率特性

在第 5 章正弦稳态电路分析中，我们讨论了单一频率正弦信号激励下电路的稳态响应，即正弦稳态响应。在实际通信和电子技术中，电路传输和处理的信号都不是单一频率的正弦量，而是由许多不同频率的正弦量组成的。由于电路中电容元件的容抗和电感元件的感抗都与频率有关，因此电路对不同频率的正弦量激励呈现的阻抗和导纳不同，产生的响应也随之不同。

本章将首先给出电路网络函数的定义、频率特性的基本概念，然后着重讨论 RC 电路的频率特性和 RLC 串联、并联谐振电路，最后讨论多频正弦信号激励下电路的稳态响应。

7.1　网络函数与频率特性

1. 网络函数

在前面正弦稳态电路分析中曾讲过，对于线性电路，若激励是频率为 ω 的正弦信号，则响应亦为同频率的正弦信号。为便于研究正弦稳态电路中响应与激励的关系，我们把电路的响应相量与激励相量之比定义为网络函数，用 $H(j\omega)$ 表示，即

$$H(j\omega) = \frac{响应相量}{激励相量} \tag{7.1-1}$$

式中，$H(j\omega)$ 仅由电路的结构和元件参数决定，反应了电路自身的特性。

根据响应相量与激励相量是否在电路的同一端口，网络函数可以分为两大类：策动点函数和转移函数。若响应相量与激励相量处于电路的同一端口，则对应的网络函数称为策动点函数。若响应相量与激励相量处于电路的不同端口，则对应的网络函数称为转移函数。

根据响应相量和激励相量是电压还是电流，策动点函数又分为策动点阻抗和策动点导纳，其定义分别为式(7.1-2)和式(7.1-3)，对应电路如图 7.1-1(a)、(b)所示。其中，N_0 为无独立源电路。

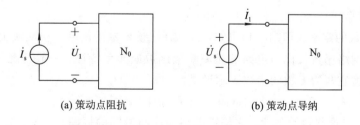

(a) 策动点阻抗　　　　　　　　　　　(b) 策动点导纳

图 7.1-1　策动点函数说明用图

策动点阻抗

$$H(j\omega) = \frac{\dot{U}_1}{\dot{I}_s} \tag{7.1-2}$$

策动点导纳

$$H(\mathrm{j}\omega) = \frac{\dot{I}_1}{\dot{U}_s} \qquad (7.1-3)$$

同样，转移函数也可分为四种：转移电压比、转移电流比、转移阻抗和转移导纳。其定义分别为式(7.1-4)～式(7.1-7)，对应电路如图7.1-2(a)～(d)所示。

转移电压比

$$H(\mathrm{j}\omega) = \frac{\dot{U}_2}{\dot{U}_s} \qquad (7.1-4)$$

转移电流比

$$H(\mathrm{j}\omega) = \frac{\dot{I}_2}{\dot{I}_s} \qquad (7.1-5)$$

转移阻抗

$$H(\mathrm{j}\omega) = \frac{\dot{U}_2}{\dot{I}_s} \qquad (7.1-6)$$

转移导纳

$$H(\mathrm{j}\omega) = \frac{\dot{I}_2}{\dot{U}_s} \qquad (7.1-7)$$

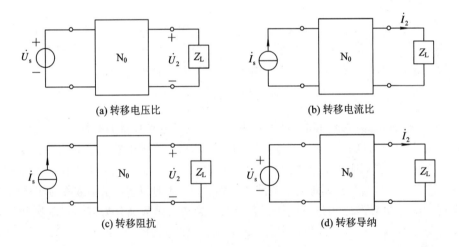

图 7.1-2　转移函数说明用图

2. 频率特性

由网络函数的定义式(7.1-1)可知，$H(\mathrm{j}\omega)$是频率 ω 的函数，它反映了响应随频率变化的规律，故网络函数又称为电路的频率响应函数或频率特性。一般情况下，$H(\mathrm{j}\omega)$是一个复数，故可将它写为复数的指数表示形式：

$$H(\mathrm{j}\omega) = |H(\mathrm{j}\omega)| \, \mathrm{e}^{\mathrm{j}\varphi(\omega)} \qquad (7.1-8)$$

式中，$|H(\mathrm{j}\omega)|$是网络函数的模，它等于电路响应与激励的振幅之比；$\varphi(\omega)$是网络函数的辐角，它等于电路响应与激励的相位差。$|H(\mathrm{j}\omega)|$ 和 $\varphi(\omega)$ 都是频率 ω 的函数。$|H(\mathrm{j}\omega)|$ 随频率 ω 变化的关系称为电路的幅频特性，$\varphi(\omega)$ 随频率 ω 变化的关系称为相频特性。这两种特性都可分别用曲线来表示，称为幅频特性曲线和相频特性曲线，它们直观地反应了电路的频率特性。

根据电路的幅频特性，可将电路分为低通、高通、带通和带阻滤波电路。各种理想滤波器的幅频特性如图 7.1-3(a)～(d)所示。图中，"通带"(通频带)表示频率处于这一频带的激励信号(又称输入信号)可以顺利通过电路，到达输出端，产生响应信号输出；"阻带"(阻止带)表示频率处于这一频带的激励信号被电路阻止，不能到达输出端，无响应信号输出，即被滤掉了，"滤波器"一词由此而来。通带与阻带的交界频率称为截止角频率，用 ω_c 表示。

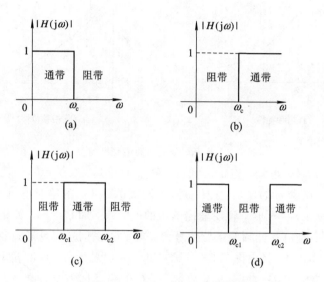

图 7.1-3　理想滤波器的幅频特性

根据电路的相频特性，又可将电路分为超前电路和滞后电路，在 $0<\omega<\infty$ 范围内，$\varphi(\omega)>0°$ 的电路称为超前电路，$\varphi(\omega)<0°$ 的电路称为滞后电路。但对于某些电路，其 $\varphi(\omega)$ 可能在有的频段大于零，在有的频段小于零，应分段看待电路的超前性与滞后性。

7.2　RC 电路的频率特性

由电阻元件和电容元件串联、并联或串并联组成的电路为 RC 电路，常用于电子设备中。它们各自具有不同的频率特性，因而有着不同的用途。本节将讨论几种常见的 RC 电路的频率特性。

1. RC 低通电路

图 7.2-1 所示为一阶 RC 低通滤波电路的相量模型。图中，$\dot{U}_1$ 为激励相量，$\dot{U}_2$ 为响应相量。由网络函数的定义式(7.1-1)，得

$$H(j\omega) = \frac{\dot{U}_2}{\dot{U}_1} = \frac{\dfrac{1}{j\omega C}}{R + \dfrac{1}{j\omega C}} = \frac{1}{1 + j\omega RC} \quad (7.2-1)$$

幅频特性

$$|H(j\omega)| = \frac{1}{\sqrt{1 + (\omega RC)^2}} \quad (7.2-2)$$

图 7.2-1　一阶 RC 低通电路

相频特性

$$\varphi(\omega) = -\arctan(\omega RC) \tag{7.2-3}$$

据此可作出电路的幅频特性曲线和相频特性曲线分别如图 7.2-2(a)、(b)所示。

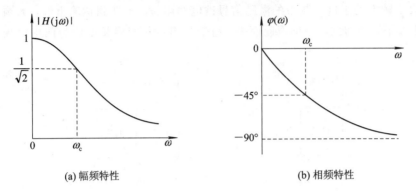

(a) 幅频特性　　　　　　　　　　　(b) 相频特性

图 7.2-2　RC 低通电路的频率特性

由图 7.2-2(a)、(b)可知，当 $\omega=0$ 时，$|H(\mathrm{j}\omega)|=1$，$\varphi(\omega)=0$，说明输出电压与输入电压相等，且同相；随着 ω 的增加，$|H(\mathrm{j}\omega)|$ 单调减小，$\varphi(\omega)$ 的绝对值单调增加；当 $\omega=\infty$ 时，$|H(\mathrm{j}\omega)|=0$，$\varphi(\omega)=-90°$，说明输出电压的值为零，即 $U_2=0$，其相位滞后输入电压 $90°$。这一特性表明：直流和低频的正弦信号比高频的正弦信号更易通过这一电路，因此这一 RC 电路称为低通电路。又由图 7.2-2(b)可知，$\varphi(\omega)$ 总为负，说明输出电压总是滞后输入电压，滞后的相位角在 $0°\sim90°$ 之间，故这一 RC 电路又称为滞后电路。

由图 7.2-2(a)所示电路的幅频特性曲线可看出，通带与阻带的界限不明显，那么如何确定电路的截止频率呢？工程上常取幅频特性值 $|H(\mathrm{j}\omega)|$ 等于其最大值的 $\dfrac{1}{\sqrt{2}}$ 倍所对应的频率作为截止频率，记为 ω_{c}。根据这一定义，由式(7.2-2)得

$$|H(\mathrm{j}\omega)| = \frac{1}{\sqrt{1+(\omega RC)^2}} = \frac{1}{\sqrt{2}}$$

所以，有

$$\omega RC = 1$$

则截止频率

$$\omega = \omega_{\mathrm{c}} = \frac{1}{RC} \tag{7.2-4}$$

当 $\omega=\omega_{\mathrm{c}}$ 时，有 $|H(\mathrm{j}\omega)|=\dfrac{1}{\sqrt{2}}$，$U_2=\dfrac{1}{\sqrt{2}}U_1$。由于功率与电压平方成正比，当输出电压 U_2 降低到输入电压 U_1 的 $\dfrac{1}{\sqrt{2}}$ 时，输出功率将降为输入功率的 $\left(\dfrac{1}{\sqrt{2}}\right)^2=\dfrac{1}{2}$，因此，$\omega_{\mathrm{c}}$ 又称为半功率点频率。

以 ω_{c} 为界限，当 $\omega<\omega_{\mathrm{c}}$ 时，$|H(\mathrm{j}\omega)|>\dfrac{1}{\sqrt{2}}$，说明电路对直流和低频信号有较大的输出；当 $\omega>\omega_{\mathrm{c}}$ 时，$|H(\mathrm{j}\omega)|<\dfrac{1}{\sqrt{2}}$，输出电压幅值明显下降，说明频率高于 ω_{c} 的输入信号（高

频信号)通过电路时被削弱，即被滤掉了。通常把$|H(j\omega)|\geqslant\dfrac{1}{\sqrt{2}}$所对应的频带称为通频带，通频带宽度记为 BW。图 7.2-1 所示的 RC 低通电路的通频带为 $0\leqslant\omega\leqslant\omega_c$。显然，当输入信号的频率在电路的通频带之内时，该输入信号能较顺利地通过电路；当输入信号的频率在电路的通频带之外时，该输入信号通过电路时将受到抑制。

以上讨论的是 RC 低通电路输出端开路(无负载)的情况。下面分析输出端接上负载电阻后对电路的频率特性的影响。电路如图 7.2-3 所示。图中，$\dot{U}_1$ 为输入相量，$\dot{U}_2$ 为输出相量，则网络函数为

$$
\begin{aligned}
H(j\omega)=\dfrac{\dot{U}_2}{\dot{U}_1} &= \dfrac{R_L \mathbin{/\mkern-5mu/} \dfrac{1}{j\omega C}}{R+R_L \mathbin{/\mkern-5mu/} \dfrac{1}{j\omega C}}\\
&= \dfrac{R_L}{(R+R_L)+j\omega CRR_L}\\
&= \dfrac{\dfrac{R_L}{R+R_L}}{1+j\dfrac{\omega CRR_L}{R+R_L}}\\
&= \dfrac{R_L}{R+R_L}\cdot\dfrac{1}{1+j\omega CR'}
\end{aligned}
$$

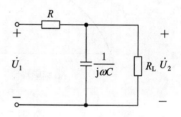

图 7.2-3　输出端接负载电阻的 RC 低通电路

式中，$R'=\dfrac{RR_L}{R+R_L}$。

幅频特性

$$
|H(j\omega)| = \dfrac{R_L}{R+R_L}\cdot\dfrac{1}{\sqrt{1+(\omega R'C)^2}}
$$

当 $\omega=0$ 时，$|H(j\omega)|=\dfrac{R_L}{R+R_L}<1$，即最大输出电压较无负载时降低。按 $|H(j\omega)|=\dfrac{1}{\sqrt{2}}$ 所对应频率为截止频率，得 $\omega_c=\dfrac{1}{R'C}=\dfrac{R+R_L}{RR_L C}=\dfrac{1}{R_L C}+\dfrac{1}{RC}$，此截止频率比无负载时大，使电路的通频带加宽，这意味着对高频信号的滤波作用相对减弱。因此负载电阻 R_L 的接入使 RC 电路的低通特性变差。

2. RC 高通电路

图 7.2-4 所示为一阶 RC 高通滤波电路的相量模型，它与 RC 低通电路的不同之处是输出电压 $\dot{U}_2$ 取自电阻 R 两端。由网络函数的定义式(7.1-1)，得

$$
H(j\omega)=\dfrac{\dot{U}_2}{\dot{U}_1}=\dfrac{R}{R+\dfrac{1}{j\omega C}}=\dfrac{1}{1-j\dfrac{1}{\omega RC}}\qquad(7.2-5)
$$

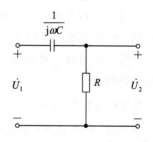

图 7.2-4　一阶 RC 高通滤波电路

幅频特性

$$
|H(j\omega)|=\dfrac{1}{\sqrt{1+\left(\dfrac{1}{\omega RC}\right)^2}}\qquad(7.2-6)
$$

相频特性

$$\varphi(\omega) = \arctan \frac{1}{\omega RC} \qquad (7.2-7)$$

由式(7.2-6)和式(7.2-7)可分别作出电路的幅频特性曲线和相频特性曲线如图 7.2-5 (a)、(b)所示。

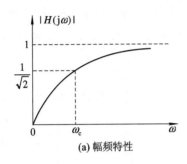 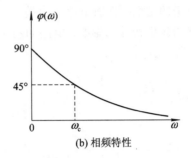

(a) 幅频特性　　　　　　　　　　(b) 相频特性

图 7.2-5　RC 高通电路的频率特性

由图 7.2-5 可看出，当 $\omega=0$ 时，$|H(j\omega)|=0$，$\varphi(\omega)=90°$，说明输出电压值为零，其相位超前输入电压 $90°$；随着 ω 的增加，$|H(j\omega)|$ 单调增加，$\varphi(\omega)$ 单调减小；当 $\omega=\infty$ 时，$|H(j\omega)|=1$，$\varphi(\omega)=0°$，说明输出电压与输入电压相等，且同相。图 7.2-5 所示电路的幅频特性与低通电路的幅频特性正好相反，它抑制低频分量，使高频分量易于通过，所以这种 RC 电路称为高通电路。由相频特性图 7.2-5(b)可看出，$\varphi(\omega)$ 恒为正值，说明输出电压总是超前于输入电压，超前的相位角在 $0°\sim90°$ 之间，故这种 RC 电路又称为超前电路。

按截止频率的定义，由式(7.2-6)得

$$|H(j\omega)| = \frac{1}{\sqrt{1+\left(\dfrac{1}{\omega RC}\right)^2}} = \frac{1}{\sqrt{2}}$$

解得截止频率

$$\omega = \omega_c = \frac{1}{RC} \qquad (7.2-8)$$

显然，上述 RC 电路使频率 $\omega>\omega_c$ 的高频输入信号易于通过，而频率 $\omega<\omega_c$ 的低频输入信号被抑制，其通频带为 $\omega>\omega_c$ 的频率范围。

由以上分析可知，对于同一电路，以不同的变量作为输出，相应的网络函数和频率特性不同，电路实现的功能也不同。例如，图 7.2-1 所示的 RC 电路以电容电压为输出，具有低通滤波的特性；图 7.2-4 所示为同一 RC 电路，只是输出取自电阻电压，却具有高通滤波的特性。

3. RC 选频电路

图 7.2-6 所示为 RC 振荡器中选频电路的相量模型。图中，$\dot{U}_1$ 为输入相量，$\dot{U}_2$ 为输出相量，设串联部分的阻抗为 Z_1，并联部分的阻抗为 Z_2，则网络函数为

$$H(j\omega) = \frac{\dot{U}_2}{\dot{U}_1} = \frac{Z_2}{Z_1+Z_2}$$

其中

$$Z_1 = R + \frac{1}{\mathrm{j}\omega C}$$

$$Z_2 = R \,/\!/\, \frac{1}{\mathrm{j}\omega C} = \frac{R}{1 + \mathrm{j}\omega RC}$$

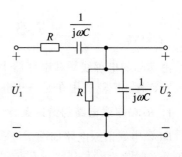

图 7.2 - 6　RC 串并联选频电路

将 Z_1、Z_2 代入 $H(\mathrm{j}\omega)$ 中，得

$$H(\mathrm{j}\omega) = \frac{\dfrac{R}{1 + \mathrm{j}\omega RC}}{\left(R + \dfrac{1}{\mathrm{j}\omega C}\right) + \dfrac{R}{1 + \mathrm{j}\omega RC}}$$

$$= \frac{1}{3 + \mathrm{j}\left(\omega RC - \dfrac{1}{\omega RC}\right)} \qquad (7.2-9)$$

幅频特性

$$|H(\mathrm{j}\omega)| = \frac{1}{\sqrt{9 + \left(\omega RC - \dfrac{1}{\omega RC}\right)^2}} \qquad (7.2-10)$$

相频特性

$$\varphi(\omega) = -\arctan\frac{1}{3}\left(\omega RC - \frac{1}{\omega RC}\right) \qquad (7.2-11)$$

由式(7.2-10)和式(7.2-11)可画出幅频特性曲线和相频特性曲线如图 7.2-7 所示。

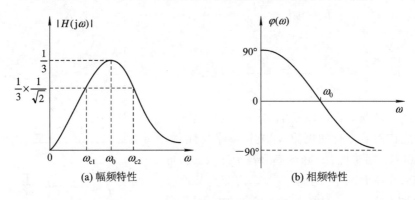

图 7.2 - 7　RC 串并联选频电路的频率特性

由频率特性的表达式和曲线可知，幅频特性有一最大值 $\dfrac{1}{3}$ 出现在 $\omega_0 = \dfrac{1}{RC}$ 处，ω_0 称为中心角频率，此时 $\varphi(\omega) = 0°$。这就是说，若输入电压的频率恰好等于 ω_0，则输出电压将与输入电压同相，且为最大值。在 RC 振荡器中就利用了这一特点，把图 7.2-6 所示的 RC 串并联电路作为其选频电路。由幅频特性曲线可看出，电路对频率在 ω_0 附近的信号有较大输出，因此具有带通滤波的特点。通频带宽度等于幅频特性值 $|H(\mathrm{j}\omega)|$ 为其最大值的 $\dfrac{1}{\sqrt{2}}$ 倍

$\left(\text{即 }\dfrac{1}{3}\times\dfrac{1}{\sqrt{2}}\right)$ 处所对应的上、下限频率之差，即 $\Delta\omega = \omega_{c2} - \omega_{c1}$。由相频特征曲线可看出，$\varphi(\omega)$ 可为正、负或零，即输出电压可以超前或滞后输入电压，还可以与输入电压同相，故这种电路又称为超前滞后电路。

7.3　RLC 串联谐振电路

由实际的电感线圈和电容器串联组成的电路，称为串联谐振电路。谐振电路具有良好的选频特性，广泛应用在通信和电子技术领域中，可达到有选择地传送信号的目的。

1. RLC 串联电路的谐振条件

RLC 串联谐振电路如图 7.3-1(a)所示。图中，电阻 R 代表实际线圈的损耗电阻，激励源是角频率为 ω 的正弦电压信号源，其电压相量为 $\dot{U}_s$。图 7.3-1(a)对应的相量模型如图(b)所示。

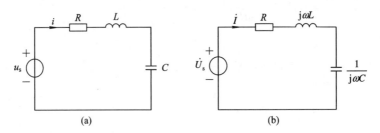

图 7.3-1　RLC 串联谐振电路

由图 7.3-1(b)可知，串联电路的总阻抗

$$Z = R + j\omega L + \frac{1}{j\omega C} = R + j\left(\omega L - \frac{1}{\omega C}\right) = R + jX \qquad (7.3-1)$$

回路电流

$$\dot{I} = \frac{\dot{U}_s}{Z} = \frac{\dot{U}_s}{R + j\left(\omega L - \frac{1}{\omega C}\right)} \qquad (7.3-2)$$

式(7.3-1)中，感抗、容抗以及电路的总电抗是频率 ω 的函数，它们随 ω 变化的规律（即电抗频率特性）如图 7.3-2 所示。因感抗 ωL 随频率升高而增大，容抗 $1/\omega C$ 随频率升高而减小，当电源频率改变到某值时会使回路中的电抗为 0，回路电流 $\dot{I}$ 与电源电压 $\dot{U}_s$ 同相，此时称电路发生了串联谐振。这时的频率称为串联谐振频率，用 f_0 表示，相应的角频率用 ω_0 表示。由式(7.3-1)可知，串联电路发生谐振时，有

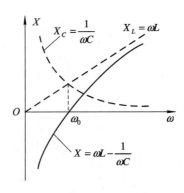

图 7.3-2　RLC 串联电路的
电抗频率特性

$$X = \omega_0 L - \frac{1}{\omega_0 C} = 0$$

即

$$\omega_0 L = \frac{1}{\omega_0 C} \qquad (7.3-3)$$

由此求得

$$\begin{cases} \omega_0 = \dfrac{1}{\sqrt{LC}} \\[2mm] f_0 = \dfrac{1}{2\pi\sqrt{LC}} \end{cases} \qquad (7.3-4)$$

式(7.3-4)就是 RLC 串联电路发生谐振的条件，简称串联谐振条件。由式(7.3-4)可以看出，电路的谐振频率仅由电感和电容这两个电路元件参数决定，而与外加激励无关，它反映的是电路的固有特性。由串联谐振条件可知，当电源频率与电路的谐振频率相等时，电路就发生谐振。因此，为了实现谐振，可采用如下两种方法：一种是电路元件参数 L、C 一定，改变信号源频率 f，使之等于电路的谐振频率；另一种是信号源频率一定，改变电路元件参数 L、C，即改变电路的谐振频率，使之等于信号源频率。实际中常采用后一种方法，通过改变电容或电感参数使电路对某个特定的信号源频率发生谐振，这种操作称为调谐。例如，用收音机收听广播电台的节目就是一种常见的调谐操作，通过改变可调电容 C，使电路的谐振频率正好等于所要收听的电台频率，电路达到谐振，于是我们便选听到了该电台的节目。

2. RLC 串联电路的谐振特点

(1) 由式(7.3-1)可得谐振时电路阻抗为

$$Z_0 = R + \mathrm{j}\left(\omega_0 L - \frac{1}{\omega_0 C}\right) = R \tag{7.3-5}$$

阻抗为纯电阻，且数值最小。

(2) 由式(7.3-2)可得谐振时的回路电流为

$$\dot{I}_0 = \frac{\dot{U}_\mathrm{s}}{Z_0} = \frac{\dot{U}_\mathrm{s}}{R} \tag{7.3-6}$$

其值达到最大，且与激励源 $\dot{U}_\mathrm{s}$ 同相。

(3) 发生谐振时的感抗或容抗值，称为电路的特性阻抗，用符号 ρ 表示，即

$$\rho = \omega_0 L = \frac{1}{\omega_0 C} = \sqrt{\frac{L}{C}} \tag{7.3-7}$$

单位为欧姆(Ω)。

电路特性阻抗 ρ 与电阻 R 之比定义为谐振电路的品质因数，用符号 Q 表示，即

$$Q \overset{\text{def}}{=} \frac{\rho}{R} = \frac{\omega_0 L}{R} = \frac{1}{R\omega_0 C} = \frac{1}{R}\sqrt{\frac{L}{C}} \tag{7.3-8}$$

它是一个无量纲的常数，是表征电路谐振特性的重要参数，其值一般为几十到几百。由式(7.3-7)和式(7.3-8)可见，特性阻抗和品质因数仅由电路元件的参数值决定。

(4) 为了讲述方便，将图 7.3-1(b)所示的 RLC 串联谐振电路的相量模型重画为图 7.3-3(a)。

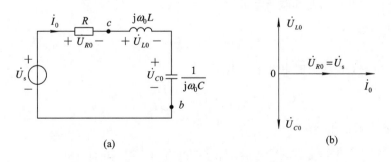

(a)　　　　　　　　　　　　(b)

图 7.3-3　RLC 串联电路谐振时的相量模型和相量图

由图 7.3 - 3(a)可得，谐振时各元件的电压为

$$\begin{cases} \dot{U}_{R0} = R\dot{I}_0 = R \cdot \dfrac{\dot{U}_s}{R} = \dot{U}_s \\[2mm] \dot{U}_{L0} = \mathrm{j}\omega_0 L\dot{I}_0 = \mathrm{j}\omega_0 L \cdot \dfrac{\dot{U}_s}{R} = \mathrm{j}Q\dot{U}_s \\[2mm] \dot{U}_{C0} = \dfrac{1}{\mathrm{j}\omega_0 C}\dot{I}_0 = -\mathrm{j}\dfrac{1}{\omega_0 C} \cdot \dfrac{\dot{U}_s}{R} = -\mathrm{j}Q\dot{U}_s \end{cases} \qquad (7.3 - 9)$$

相量图如图 7.3 - 3(b)所示。由此可见，电路谐振时，电感电压与电容电压大小相等，相位相反，其值等于电源电压的 Q 倍，即

$$U_{L0} = U_{C0} = QU_s \qquad (7.3 - 10)$$

这时，c、b 两点间的电压 $\dot{U}_{cb} = \dot{U}_{L0} + \dot{U}_{C0} = 0$，$c$、$b$ 两点间相当于短路，电源电压 $\dot{U}_s$ 全部加到电阻 R 上，电阻电压 U_R 达到最大值。

通常，品质因数 Q 的值一般为几十到几百，由式(7.3 - 10)可知，谐振时电感和电容上的电压可高达电源电压的几十到几百倍。正是由于串联谐振电路存在这种电压放大现象，因此串联谐振又称为电压谐振。在通信和无线电技术中，传输的电压信号很弱，利用串联谐振的这一特性，微弱的激励信号电压通过串联谐振，可在电容或电感上产生比激励电压高得多的响应电压。例如，收音机的输入回路采用的就是串联谐振电路，应用其电压放大作用，将从天线接收到的微弱电压信号，通过调谐使收音机输入回路的谐振频率与欲接收的电台信号频率相等，发生串联谐振，在电容两端获得 Q 倍的接收信号电压，推动高频放大管正常工作。与此相反，在电力系统中，由于电源本身电压就很高，因此一旦发生谐振，在电感和电容两端将出现危险的高电压，导致产生击穿绝缘、损坏设备的严重后果，所以在电力系统中应当力求避免电压谐振的发生。

下面讨论串联谐振时电路的能量。

设电源电压 $u_s = U_{sm}\cos\omega_0 t$，对应的振幅相量 $\dot{U}_{sm} = U_{sm}\angle 0°$，则由式(7.3 - 6)可得谐振时的回路电流

$$\dot{I}_{0m} = \frac{\dot{U}_{sm}}{R} = \frac{U_{sm}}{R}\angle 0°$$

写为瞬时值表达式，有

$$i_0 = \frac{U_{sm}}{R}\cos\omega_0 t = I_{0m}\cos\omega_0 t$$

式中，$I_{0m} = \dfrac{U_{sm}}{R}$。电感储存的磁场能量为

$$w_L = \frac{1}{2}Li_0^2 = \frac{1}{2}LI_{0m}^2\cos^2\omega_0 t \qquad (7.3 - 11)$$

又由图 7.3 - 3(a)，得谐振时电容上的电压

$$U_{C0m} = \frac{1}{\mathrm{j}\omega_0 C} \cdot \dot{I}_{0m} = \frac{I_{0m}}{\omega_0 C}\angle -90°$$

写为瞬时值表达式，有

$$u_{C0} = \frac{I_{0m}}{\omega_0 C}\cos(\omega_0 t - 90°) = \frac{I_{0m}}{\omega_0 C}\sin\omega_0 t$$

于是，电容储存的电场能量为

$$w_C = \frac{1}{2}Cu_{C0}^2 = \frac{1}{2}C\left(\frac{I_{0m}}{\omega_0 C}\sin\omega_0 t\right)^2 = \frac{1}{2}LI_{0m}^2\sin^2\omega_0 t \tag{7.3-12}$$

谐振时电路的电、磁场能量总和为

$$w = w_L + w_C = \frac{1}{2}LI_{0m}^2(\cos^2\omega_0 t + \sin^2\omega_0 t) = \frac{1}{2}LI_{0m}^2 = LI_0^2 = 常量 \tag{7.3-13}$$

由式(7.3-10)，有

$$U_{C0m} = QU_{sm} = \frac{1}{R}\sqrt{\frac{L}{C}}\cdot RI_{0m} = \sqrt{\frac{L}{C}}I_{0m}$$

移项整理，得

$$LI_{0m}^2 = CU_{C0m}^2$$

将上式代入式(7.3-13)，可得

$$w = \frac{1}{2}CU_{C0m}^2 = CU_{C0}^2 = 常量 \tag{7.3-14}$$

式(7.3-13)和式(7.3-14)表明，在谐振状态下，磁场能量的最大值与电场能量的最大值相等，电路的电、磁场能量总和是一个不随时间变化的常量。总能量保持不变说明，谐振时，任一时刻电感磁场吸收的能量正好是电容电场释放的能量，反之亦然。

下面从能量的角度来讨论品质因数。由式(7.3-8)可得电路的品质因数

$$Q = \frac{\omega_0 L}{R} = 2\pi f_0 \frac{LI_0^2}{RI_0^2} = 2\pi\frac{LI_0^2}{T_0 RI_0^2}$$

$$= 2\pi\frac{谐振时电路中的电磁场总能量}{谐振时一个周期内电路中损耗的能量} \tag{7.3-15}$$

由此可见，品质因数 Q 反映了谐振电路中的电磁场能量(即振荡能量)与一个周期内损耗能量的相对大小关系。Q 值越高，维持电磁振荡所需的功率越小。需要指出的是，电路的品质因数 Q 仅在谐振时才有意义，因此计算电路 Q 值时应该用谐振频率 ω_0。

综上所述，在串联谐振状态下，电路的阻抗为纯电阻，且数值最小；回路电流达到最大，且与激励电压同相；感抗与容抗数值相等，相互抵消，致使电路的总电抗等于零；电感电压与电容电压大小相等，相位相反，等于电源电压的 Q 倍，因此串联谐振又称为电压谐振；电路中电场能量与磁场能量自行相互转换，结果是电、磁场能量总和保持不变，为一常量。

最后说明一下，式(7.3-8)给出的谐振电路品质因数 Q 与电感线圈的品质因数 $Q_L = \frac{\rho}{r_L}$(r_L 为电感线圈的损耗电阻)和电容器的品质因数 $Q_C = \frac{\rho}{r_C}$(r_C 是电容器的损耗电阻)是有区别的。因为在 Q 的定义式 $Q = \frac{\rho}{R}$ 中，R 包括了电感线圈电阻 r_L、电容器损耗电阻 r_C 和电源内阻 R_s，即 $R = r_L + r_C + R_s$。如果忽略电源内阻 R_s，则电路品质因数

$$Q = \frac{\rho}{r_L + r_C} = \frac{1}{\dfrac{r_L}{\rho} + \dfrac{r_C}{\rho}} = \frac{1}{\dfrac{1}{Q_L} + \dfrac{1}{Q_C}} = \frac{Q_L Q_C}{Q_L + Q_C} \tag{7.3-16}$$

一般电容器的损耗很小($r_C \ll r_L$)，可忽略不计，故式(7.3-16)可近似认为

$$Q \approx Q_L \tag{7.3-17}$$

这样在实际应用中，常将电感线圈的品质因数 Q_L 作为由电感元件和电容元件组成的谐振

电路的品质因数 Q。注意，如果需计入电源内阻和负载电阻的影响，则谐振电路的 Q 值应按其定义式(7.3-8)计算。

【例 7.3-1】 在图 7.3-4 所示的串联谐振电路中，$L=100\ \mu\text{H}$，$C=100\ \text{pF}$，$R=10\ \Omega$，电源电压 $U_s=10\ \text{mV}$。求电路的谐振角频率 ω_0、电路的品质因数 Q、谐振时的回路电流 I_0 和电感电压 U_{L0} 与电容电压 U_{C0}。

解 由式(7.3-4)，可求得电路的谐振角频率

$$\omega_0 = \frac{1}{\sqrt{LC}} = \frac{1}{\sqrt{100\times10^{-6}\times100\times10^{-12}}}$$
$$= 10^7\ \text{rad/s}$$

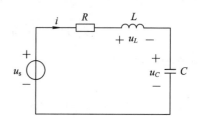

图 7.3-4　例 7.3-1 用图

由式(7.3-8)，可得电路的品质因数

$$Q = \frac{\omega_0 L}{R} = \frac{10^7\times100\times10^{-6}}{10} = 100$$

由式(7.3-6)，可得谐振时的回路电流为

$$I_0 = \frac{U_s}{R} = \frac{10\times10^{-3}}{10} = 1\ \text{mA}$$

由式(7.3-10)，可得谐振时的电感电压和电容电压为

$$U_{L0} = U_{C0} = QU_s = 100\times10\times10^{-3} = 1\ \text{V}$$

【例 7.3-2】 图 7.3-5 所示的串联谐振电路由 $L=2\ \text{mH}$、$Q_L=200$ 的电感线圈和 $C=320\ \text{pF}$ 的电容器组成，接到 $U_s=10\ \text{mV}$ 的信号源上。信号源内阻为 R_s，信号源频率等于电路的谐振频率。

(1) 若信号源内阻 $R_s=0$（即信号源为理想电压源），求电路的品质因数 Q 及谐振时的电容电压 U_{C0}。

(2) 若信号源内阻 $R_s=10\ \Omega$，再求 Q 及 U_{C0}。

解 (1) 由式(7.3-8)，可得电路的品质因数

$$Q = \frac{\rho}{R} = \frac{\rho}{R_s+r_L}$$

因信号源内阻 $R_s=0$，故上式写为

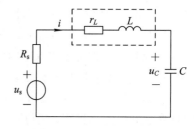

图 7.3-5　例 7.3-2 用图

$$Q = \frac{\rho}{r_L} = Q_L = 200$$

这种情况下电路的 Q 值等于电感线圈的 Q_L 值。谐振时的电容电压

$$U_{C0} = QU_s = 200\times10\times10^{-3} = 2\ \text{V}$$

(2) 当信号源内阻 $R_s=10\ \Omega$ 时，电路的品质因数

$$Q = \frac{\rho}{R_s+r_L}$$

即电路的品质因数 Q 不等于电感线圈的品质因数 Q_L。由上式可知，需求特性阻抗 ρ 和电感线圈的损耗电阻 r_L。由式(7.3-7)，可求得

$$\rho = \sqrt{\frac{L}{C}} = \sqrt{\frac{2\times10^{-3}}{320\times10^{-12}}} = 2.5\ \text{k}\Omega$$

再由 $Q_L = \dfrac{\rho}{r_L}$，可得

$$r_L = \frac{\rho}{Q_L} = \frac{2.5 \times 10^3}{200} = 12.5\ \Omega$$

计入 R_s 后，电路的品质因数为

$$Q = \frac{\rho}{R_s + r_L} = \frac{2.5 \times 10^3}{10 + 12.5} = 111$$

谐振时的电容电压为

$$U_{C0} = QU_s = 111 \times 10 \times 10^{-3} = 1.11\ V$$

由此可看出，电源内阻 R_s 对谐振电路的影响是相当大的，它使电路的品质因数大大减小，致使谐振时电容器两端的电压降低，如本题由原来的 $2\ V$ 降为 $1.11\ V$。

【例 7.3 - 3】　串联谐振电路在无线电技术中的典型应用是作为接收机的输入电路。图 7.3 - 6(a) 所示为收音机的天线输入电路。图中，L_1 是天线线圈，用于接收各电台发出的不同频率的信号；电感线圈 L 和可变电容器组成串联谐振电路。在各台发出的不同频率的信号被线圈 L_1 接收后，经电磁感应（耦合）作用，这些信号在线圈 L 上感应出相应的电动势 e_1、e_2、e_3 等。通过改变 C，使 LC 串联电路对所需频率的信号发生谐振，这时 LC 回路中该频率的电流最大，在可变电容器两端可获得 Q 倍的接收信号电压，于是就选听到了该电台的广播节目。已知线圈 L 的电感 $L = 0.4\ mH$，电阻 $r_L = 10\ \Omega$。现欲收听频率为 $640\ kHz$ 的电台广播。

(1) 试问可变电容 C 应调至何值。

(2) 若接收信号在 LC 回路中感应出的电压 $U_s = 5\ \mu V$，电容器两端获得的电压为多大？

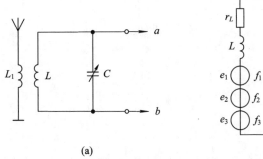
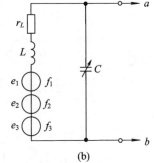

(a)　　　　　　　　　　　　　(b)

图 7.3 - 6　例 7.3 - 3 用图

解　为了便于分析，将图 7.3 - 6(a) 等效为图(b)。

(1) 通过调谐，即调节可变电容 C，使 LC 回路的谐振频率与欲收听的电台信号频率相等，LC 回路达到谐振。谐振时，有

$$f_0 = \frac{1}{2\pi\sqrt{LC}} = f$$

式中，f 为欲收听的电台信号频率。将已知条件代入上式，得

$$\frac{1}{2\pi\sqrt{0.4 \times 10^{-3}C}} = 640 \times 10^3$$

由此解出

$$C = 155 \text{ pF}$$

（2）由式（7.3-8），可得电路的品质因数

$$Q = \frac{\omega_0 L}{r_L} = \frac{2\pi f_0 L}{r_L} = \frac{2 \times 3.14 \times 640 \times 10^3 \times 0.4 \times 10^{-3}}{10} \approx 161$$

若接收信号在 LC 回路中感应出的电压 $U_s = 5 \ \mu\text{V}$，则此时电容器两端获得的电压

$$U_{C0} = QU_s = 161 \times 5 \times 10^{-6} = 0.8 \text{ mV}$$

从这一计算结果可看到，电容器两端的电压远高于输入电压。对其他频率的信号，电路不会发生谐振，相应地电容器两端的电压很小，这样就起到了选择信号和抑制干扰的作用。

3. RLC 串联谐振电路的频率特性

以上讨论了串联谐振电路及其特点，这里进一步研究串联谐振电路的频率特性。

参看图 7.3-1(b)所示的 RLC 串联谐振电路，若以 $\dot{U}_s$ 为激励相量，以电流 $\dot{I}$ 为响应相量，则由式（7.1-1）可得网络函数为

$$H(\text{j}\omega) = \frac{\dot{I}}{\dot{U}_s} = \frac{\dot{I}}{Z\dot{I}} = \frac{1}{Z} = \frac{1}{R + \text{j}\left(\omega L - \dfrac{1}{\omega C}\right)}$$

$$= \frac{\dfrac{1}{R}}{1 + \text{j}\left(\dfrac{\omega L}{R} - \dfrac{1}{R\omega C}\right)} = \frac{\dfrac{1}{R}}{1 + \text{j}Q\left(\dfrac{\omega}{\omega_0} - \dfrac{\omega_0}{\omega}\right)}$$

因 $\dot{I}_0 = \dfrac{\dot{U}_s}{R}$，即 $\dfrac{1}{R} = \dfrac{\dot{I}_0}{\dot{U}_s}$，代入上式有

$$H(\text{j}\omega) = \frac{\dot{I}}{\dot{U}_s} = \frac{\dfrac{\dot{I}_0}{\dot{U}_s}}{1 + \text{j}Q\left(\dfrac{\omega}{\omega_0} - \dfrac{\omega_0}{\omega}\right)}$$

于是 $H(\text{j}\omega)$ 可写为

$$H(\text{j}\omega) = \frac{\dot{I}}{\dot{I}_0} = \frac{1}{1 + \text{j}Q\left(\dfrac{\omega}{\omega_0} - \dfrac{\omega_0}{\omega}\right)} \qquad (7.3-18)$$

幅频特性

$$|H(\text{j}\omega)| = \frac{I}{I_0} = \frac{1}{\sqrt{1 + Q^2\left(\dfrac{\omega}{\omega_0} - \dfrac{\omega_0}{\omega}\right)^2}} \qquad (7.3-19)$$

相频特性

$$\varphi(\omega) = -\arctan Q\left(\frac{\omega}{\omega_0} - \frac{\omega_0}{\omega}\right) \qquad (7.3-20)$$

式（7.3-18）中，$\dot{I}$ 为任意频率下的回路电流相量，$\dot{I}_0$ 为谐振时的回路电流相量。

为了便于分析问题，我们以相对频率 $\dfrac{\omega}{\omega_0}$ 为自变量（横坐标），这就使得不同参数的串联谐振电路的幅频特性 $|H(\text{j}\omega)|$ 的最大值（峰值）都等于1，且出现在 $\dfrac{\omega}{\omega_0} = 1$ 处，电路的品质因

数 Q 将是影响频率特性曲线形状的唯一参数。这样的频率特性曲线具有通用性，称为 RLC 串联电路的通用频率特性曲线。由式(7.3-19)和式(7.3-20)可画出归一化的幅频特性曲线和相频特性曲线，又称为谐振曲线，如图 7.3-7 所示。

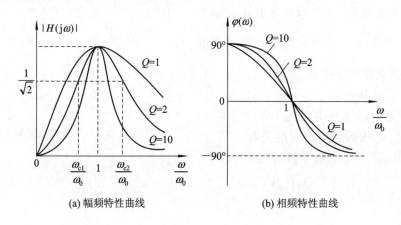

(a) 幅频特性曲线　　　　　　　　(b) 相频特性曲线

图 7.3-7　谐振曲线

由图 7.3-7(a)所示的幅频特性曲线可见，谐振(即在 $\omega=\omega_0$ 处)时，电流最大；当频率远离 ω_0 时，电流逐渐减小。也就是说，串联谐振电路对不同频率的输入信号有不同的响应。这表明串联谐振电路具有选择不同频率信号的性能，这种性能称为电路的选择性。例如，收音机的调台就是利用谐振电路的选择性从许多不同频率的信号中选择所需的电台信号。由图 7.3-7(a)可看出，Q 值愈高，曲线愈尖锐，电路对偏离谐振频率的信号的抑制能力越强，电路的选择性能就越好。又由品质因数的定义式(7.3-8)可知，Q 值与 RLC 串联电路中的电阻 R 成反比，要使 Q 值高，则 R 要小。因此，为了保证电路应有的选择性，串联谐振电路只能在低内阻的电源下工作。

图 7.3-7(b)所示的相频特性曲线描述了电路的导纳角与相对频率 $\dfrac{\omega}{\omega_0}$ 的关系。由图(b)可看出，当 $\omega<\omega_0$ 时，$\varphi(\omega)>0$，即导纳角大于零，电路呈容性，响应电流 $\dot{I}$ 超前于电压源 $\dot{U}_s$；当 $\omega=\omega_0$(谐振)时，$\varphi(\omega)=0$，即导纳角等于零，电路呈电阻性，响应电流 $\dot{I}$ 与电压源 $\dot{U}_s$ 同相位；当 $\omega>\omega_0$ 时，$\varphi(\omega)<0$，即导纳角小于零，电路呈感性，响应电流 $\dot{I}$ 滞后于电压源 $\dot{U}_s$。由图(b)还可看出，电路品质因数 Q 值愈高，在谐振频率 ω_0 附近相频特性曲线变化愈陡峭。

4. RLC 串联谐振电路的通频带

通过对 RLC 串联谐振电路的频率特性的讨论可见，谐振电路对于不同频率的信号具有一定的选择性，并且电路的品质因数 Q 值愈高，曲线愈尖锐，电路的选择性愈好。但实际信号都不是单一的正弦信号，而是由许多不同频率的正弦分量所组成的多频率信号，即实际信号都占有一定的频带宽度。如果谐振电路的 Q 值过高，则谐振曲线更尖锐，势必导致实际信号在通过选频电路时有一部分有用的频率分量被削弱，甚至被抑制掉，从而引起严重的失真。为了衡量电路选择频率的能力与传输有一定带宽的实际信号的能力，下面定义串联谐振电路的通频带。

一般规定：幅频特性值 $|H(j\omega)|\geqslant\dfrac{1}{\sqrt{2}}$ 所对应的频带为电路的通频带，如图 7.3-8 所

示。由图 7.3 - 8 可看出，在幅频特性曲线上，$|H(\mathrm{j}\omega)| = \dfrac{1}{\sqrt{2}}$ 对应两个频率点 ω_{c1} 和 ω_{c2}，分别称为上、下截止频率。介于这两个截止频率之间，也就是 $|H(\mathrm{j}\omega)| \geqslant \dfrac{1}{\sqrt{2}}$ 所对应的一段频率范围，即为谐振电路的通频带，记为

$$BW = \omega_{c2} - \omega_{c1} \qquad (7.3 - 21)$$

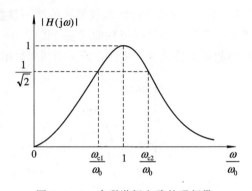

图 7.3 - 8 串联谐振电路的通频带

下面讨论电路通频带宽度 BW 与电路的谐振频率 ω_0、品质因数 Q 之间的关系。

根据式(7.3 - 19)和通频带的定义，当

$$|H(\mathrm{j}\omega)| = \frac{1}{\sqrt{1 + Q^2\left(\dfrac{\omega}{\omega_0} - \dfrac{\omega_0}{\omega}\right)^2}} = \frac{1}{\sqrt{2}}$$

时，有

$$Q^2\left(\frac{\omega}{\omega_0} - \frac{\omega_0}{\omega}\right)^2 = 1$$

等式两边开方并除以 Q，得

$$\frac{\omega}{\omega_0} - \frac{\omega_0}{\omega} = \pm\frac{1}{Q}$$

可见，ω 有两个根 ω_{c1} 和 ω_{c2}，即

$$\begin{cases} \dfrac{\omega_{c1}}{\omega_0} - \dfrac{\omega_0}{\omega_{c1}} = -\dfrac{1}{Q} \\[2mm] \dfrac{\omega_{c2}}{\omega_0} - \dfrac{\omega_0}{\omega_{c2}} = \dfrac{1}{Q} \end{cases}$$

解以上两个二次方程，去掉无意义的负频率，得

$$\begin{cases} \omega_{c1} = -\dfrac{\omega_0}{2Q} + \sqrt{\left(\dfrac{\omega_0}{2Q}\right)^2 + \omega_0^2} \\[3mm] \omega_{c2} = \dfrac{\omega_0}{2Q} + \sqrt{\left(\dfrac{\omega_0}{2Q}\right)^2 + \omega_0^2} \end{cases}$$

于是可得电路的通频带宽度

$$BW = \omega_{c2} - \omega_{c1} = \frac{\omega_0}{Q} \qquad (7.3 - 22)$$

或

$$BW = f_{c2} - f_{c1} = \frac{f_0}{Q} \qquad (7.3 - 23)$$

式(7.3 - 22)和式(7.3 - 23)表明：串联谐振电路的通频带宽度与电路的谐振频率成正比，与电路的品质因数 Q 成反比。

由上面的分析可知，电路的 Q 值越高，幅频特性曲线越尖锐，电路的选择性越好，但电路的通频带越窄。因此，电路的选择性与通频带之间存在一定的矛盾，在实际工程应用中，应根据需要选择适当的 Q 值以兼顾通频带和选择性两方面的要求。

【例 7.3 - 4】　有一 LC 组成的串联谐振电路，电容 $C=199$ pF，电路谐振频率 $f_0=800$ kHz，通频带的边界频率 $f_{c1}=796$ kHz，$f_{c2}=804$ kHz，试求电路的品质因数 Q、电感线圈的电感 L 和电阻 R。

解　由式(7.3 - 23)可得通频带宽度

$$\text{BW}=f_{c2}-f_{c1}=804-796=8 \text{ kHz}$$

由式(7.3 - 23)可得电路的品质因数

$$Q=\frac{f_0}{\text{BW}}=\frac{800}{8}=100$$

再求电感线圈的电感 L 和电阻 R。由式(7.3 - 4)知

$$f_0=\frac{1}{2\pi\sqrt{LC}}$$

得

$$L=\frac{1}{(2\pi f_0)^2 C}=\frac{1}{(2\times 3.14\times 800\times 10^3)^2\times 199\times 10^{-12}}\approx 200 \ \mu\text{F}$$

由式(7.3 - 8)

$$Q=\frac{1}{R}\sqrt{\frac{L}{C}}$$

得

$$R=\frac{1}{Q}\sqrt{\frac{L}{C}}=\frac{1}{100}\times\sqrt{\frac{200\times 10^{-6}}{199\times 10^{-12}}}=10 \ \Omega$$

【例 7.3 - 5】　在图 7.3 - 9 所示的 RLC 串联谐振电路中，已知电源电压 $u_s(t)=20\sqrt{2}\cos(10^5 t+15°)$ V，当电容 $C=2500$ pF 时，电路消耗的功率达到最大值 50 W，试求 L、R 和 Q。

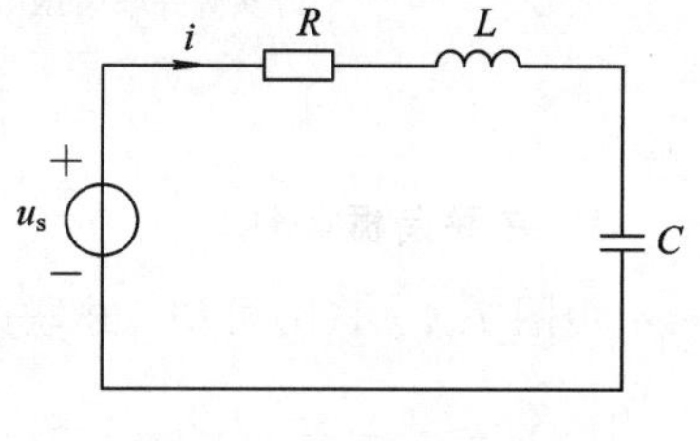

解　由题目可知，当电容 $C=2500$ pF 时，电路消耗的功率达最大，说明此时回路电流达最大，电路处于谐振状态。因电路消耗的功率

图 7.3 - 9　例 7.3 - 5 用图

$$P=I_0^2 R$$

又谐振时 $I_0=\dfrac{U_s}{R}$，将其代入上式，有

$$P=\left(\frac{U_s}{R}\right)^2 R=\frac{U_s^2}{R}$$

解得

$$R=\frac{U_s^2}{P}=\frac{20^2}{50}=8 \ \Omega$$

再根据式(7.3 - 4)

$$\omega_0=\frac{1}{\sqrt{LC}}$$

得

$$L=\frac{1}{\omega_0^2 C}=\frac{1}{(10^5)^2\times 2500\times 10^{-12}}=40 \text{ mH}$$

由式(7.3-8)可得电路的品质因数

$$Q = \frac{\omega_0 L}{R} = \frac{10^5 \times 40 \times 10^{-3}}{8} = 500$$

7.4 *RLC* 并联谐振电路

7.3节曾指出，*RLC* 串联谐振电路仅适用于低内阻信号源(即电压源)的情况，如果信号源内阻高，则将使串联谐振电路的 Q 值降低，电路的选择性变差。因此，当信号源内阻高时，为了获得较好的选频特性，可以采用并联谐振电路。

由实际的电感线圈和电容器相并联，然后接高内阻信号源构成的电路，称为实际并联谐振电路，如图7.4-1(a)所示。图中，电阻 R 代表实际线圈本身的损耗电阻；电容器的损耗很小，可忽略不计；信号源的内阻很高，可近似为理想电流源。图 7.4-1(a)对应的相量模型如图(b)所示。下面讨论并联谐振电路的谐振条件、谐振时的特点以及电路的频率特性。

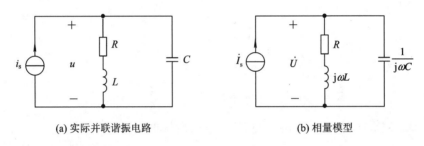

(a) 实际并联谐振电路   (b) 相量模型

图 7.4-1 *RLC* 并联谐振电路

1. 并联谐振条件

由图 7.4-1(b)可知，并联谐振电路的总导纳

$$Y = \frac{1}{R + j\omega L} + j\omega C = \frac{R}{R^2 + (\omega L)^2} + j\left(\omega C - \frac{\omega L}{R^2 + (\omega L)^2}\right) = G + jB \quad (7.4-1)$$

式中

$$G = \frac{R}{R^2 + (\omega L)^2} \quad (7.4-2)$$

$$B = \omega C - \frac{\omega L}{R^2 + (\omega L)^2} \quad (7.4-3)$$

根据谐振的概念，当电路的响应电压 $\dot{U}$ 与电源电流 $\dot{I}_s$ 同相时，电路发生并联谐振。这时电路的电纳 $B=0$，电路的总导纳 $Y=G$，电路呈纯电阻性。可见，并联谐振的条件是电路的电纳 B 为零。设并联谐振时电源频率为 ω_0，即有

$$B = \omega_0 C - \frac{\omega_0 L}{R^2 + (\omega_0 L)^2} = 0 \quad (7.4-4)$$

由式(7.4-4)解得

$$\omega_0 = \frac{1}{\sqrt{LC}} \sqrt{1 - \frac{CR^2}{L}} \quad (7.4-5)$$

式(7.4-5)为计算并联谐振角频率的精确公式。实际应用的并联谐振电路中，线圈的损耗 R 是很小的，一般都满足 $R \ll \omega_0 L$，因此式(7.4-4)可近似写为

$$B \approx \omega_0 C - \frac{1}{\omega_0 L} = 0 \qquad (7.4-6)$$

从而求得

$$\begin{cases} \omega_0 \approx \dfrac{1}{\sqrt{LC}} \\ f_0 \approx \dfrac{1}{2\pi \sqrt{LC}} \end{cases} \qquad (7.4-7)$$

式(7.4-7)就是并联谐振的条件。可见，在小损耗条件下，并联谐振电路的谐振频率的计算公式与串联谐振电路的谐振频率的计算公式相同。

由式(7.4-6)可知，在小损耗条件下，并联谐振时感抗与容抗的数值相等，其值称为并联谐振电路的特性阻抗，也用 ρ 表示，即

$$\rho = \omega_0 L = \frac{1}{\omega_0 C} = \sqrt{\frac{L}{C}} \qquad (7.4-8)$$

式(7.4-8)与串联谐振时的特性阻抗式(7.3-7)相同。

并联谐振电路的品质因数 Q 的定义同串联谐振电路，也是电路的特性阻抗与电阻 R 之比，即

$$Q \stackrel{\text{def}}{=\!=} \frac{\rho}{R} = \frac{\omega_0 L}{R} = \frac{1}{R\omega_0 C} = \frac{1}{R}\sqrt{\frac{L}{C}} \qquad (7.4-9)$$

式(7.4-9)与串联谐振电路的品质因数的定义式(7.3-8)一样。

2. 并联谐振电路的谐振特点

为了讲述方便，我们将图 7.4-1(b)所示的实际 RLC 并联谐振电路重画为图 7.4-2(a)。

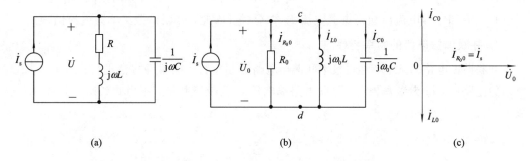

(a)   (b)   (c)

图 7.4-2 RLC 并联谐振电路的等效电路

由于工程上对谐振电路的分析，其频率范围均在谐振频率附近，因此在小损耗情况下，图 7.4-2(a)可改画为图 7.4-2(b)。由图(b)，有

$$Y = \frac{1}{R_0} + \frac{1}{j\omega L} + j\omega C \qquad (7.4-10)$$

图中，$R_0 = Q^2 R$。由于 Q 值一般为几十到几百，这样 R_0 可达几十千欧至几百千欧，因此在电流源激励下，并联电路可获得较高的电压。

由 $R_0 = Q^2 R$ 可导出并联谐振电路的品质因数 Q 的另一计算公式，即

$$Q = \frac{R_0}{\rho} = \frac{R_0}{\omega_0 L} = R_0 \omega_0 C \qquad (7.4-11)$$

参看图 7.4-2(b)，很容易得出并联谐振电路谐振时的特点如下：

（1）由式(7.4-10)可得谐振时电路导纳

$$Y_0 = \frac{1}{R_0} + j\left(\omega_0 C - \frac{1}{\omega_0 L}\right) = \frac{1}{R_0} = G_0 \qquad (7.4-12)$$

其值最小，且为纯电导。相应地，并联谐振阻抗

$$Z_0 = \frac{1}{Y_0} = R_0 \qquad (7.4-13)$$

其值最大，且为纯电阻。

谐振时，LC 并联电路的端电压

$$\dot{U}_0 = Z_0 \dot{I}_s = R_0 \dot{I}_s \qquad (7.4-14)$$

其值达到最大，且与激励源 $\dot{I}_s$ 同相。

（2）谐振时各元件上的电流为

$$\begin{cases} \dot{I}_{R_0 0} = \dfrac{\dot{U}_0}{R_0} = \dfrac{R_0 \dot{I}_s}{R_0} = \dot{I}_s \\[2mm] \dot{I}_{L0} = \dfrac{\dot{U}_0}{j\omega_0 L} = \dfrac{R_0 \dot{I}_s}{j\omega_0 L} = -jQ\dot{I}_s \\[2mm] \dot{I}_{C0} = j\omega_0 C \dot{U}_0 = j\omega_0 C \cdot R_0 \dot{I}_s = jQ\dot{I}_s \end{cases} \qquad (7.4-15)$$

其相量图如图 7.4-2(c)所示。由此可见，电路谐振时，电感电流与电容电流大小相等，相位相反。这犹如一个电流在 LC 并联回路中闭合流动，所以此电流又称做环流，其值等于电源电流的 Q 倍，即

$$I_{L0} = I_{C0} = QI_s \qquad (7.4-16)$$

这时，cb 端口的电流 $\dot{I}_{cb} = \dot{I}_{L0} + \dot{I}_{C0} = 0$，电感和电容并联部分（即 c、b 两点间）相当于开路，但电感电流和电容电流值却是电源电流 I_s 的 Q 倍。因此，并联谐振又称为电流谐振。

3. 并联谐振电路的频率特性

并联谐振电路的频率特性可按串联谐振电路的频率特性的推导方法进行。图 7.4-2(b)所示的电路中，$\dot{I}_s$ 为激励相量，并联电路端电压 $\dot{U}$ 为响应相量，则由式(7.1-1)得网络函数为

$$\begin{aligned} H(j\omega) &= \frac{\dot{U}}{\dot{I}_s} = \frac{\dot{I}_s / Y}{\dot{I}_s} = \frac{1}{Y} = \frac{1}{\dfrac{1}{R_0} + j\omega C + \dfrac{1}{j\omega L}} \\[2mm] &= \frac{R_0}{1 + j\left(R_0 \omega C - \dfrac{R_0}{\omega L}\right)} = \frac{R_0}{1 + jQ\left(\dfrac{\omega}{\omega_0} - \dfrac{\omega_0}{\omega}\right)} \end{aligned}$$

因 $\dot{U}_0 = R_0 \dot{I}_s$，即 $R_0 = \dfrac{\dot{U}_0}{\dot{I}_s}$，代入上式有

$$H(j\omega) = \frac{\dot{U}}{\dot{I}_s} = \frac{\dfrac{\dot{U}_0}{\dot{I}_s}}{1 + jQ\left(\dfrac{\omega}{\omega_0} - \dfrac{\omega_0}{\omega}\right)}$$

于是 $H(\mathrm{j}\omega)$ 可写为

$$H(\mathrm{j}\omega) = \frac{\dot{U}}{\dot{U}_0} = \frac{1}{1 + \mathrm{j}Q\left(\dfrac{\omega}{\omega_0} - \dfrac{\omega_0}{\omega}\right)} \qquad (7.4-17)$$

将此式与式(7.3-18)对比，可见并联谐振电路的归一化电压频率特性与串联谐振电路的归一化电流频率特性相同，其幅频和相频特性曲线也完全相同，如图 7.3-7 所示。并联谐振电路选择性的分析、通频带的定义以及通频带的计算公式均与串联谐振电路一样，这里不再重述。

　　还需指出的是，如果信号源内阻不够高，则不能作为理想电流源看待，这时需考虑信号源内阻的影响。图 7.4-3 所示的电路中，R_s 是信号源内阻，R_L 是负载电阻，虚线框部分是实际电感线圈和电容器并联的等效电路模型。下面我们讨论信号源内阻 R_s 和负载电阻 R_L 对并联谐振电路的品质因数的影响。设未考虑 R_s 和 R_L 时电路的品质因数（空载品质因数）为 Q，考虑 R_s 和 R_L 后电路的品质因数（有载品质因数）为 Q'。

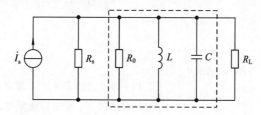

图 7.4-3　考虑 R_s、R_L 影响的并联谐振电路

　　由图 7.4-3 可得，并联等效电阻

$$R_0' = R_s \,/\!/\, R_0 \,/\!/\, R_L \qquad (7.4-18)$$

则由式(7.4-11)可得上述两种情况下电路的品质因数为

$$\begin{cases} Q = \dfrac{R_0}{\rho} \\[2mm] Q' = \dfrac{R_0'}{\rho} \end{cases} \qquad (7.4-19)$$

将以上两式相比，有

$$\frac{Q}{Q'} = \frac{R_0}{R_0'}$$

移项整理，得

$$Q' = \frac{R_0'}{R_0}Q \qquad (7.4-20)$$

由并联等效电阻的概念可知，$R_0' < R_0$，于是有 $Q' < Q$。由此表明：信号源内阻 R_s 和负载电阻 R_L 的接入使并联谐振电路的品质因数 Q 值下降，使电路的选择性变差，通频带变宽。这再一次说明了并联谐振电路适于配合高内阻信号源工作。

4. 串联谐振电路与并联谐振电路的比较

　　通过 7.3 节和本节前面的讨论可以看出，图 7.3-1(b) 所示的 RLC 串联谐振电路与图 7.4-2(b) 所示的 RLC 并联谐振电路是对偶电路，因此它们的分析结果也具有对偶性。表 7.4-1 给出了串、并联谐振电路的性能参数及计算公式。

表 7.4 - 1 串、并联谐振电路的性能参数及计算公式对照表

	串联谐振电路	并联谐振电路
电路形式		
谐振频率	$\omega_0 = \dfrac{1}{\sqrt{LC}}$ $f_0 = \dfrac{1}{2\pi\sqrt{LC}}$	$\omega_0 \approx \dfrac{1}{\sqrt{LC}}$（在小损耗条件下） $f_0 \approx \dfrac{1}{2\pi\sqrt{LC}}$
特性阻抗	$\rho = \omega_0 L = \dfrac{1}{\omega_0 C} = \sqrt{\dfrac{L}{C}}$	$\rho = \omega_0 L = \dfrac{1}{\omega_0 C} = \sqrt{\dfrac{L}{C}}$
品质因数	$Q = \dfrac{\rho}{R} = \dfrac{\omega_0 L}{R} = \dfrac{1}{R\omega_0 C} = \dfrac{1}{R}\sqrt{\dfrac{L}{C}}$	$Q = \dfrac{\rho}{R} = \dfrac{\omega_0 L}{R} = \dfrac{1}{R\omega_0 C} = \dfrac{1}{R}\sqrt{\dfrac{L}{C}}$ 或 $Q = \dfrac{R_0}{\rho} = \dfrac{R_0}{\omega_0 L} = R_0 \omega_0 C$
谐振特点	(1) 谐振阻抗 $Z_0 = R$，其值最小。 (2) 谐振电流 $\dot{I}_0 = \dfrac{\dot{U}_s}{R}$，其值最大，且与电源电压 $\dot{U}_s$ 同相。 (3) 谐振时的电感电压与电容电压大小相等，相位相反，其值为 $U_{L0} = U_{C0} = QU_s$，故串联谐振又称为电压谐振	(1) 谐振阻抗 $Z_0 = R_0$，其值最大。式中，$R_0 = Q^2 R$（在小损耗条件下，在谐振频率附近）。 (2) 谐振时，LC 并联电路的端电压 $\dot{U}_0 = R_0 \dot{I}_s$，其值最大，且与电源电流 $\dot{I}_s$ 同相。 (3) 谐振时的电感电流与电容电流大小相等，相位相反，其值为 $I_{L0} = I_{C0} = QI_s$，故并联谐振又称为电流谐振
频率特性	$H(\mathrm{j}\omega) = \dfrac{\dot{I}}{\dot{I}_0} = \dfrac{1}{1+\mathrm{j}Q\left(\dfrac{\omega}{\omega_0} - \dfrac{\omega_0}{\omega}\right)}$ 幅频特性	$H(\mathrm{j}\omega) = \dfrac{\dot{U}}{\dot{U}_0} = \dfrac{1}{1+\mathrm{j}Q\left(\dfrac{\omega}{\omega_0} - \dfrac{\omega_0}{\omega}\right)}$ 相频特性
通频带	$\mathrm{BW} = \dfrac{\omega_0}{Q}$ $\mathrm{BW} = \dfrac{f_0}{Q}$	$\mathrm{BW} = \dfrac{\omega_0}{Q}$ $\mathrm{BW} = \dfrac{f_0}{Q}$

【例 7.4-1】 并联振荡电路如图 7.4-4 所示。已知 $L=100\ \mu\mathrm{H}$，$C=400$ pF，电路的品质因数 $Q=125$，信号源电流的有效值 $I_\mathrm{s}=1$ mA，试求电路的谐振角频率 ω_0、谐振时电路阻抗 Z_0、电容电压 U_{C0} 以及电路通频带 BW。

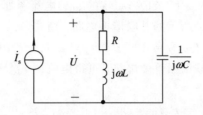

图 7.4-4 例 7.4-1 用图

解 由式(7.4-7)可求得电路的谐振角频率

$$\omega_0 = \frac{1}{\sqrt{LC}} = \frac{1}{\sqrt{100\times10^{-6}\times400\times10^{-12}}} = 5\times10^6\ \mathrm{rad/s}$$

由品质因数的定义式(7.4-9)

$$Q = \frac{\omega_0 L}{R}$$

得电阻

$$R = \frac{\omega_0 L}{Q} = \frac{5\times10^6\times100\times10^{-6}}{125} = 4\ \Omega$$

根据图 7.4-2(b)所示的并联谐振电路的等效电路，由式(7.4-13)可得谐振时电路阻抗

$$Z_0 = R_0 = Q^2 R = 125^2\times4 = 62.5\ \mathrm{k\Omega}$$

谐振时电容电压

$$U_{C0} = R_0 I_\mathrm{s} = 62.5\times10^3\times1\times10^{-3} = 62.5\ \mathrm{V}$$

再由式(7.3-22)求得电路的通频带宽度

$$\mathrm{BW} = \frac{\omega_0}{Q} = \frac{5\times10^6}{125} = 4\times10^4\ \mathrm{rad/s}$$

【例 7.4-2】 图 7.4-5 为某晶体管高频放大器的等效电路，虚线框部分为实际电感线圈和电容组成的并联电路，$Q=100$，$L=0.1$ mH，$C=400$ pF，又已知放大器的输出电流（集电极电流）含有两个频率分量 $i_{\mathrm{s}1}(t)=1.5\sqrt{2}\cos10^6 t$ mA，$i_{\mathrm{s}2}(t)=1.5\sqrt{2}\cos(2\times10^6 t)$ mA，试求这两个电流分量在 LC 并联电路两端产生的响应电压大小。

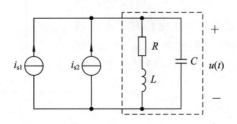

图 7.4-5 例 7.4-2 用图

解 LC 并联电路的谐振频率为

$$\omega_0 = \frac{1}{\sqrt{LC}} = \frac{1}{\sqrt{0.1 \times 10^{-3} \times 400 \times 10^{-12}}} = 5 \times 10^6 \text{ rad/s}$$

由题目给出的两个电流分量的表达式可知，LC 并联电路对频率为 $\omega = \omega_0 = 10^6$ rad/s 的 $i_{s1}(t)$ 电流源发生谐振，而对频率为 $\omega = 2 \times 10^6$ rad/s 的 $i_{s2}(t)$ 电流源处于失谐状态。图 7.4-5 所示的电路可等效为图 7.4-2(b) 所示的并联谐振电路。由式(7.4-11)可求得电阻

$$R_0 = Q\rho = Q\omega_0 L = 100 \times 5 \times 10^6 \times 0.1 \times 10^{-3} = 50 \text{ k}\Omega$$

参看图 7.4-2(b) 所示的并联谐振等效电路，可得电流源 $i_{s1}(t)$ 在 LC 并联电路两端产生的响应电压大小为

$$U_1 = U_0 = R_0 I_{s1} = 50 \times 10^3 \times 1.5 \times 10^{-3} = 75 \text{ V}$$

根据式(7.4-17)，LC 并联振谐电路的幅度特性为

$$|H(j\omega)| = \frac{U}{U_0} = \frac{1}{\sqrt{1 + Q^2 \left(\dfrac{\omega}{\omega_0} - \dfrac{\omega_0}{\omega} \right)^2}}$$

对于 $i_{s2}(t)$ 电流源，频率 $\omega = 2\omega_0$，代入上式有

$$|H(j2\omega_0)| = \frac{U_2}{U_0} = \frac{1}{\sqrt{1 + Q^2 \left(\dfrac{2\omega_0}{\omega_0} - \dfrac{\omega_0}{2\omega_0} \right)^2}}$$

移项整理，得 $i_{s2}(t)$ 电流源在 LC 并联电路两端产生的响应电压大小为

$$U_2 = \frac{1}{\sqrt{1 + \dfrac{9}{4}Q^2}} U_0 = \frac{1}{\sqrt{1 + \dfrac{9}{4} \times 100^2}} \times 75 = 0.5 \text{ V}$$

由以上分析可看出，LC 并联谐振电路对两个大小相等、频率不同的电流源，分别处于谐振状态和失谐状态。由于电路的选频特性，使电路处于谐振状态的电流源 $i_{s1}(t)$ 比使电路处于失谐状态的电流源 $i_{s2}(t)$ 在 LC 并联电路两端产生的响应电压高得多，相差近 100 倍。因此，实际中就认为 LC 并联电路两端的电压只有 U_1，而 U_2 可以忽略不计。这样，并联谐振电路就把与之谐振的信号 $i_{s1}(t)$ 选择出来了。

【例 7.4-3】 滤波电路如图 7.4-6 所示，已知电源角频率 $\omega = 10^3$ rad/s，电感 $L = 25$ mH，它阻止电源信号的二次谐波（角频率为 2ω）通过，而使基波（角频率为 ω）顺利通至负载 R_L，求电容 C_1 和 C_2。

解 由题意知，该滤波电路阻止电源信号的二次谐波通过，说明电路的某一部分对频率为 2ω 的二次谐波发生谐振而导致阻抗为无穷大。由图 7.4-6 可知，电感 L 和电容 C_1 组成的并联电路对二次谐波信号发生并联谐振，即电路谐振角频率 $\omega_0 = 2\omega$ 时，其谐振阻抗为无穷大，LC_1 并联电路对外相当于断路。因此，有

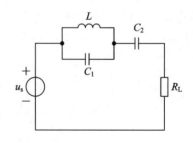

图 7.4-6 例 7.4-3 用图

$$\omega_0 = \frac{1}{\sqrt{LC_1}} = 2\omega$$

代入已知数据，解得

$$C_1 = \frac{1}{(2\omega)^2 L} = \frac{1}{(2 \times 10^3)^2 \times 25 \times 10^{-3}} = 10 \ \mu\text{F}$$

该滤波电路让基波信号顺利通至负载 R_L，说明电感 L 并联电容 C_1 再与电容 C_2 串联的组合对频率为 ω 的基波发生串联谐振而导致阻抗为零，对外相当于短路。因此，谐振时有

$$\text{j}\omega L \ // \ \frac{1}{\text{j}\omega_0 C_1} + \frac{1}{\text{j}\omega_0 C_2} = 0$$

解得

$$\omega_0 = \frac{1}{\sqrt{L(C_1 + C_2)}}$$

这时 $\omega_0 = \omega$，即

$$\frac{1}{\sqrt{L(C_1 + C_2)}} = \omega$$

代入数据，解得

$$C_2 = \frac{1}{\omega^2 L} - C_1 = \frac{1}{(10^3)^2 \times 25 \times 10^{-3}} - 10 \times 10^{-6} = 30 \ \mu\text{F}$$

7.5　非正弦周期信号激励下电路的稳态响应

在电工、无线电工程和其他电子工程中，除了前面已讨论过的直流激励和正弦激励外，还常遇到非正弦周期电压或电流激励。例如，电力系统中发电机发出的电压不可能完全准确地按照正弦规律变化，而往往是接近正弦函数的非正弦周期函数；在通信等电子工程中有大量的非正弦周期信号，如方波信号、三角波信号、锯齿波信号等。当电路中含有非线性元件时，即使是理想的正弦激励也将导致非正弦波形的响应。图 7.5-1 所示为几种非正弦周期信号的波形。

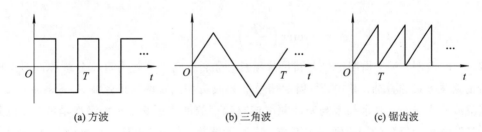

(a) 方波　　　　　　　　　(b) 三角波　　　　　　　　(c) 锯齿波

图 7.5-1　几种非正弦周期信号的波形

在非正弦周期信号激励下，线性电路的稳态响应分析和计算的一般方法是：利用傅里叶级数，先把非正弦周期信号分解为许多不同频率的谐波分量（正弦信号）之和，然后根据叠加定理，用正弦稳态电路的相量分析法分别求出各谐波分量单独作用时的稳态响应，将这些响应叠加起来，就得到了非正弦周期信号激励下电路的稳态响应。

7.5.1　周期信号分解为傅里叶级数

由高等数学的相关知识可知，以 T 为周期的周期信号 $f(t)$，若满足下列狄里赫利

条件：

(1) 在一个周期内满足绝对可积，即 $\int_{-\frac{T}{2}}^{\frac{T}{2}} | f(t) | \, \mathrm{d}t =$ 有限值；

(2) 在一个周期内只有有限个极大值和极小值；

(3) 在一个周期内只有有限个不连续点。

则 $f(t)$ 可展开为如下三角型傅里叶级数：

$$f(t) = a_0 + \sum_{k=1}^{\infty} (a_k \cos k\omega_1 t + b_k \sin k\omega_1 t) \tag{7.5-1}$$

式中，$\omega_1 = \dfrac{2\pi}{T}$ 称为基本角频率，系数 a_0、a_k、b_k 称为三角型傅里叶系数，分别由式(7.5-2)确定

$$\begin{cases} a_0 = \dfrac{1}{T} \int_{-\frac{T}{2}}^{\frac{T}{2}} f(t) \, \mathrm{d}t \\[2mm] a_n = \dfrac{2}{T} \int_{-\frac{T}{2}}^{\frac{T}{2}} f(t) \cos k\omega_1 t \, \mathrm{d}t \qquad k = 1, 2, 3, \cdots \\[2mm] b_n = \dfrac{2}{T} \int_{-\frac{T}{2}}^{\frac{T}{2}} f(t) \sin k\omega_1 t \, \mathrm{d}t \qquad k = 1, 2, 3, \cdots \end{cases} \tag{7.5-2}$$

若将式(7.5-1)中的同频率项合并，即

$$a_k \cos \omega_1 t + b_k \sin k\omega_1 t = A_k \cos(k\omega_1 t + \psi_k)$$

则可以把 $f(t)$ 的三角型傅里叶级数写成以下形式：

$$f(t) = A_0 + \sum_{n=1}^{\infty} A_k \cos(k\omega_1 t + \psi_k) \tag{7.5-3}$$

式中

$$\begin{cases} A_0 = a_0 & \text{直流分量} \\[2mm] A_k = \sqrt{a_k^2 + b_k^2} & k = 1, 2, 3, \cdots \\[2mm] \psi_k = \arctan\left(\dfrac{-b_k}{a_k}\right) \end{cases} \tag{7.5-4}$$

式(7.5-3)表明，一个周期信号若满足狄里赫利条件，则可分解为直流分量和许多不同频率的正弦波分量的叠加。其中，与周期信号 $f(t)$ 具有相同频率的正弦波 $A_1 \cos(\omega_1 t + \psi_1)$ 称为基波或一次谐波，其余频率与基波频率成整数倍的那些正弦波称为高次谐波，并按其频率为基波频率的倍数分别叫做二次谐波、三次谐波等，如 $k=2$ 时，$A_2 \cos(2\omega_1 t + \psi_2)$ 为二次谐波。

电工和电子技术中遇到的非正弦周期信号一般都能满足狄里赫利条件，因而可以展开成傅里叶级数。傅里叶级数是收敛的无穷级数，周期信号中谐波分量的振幅随谐波次数增高而衰减。由于级数通常收敛很快，所以工程上一般只取傅里叶级数的前几项就能近似地表示原周期信号。至于要取到第几项，则需根据具体信号和所要求的精度而定。

7.5.2　非正弦周期信号激励下电路的稳态响应的计算

从傅里叶级数的观点来看，非正弦周期信号可分解为直流分量和一系列不同频率的谐

波分量之和。因此，可运用叠加定理，分别求出包括直流在内的各个分量单独作用时产生
的稳态响应，然后将这些响应叠加，其结果即为非正弦周期信号激励下电路的稳态响应，
这种方法称为谐波分析法。具体计算步骤如下：

（1）利用傅里叶级数，将非正弦周期电压或电流激励分解为直流分量和各次谐波分量
之和的形式。视所要求的精度截取有限项。

（2）根据叠加定理，分别求出各分量单独作用时的响应。直流分量（$\omega=0$）单独作用时，
电路是直流稳态电路，电感看做短路，电容看做开路。各次谐波分量单独作用时，因每一
谐波分量都是单一频率的正弦波，故可用正弦稳态电路的相量分析法求解其稳态响应。但
应注意，对不同频率的谐波分量来说，电感元件和电容元件的感抗和容抗是不同的，它们
随频率而改变。

（3）将步骤（2）中计算出的各响应叠加，就得到了电路在非正弦周期信号激励下的稳
态响应。注意：这里是各响应的瞬时值叠加，而不是相量叠加。

【例 7.5 - 1】　电路如图 7.5 - 2(a)所示，已知输入激励 $u_s(t)=10+4\cos t+2\cos(2t+30°)$ V，求电路的稳态响应 $i(t)$。

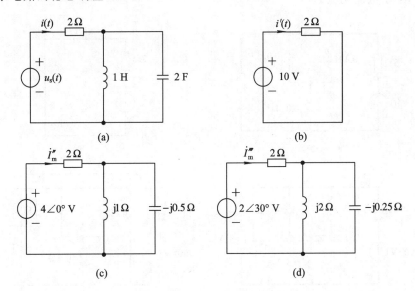

图 7.5 - 2　例 7.5 - 1 用图

解　输入激励为非正弦周期信号，含有三个分量，根据叠加定理，先分别求出各分量
单独作用时的响应，然后将这些响应叠加，即为电路在 $u_s(t)$ 激励下的响应。

（1）10 V 直流分量单独作用时，$\omega=0$，电感视为短路，电容视为开路，画出对应电路
如图 7.5 - 2(b)所示。由图(b)可得

$$i'(t)=\frac{10}{2}=5\ \text{A}$$

（2）4 $\cos t$ V 一次谐波分量单独作用时，$\omega=1$ rad/s，电路为正弦稳态电路，用相量分
析法求解，画出对应电路的相量模型如图 7.5 - 2(c)所示。由图(c)得

$$\dot{I}''_m=\frac{4\angle0°}{2+\text{j}1\ /\!/\ (-\text{j}0.5)}=\frac{4\angle0°}{2-\text{j}1}=0.8\sqrt{5}\angle26.57°\ \text{A}$$

写成瞬时值表达式为

$$i''(t) = 0.8\sqrt{5}\,\cos(t + 26.57°)\ \text{A}$$

（3）$2\cos(2t + 30°)$ V 二次谐波分量单独作用时，$\omega = 2$ rad/s，电路为正弦稳态电路，画出对应电路的相量模型如图 7.5-2(d)所示。由图(d)得

$$\dot{I}'''_{\text{m}} = \frac{2\angle 30°}{2 + \text{j}2\ /\!/\ (-\text{j}0.25)} = \frac{7\angle 30°}{7 - \text{j}1} = 0.7\sqrt{2}\angle 38.13°\ \text{A}$$

写成瞬时表达式为

$$i'''(t) = 0.7\sqrt{2}\,\cos(2t + 38.13°)\ \text{A}$$

（4）将以上响应叠加，得 $u_{\text{s}}(t)$ 激励下电路的稳态响应

$$i(t) = i'(t) + i''(t) + i'''(t)$$

$$= 5 + 0.8\sqrt{5}\,\cos(t + 26.57°) + 0.7\sqrt{2}\,\cos(2t + 38.13°)\ \text{A}$$

再次提醒注意：非正弦周期信号激励下电路的稳态响应是各激励分量单独作用时所产生响应的瞬时值的叠加，而不是相量叠加。

【例 7.5-2】 电路如图 7.5-3(a)所示，已知电源电压 $u_{\text{s}}(t) = 5 + 20\cos10t + 15\cos30t$ V，求电流响应 $i(t)$。

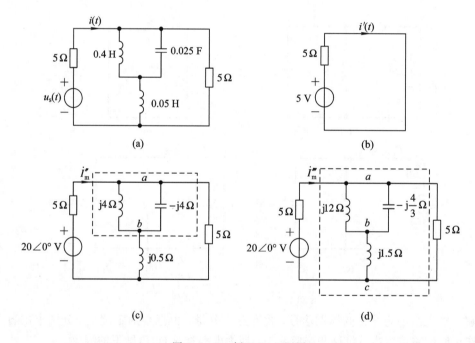

图 7.5-3　例 7.5-2 用图

解　（1）5 V 直流分量单独作用时，电路如图 7.5-3(b)所示。由图(b)得

$$i' = \frac{5}{5} = 1\ \text{A}$$

（2）$20\cos10t$ V 谐波分量单独作用时，$\omega = 10$ rad/s，画出对应电路的相量模型如图 7.5-3(c)所示。由图(c)知，a、b 两点之间 LC 并联电路（虚线框部分）的导纳为

$$Y_{ab} = \frac{1}{\text{j}4} + \frac{1}{-\text{j}4} = 0$$

其阻抗为无穷大，对外相当于开路，故有

$$\dot{I}_{\mathrm{m}}'' = \frac{20\angle 0^{\circ}}{5+5} = 2\angle 0^{\circ}\ \mathrm{A}$$

写成瞬时值表达式为

$$i''(t) = 2\cos 10t\ \mathrm{A}$$

（3）15 cos30t V 谐波分量单独作用时，$\omega = 30\ \mathrm{rad/s}$，画出对应电路的相量模型如图 7.5-3(d) 所示。由图(d)知，abc 支路（虚线框部分）的阻抗为

$$Z = \mathrm{j}12\ /\!/\ \left(-\mathrm{j}\frac{4}{3}\right) + \mathrm{j}1.5 = -\mathrm{j}1.5 + \mathrm{j}1.5 = 0$$

对外相当于短路，故有

$$\dot{I}_{\mathrm{m}}''' = \frac{15\angle 0^{\circ}}{5} = 3\angle 0^{\circ}\ \mathrm{A}$$

写成瞬时值表达式为

$$i'''(t) = 3\cos 30t\ \mathrm{A}$$

（4）将以上各响应瞬时值叠加，得 $u_{\mathrm{s}}(t)$ 激励下的电流响应

$$i(t) = i'(t) + i''(t) + i'''(t) = 1 + 2\cos 10t + 3\cos 30t\ \mathrm{A}$$

7.5.3　非正弦周期信号的有效值及电路的平均功率

1. 非正弦周期信号的有效值

5.1.3 节已经给出了周期电流或电压的有效值（又称方均根值）的定义式，现重写如下：

$$I = \sqrt{\frac{1}{T}\int_0^T i^2(t)\ \mathrm{d}t}$$

$$U = \sqrt{\frac{1}{T}\int_0^T u^2(t)\ \mathrm{d}t}$$

这一定义适用于任何周期性变化的电流或电压（即周期信号）。下面我们讨论周期信号用傅里叶级数表示时，其有效值的计算公式。

以非正弦周期电流为例，设

$$i(t) = I_0 + \sum_{k=1}^{\infty} \sqrt{2}I_k \cos(k\omega_1 t + \psi_k)$$

将它代入有效值的定义式，有

$$I = \sqrt{\frac{1}{T}\int_0^T \left[I_0 + \sum_{k=1}^{\infty} \sqrt{2}I_k \cos(k\omega_1 + \psi_k)\right]^2 \mathrm{d}t}$$

上式等号右端根号内展开后含有下列各项：

（1）$\dfrac{1}{T}\displaystyle\int_0^T I_0^2\ \mathrm{d}t = I_0^2$；

（2）$\dfrac{1}{T}\displaystyle\int_0^T 2I_0 \sum_{k=1}^{\infty} \sqrt{2}I_k \cos(k\omega_1 t + \psi_k)\mathrm{d}t = 0$；

（3）$\dfrac{1}{T}\displaystyle\int_0^T \sum_{k=1}^{\infty} (\sqrt{2}I_k)^2 \cos^2(k\omega_1 t + \psi_k)\mathrm{d}t = \sum_{k=1}^{\infty} I_k^2$；

（4）$\dfrac{1}{T}\displaystyle\int_0^T 2\sum_{k=1}^{\infty}\sum_{n=1}^{\infty}\sqrt{2}I_k\cos(k\omega_1 t+\psi_k)\cdot\sqrt{2}I_n\cos(n\omega_1 t+\psi_n)\,\mathrm{d}t=0(k\neq n)$。

因此，得非正弦周期电流的有效值为

$$I=\sqrt{I_0^2+\sum_{k=1}^{\infty}I_k^2}=\sqrt{I_0^2+I_1^2+I_2^2+\cdots}\qquad(7.5-5)$$

同理，得非正弦周期电压的有效值为

$$U=\sqrt{U_0^2+\sum_{k=1}^{\infty}U_k^2}=\sqrt{U_0^2+U_1^2+U_2^2+\cdots}\qquad(7.5-6)$$

式(7.5-5)和式(7.5-6)表明：非正弦周期信号的有效值等于它的直流分量的平方与各次谐波有效值的平方之和的平方根。

【例 7.5-3】 非正弦周期电压、电流的傅里叶级数展开式为
$$u(t)=10+4\cos t+2\cos(2t+14.4°)\text{ V}$$
$$i(t)=6+2\cos t+5\sin t+3\cos2t\text{ A}$$

求电压和电流的有效值。

　　解 由式(7.5-6)可求得电压的有效值为

$$U=\sqrt{10^2+\left(\dfrac{4}{\sqrt{2}}\right)^2+\left(\dfrac{2}{\sqrt{2}}\right)^2}=\sqrt{110}\approx10.49\text{ V}$$

对于非正弦周期电流 $i(t)$，因为一次谐波

$$2\cos t+5\sin t=\sqrt{29}\cos\left(t+\arctan\dfrac{-5}{2}\right)$$

所以，由式(7.5-5)可求得电流的有效值为

$$I=\sqrt{6^2+\left(\dfrac{\sqrt{29}}{\sqrt{2}}\right)^2+\left(\dfrac{3}{\sqrt{2}}\right)^2}=\sqrt{55}\approx7.42\text{ A}$$

2. 非正弦周期电路的平均功率

非正弦周期电路中任意二端网络 N 如图 7.5-4 所示，设其端口电压、电流的傅里叶级数展开式分别为

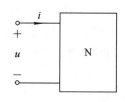

$$u(t)=U_0+\sum_{k=1}^{\infty}\sqrt{2}U_k\cos(k\omega_1 t+\psi_{uk})$$

$$i(t)=I_0+\sum_{k=1}^{\infty}\sqrt{2}I_k\cos(k\omega_1 t+\psi_{ik})$$

图 7.5-4 非正弦周期中的
无源二端网络

则该二端网络 N 吸收的瞬时功率为

$$p(t)=u(t)i(t)$$

平均功率仍定义为瞬时功率在一周期内的平均值，即

$$P=\dfrac{1}{T}\int_0^T p(t)\,\mathrm{d}t=\dfrac{1}{T}\int_0^T u(t)i(t)\,\mathrm{d}t$$

$$=\dfrac{1}{T}\int_0^T\left[U_0+\sum_{k=1}^{\infty}\sqrt{2}U_k\cos(k\omega_1 t+\psi_{uk})\right]\cdot\left[I_0+\sum_{k=1}^{\infty}\sqrt{2}I_k\cos(k\omega_1 t+\psi_{ik})\right]\mathrm{d}t$$

将上式积分号内两个级数的乘积展开，展开后的各项有两种类型：

（1）同次（同频率）谐波电压与电流的乘积项，它们构成的平均功率为

$$P_0 = \frac{1}{T}\int_0^T U_0 I_0 \ \mathrm{d}t = U_0 I_0$$

$$P_k = \frac{1}{T}\int_0^T \sqrt{2}U_k \cos(k\omega_1 t + \psi_{uk}) \cdot \sqrt{2}I_k \cos(k\omega_1 t + \psi_{ik}) \ \mathrm{d}t$$

$$= U_k I_k \cos(\psi_{uk} - \psi_{ik}) = U_k I_k \cos\varphi_k$$

（2）不同次（不同频率）谐波电压与电流的乘积项，根据三角函数的正交性，它们在一个周期内的积分值均等于零。

因此，二端网络 N 吸收的平均功率为

$$P = U_0 I_0 + \sum_{k=1}^{\infty} U_k I_k \cos\varphi_k = P_0 + \sum_{k=1}^{n} P_k \tag{7.5-7}$$

式（7.5-7）表明：非正弦周期电路中任意二端网络 N 吸收的平均功率等于直流分量构成的功率与各次谐波构成的平均功率之代数和。必须注意，只有同频率的谐波电压与电流才能构成平均功率，不同频率的谐波电压与电流虽然能构成瞬时功率，但不能构成平均功率。

【例 7.5-4】　二端网络如图 7.5-4 所示，已知端口电压、电流分别为

$$u(t) = 100 + 100 \cos t + 50 \cos2t + 30 \cos3t \ \text{V}$$

$$i(t) = 10 \cos(t - 60°) + 2 \cos(3t - 135°) \ \text{A}$$

求该二端网络吸收的平均功率。

解　由式（7.5-7），可得二端网络吸收的平均功率为

$$P = U_0 I_0 + U_1 I_1 \cos\varphi_1 + U_2 I_2 \cos\varphi_2 + U_3 I_3 \cos\varphi_3$$

$$= 0 + \frac{100}{\sqrt{2}} \times \frac{10}{\sqrt{2}} \cos60° + 0 + \frac{30}{\sqrt{2}} \times \frac{2}{\sqrt{2}} \cos135°$$

$$= 228.8 \ \text{W}$$

在本题电路中，电压 $u(t)$ 中有直流分量和二次谐波分量，但电流 $i(t)$ 中没有这两个分量，所以它们构成的平均功率为零。

【例 7.5-5】　电路如图 7.5-5（a）所示，已知 $i_s(t) = 5\sqrt{2} \cos5t$ A，$u_s(t) = 15\sqrt{2} \cos10t$ V，电阻 $R = 2 \ \Omega$，求 R 吸收的功率。

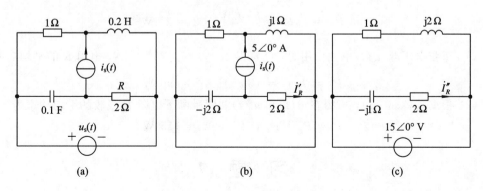

图 7.5-5　例 7.5-5 用图

解法一　该电路虽不含非正弦周期激励，但 $i_s(t)$ 和 $u_s(t)$ 为不同频率的正弦激励，求电阻 R 吸收的功率时，可用叠加定理先求出流过 R 的电流，然后根据 $P_R = I_R^2 R$ 算得其平均功率。

（1）正弦电流源 $i_s(t)$ 单独作用时，$\omega = 5$ rad/s，等效相量模型如图 7.5-5(b) 所示，由阻抗分流公式得

$$\dot{I}'_R = -\frac{-\mathrm{j}2}{-\mathrm{j}2 + 2} \times 5\angle 0^\circ = -\frac{-\mathrm{j}5}{1 - \mathrm{j}1} = \frac{5\sqrt{2}}{2}\angle -45^\circ \text{ A}$$

瞬时值表达式为

$$i'_R(t) = 5\cos(5t - 45^\circ) \text{ A}$$

（2）正弦电压源 $u_s(t)$ 单独作用时，$\omega = 10$ rad/s，等效相量模型如图 7.5-5(c) 所示，由阻抗的伏安关系得

$$\dot{I}''_R = \frac{15\angle 0^\circ}{2 - \mathrm{j}1} = 3\sqrt{5}\angle 26.57^\circ \text{ A}$$

瞬时值表达式为

$$i''_R(t) = 3\sqrt{10}\cos(10t + 26.57^\circ) \text{ A}$$

（3）由叠加定理得流过电阻 R 的电流

$$i_R(t) = i'_R(t) + i''_R(t) = 5\cos(5t - 45^\circ) + 3\sqrt{10}\cos(10t + 26.57^\circ) \text{ A}$$

由式（7.5-5）得其有效值为

$$I = \sqrt{\left(\frac{5}{\sqrt{2}}\right)^2 + \left[\frac{3\sqrt{10}}{\sqrt{2}}\right]^2} = \sqrt{\frac{115}{2}} \text{ A}$$

故电阻 R 吸收的平均功率为

$$P_R = I_R^2 R = \left(\sqrt{\frac{115}{2}}\right)^2 \times 2 = 115 \text{ W}$$

解法二　由于 $i_s(t)$ 和 $u_s(t)$ 的频率不同，因此根据式（7.5-7），可用叠加定理计算电阻 R 的平均功率。

（1）正弦电流源 $i_s(t)$ 单独作用时，已算得 $\dot{I}'_R = \frac{5\sqrt{2}}{2}\angle -45^\circ$ A，电阻 R 的平均功率为

$$P_1 = I_R'^2 R = \left(\frac{5\sqrt{2}}{2}\right)^2 \times 2 = 25 \text{ W}$$

（2）正弦电压源 $u_s(t)$ 单独作用时，已算得 $\dot{I}''_R = 3\sqrt{5}\angle 26.57^\circ$ A，电阻 R 的平均功率为

$$P_2 = I_R''^2 R = (3\sqrt{5})^2 \times 2 = 90 \text{ W}$$

（3）根据式（7.5-7），可得在 $i_s(t)$ 和 $u_s(t)$ 共同激励下电阻 R 吸收的平均功率为

$$P = P_1 + P_2 = 25 + 90 = 115 \text{ W}$$

习　题　7

7-1　填空题。

（1）网络函数 $H(\mathrm{j}\omega)$ 定义为＿＿＿＿＿＿＿＿＿＿＿＿＿＿＿＿＿＿＿＿＿。

(2) 电路的频率特性可用_____曲线和_____曲线来表示。

(3) 由实际的电感线圈和电容器串联组成的电路称为_____。

(4) RLC 串联谐振电路的谐振条件为_____。

(5) RLC 电路串联谐振时，电路阻抗为_____，且数值最_____。

(6) RLC 电路并联谐振时，电路阻抗最_____。

(7) RLC 串联谐振电路发生谐振时，电感电压与电容电压大小相等、方向相反，等于电源电压的____。

(8) RLC 串联和并联谐振电路通频带宽度为 BW＝_____。

(9) 谐振电路的品质因数 Q 值越高，幅频特性曲线越_____，电路的选选择性_____，但电路的通频带越_____。

7-2　选择题。

(1) RLC 串联谐振电路发生谐振时，有(　　　　　)。

(A) 电感电流与电容电流大小相等，方向相反

(B) 电感电流与电容电流大小相等，方向相同

(C) 电感电压与电容电压大小相等，方向相反

(D) 电感电压与电容电压大小相等，方向相同

(2) 若 RLC 串联谐振电路已处于谐振状态，当电容 C 增大时，电路呈(　　　　　)。

(A) 容性　　　　　(B) 感性　　　　　(C) 电阻性　　　　　(D) 无法确定

(3) 题 7-2-3 图所示谐振电路，已知 $U_s＝0.5$ V，则谐振电流 I_0 为(　　　　　)。

(A) 5 mA　　　　(B) 10 mA

(C) 100 mA　　　(D) 50 mA

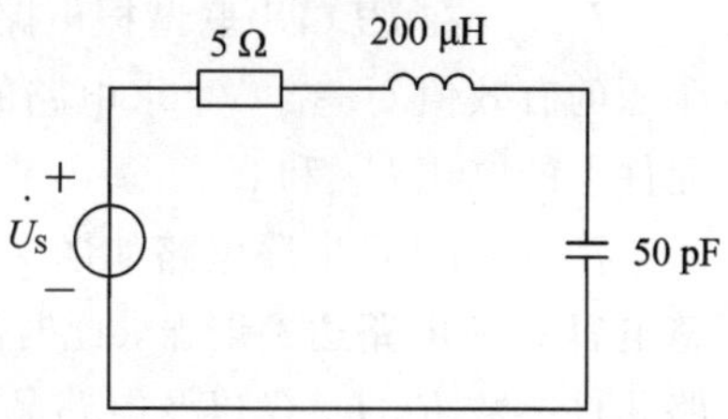

题 7-2-3 图

(4) RLC 串联谐振电路的品质因数 Q 等于(　　　　　)。

(A) $R\omega_0 C$　　　　　(B) $R\sqrt{\dfrac{L}{C}}$

(C) $\dfrac{1}{R}\sqrt{\dfrac{C}{L}}$　　　　(D) $\dfrac{\omega_0 L}{R}$

(5) 题 7-2-5 图所示谐振电路，已知 $I_s＝0.4$ mA，则谐振电压 U_0 为(　　　　　)。

(A) 120 mV　　　(B) 12 mV　　　(C) 24 mV　　　(D) 2.4 mV

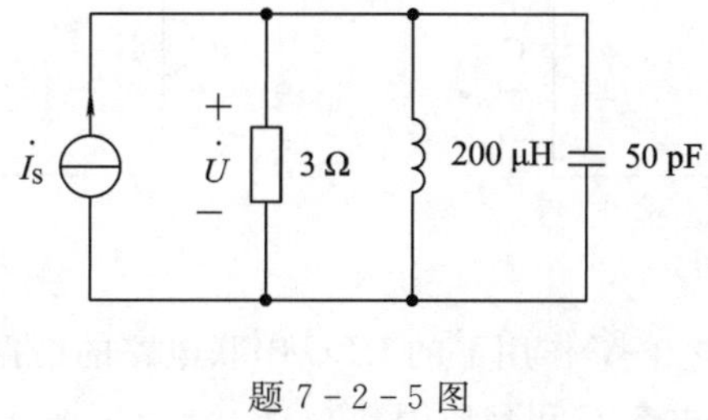

题 7-2-5 图

7-3　试求题 7-3 图所示电路的转移电压比 $H(\mathrm{j}\omega)＝\dot{U}_2/\dot{U}_1$，并定性画出其幅频特性曲线和相频特性曲线，指出它们是低通网络还是高通网络，截止频率 ω_c 是多少？

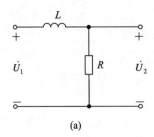
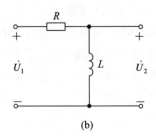

(a)　　　　　　　　　　(b)

题 7 - 3 图

7 - 4　求题 7 - 4 图所示电路的网络函数 $H(j\omega) = \dot{U}_2 / \dot{U}_1$，并画出 $|H(j\omega)|$ 的大致变化规律。

7 - 5　多级放大器常用题 7 - 5 图所示的电路来进行级间耦合，图中 C 称为耦合电容。若 $C = 10\ \mu F$，$R = 1.5\ k\Omega$，则该电路的通频带是多少？若增大电容 C，对通频带有何影响？

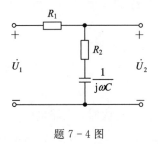
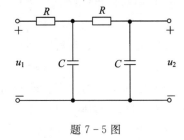

题 7 - 4 图　　　　　　　　　　题 7 - 5 图

7 - 6　在 RLC 串联谐振电路中，已知 $R = 10\ \Omega$，$L = 160\ \mu H$，$C = 250\ pF$，外加正弦电压源的有效值 $U_s = 1\ V$，求电路的谐振频率 f_0、品质因数 Q、谐振时的回路电流 I_0、电抗元件上的电压 U_{C0} 和 U_{L0}。

7 - 7　RLC 串联电路如题 7 - 7 图所示，已知电源电压 $U_s = 1\ mV$，$f = 1.59\ MHz$，调整电容 C 使电路达到谐振，此时测得回路电流 $I_0 = 0.1\ mA$，电容电压 $U_{C0} = 50\ mV$。求电路元件参数 R、L、C 以及电路品质因数 Q 和通频带 BW。

7 - 8　题 7 - 8 图是应用串联谐振原理测量线圈电阻 r_L 和电感 L 的电路。已知 $R = 10\ \Omega$，$C = 0.1\ \mu F$，保持外加电压有效值 $U = 1\ V$ 不变，改变频率 f。当 $f = 800\ Hz$ 时，测得电阻 R 上的电压最大值 $U_R = 0.8\ V$，试求 r_L 和 L。

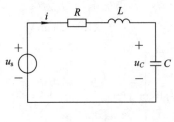

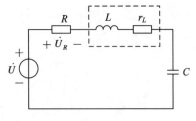

题 7 - 7 图　　　　　　　　　　题 7 - 8 图

7 - 9　在电压 $\dot{U}_s = 10\angle 0°\ V$ 作用下的 RLC 串联电路的谐振曲线如题 7 - 9 图所示，求电路中的电阻 R、电感 L、电容 C 和品质因数 Q。

7 - 10　题 7 - 10 图所示为 RLC 串联谐振电路。当电源电压 $u_s(t) = 10\ \cos(10^5 t + 30°)$ V 时，电路消耗的功率 $P = 0.5\ W$；当电源电压 $u_s(t) = 10\ \cos(2\times 10^5 t + 30°)$ V 时，电路

处于谐振状态，电路消耗的功率 $P=1$ W。试求该谐振电路中的 R、L、C。

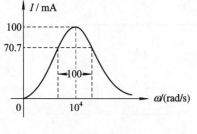

题 7 - 9 图

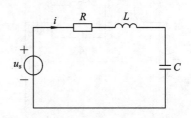

题 7 - 10 图

7 - 11　若给定 $C=50$ pF，试设计一个谐振频率 $f_0=1$ MHz，通频带宽 BW $=$ 0.02 MHz 的串联谐振电路。

7 - 12　已知 RLC 并联电路的谐振频率为 10^3 rad/s，谐振时电路的阻抗为 100 kΩ，通频带宽为 100 rad/s，求电路元件 R、L 和 C 的值。

7 - 13　在题 7 - 13 图所示的并联谐振电路中，已知 $R=40$ Ω，$L=10$ mH，$C=400$ pF。

（1）试求谐振频率 f_0、谐振阻抗 Z_0、特性阻抗 ρ 及品质因数 Q。

（2）若输入电流的有效值 $I_s=10$ μA，求谐振时的电压 U。

7 - 14　并联谐振电路如题 7 - 14 图所示。已知 $L=500$ μH，空载回路品质因数 $Q=100$，电源电压 $\dot{U}_s=50\angle0°$ V，电源内阻 $R_s=50$ kΩ，电源角频率 $\omega=10^6$ rad/s，电路已对电源频率谐振。

（1）试求电路的通频带 BW 和回路两端电压 $\dot{U}$。

（2）若在回路上并联的负载电阻 $R_L=30$ kΩ，这时电路的品质因数、通频带和端电压又为多少？

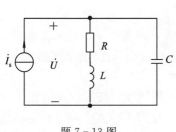

题 7 - 13 图

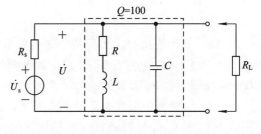

题 7 - 14 图

7 - 15　在题 7 - 15 图所示的电路中有两种不同频率的电源同时作用，其中 $u_{s1}(t)=\sqrt{2}U_{s1}\sin\omega_1 t$ V，$u_{s2}(t)=\sqrt{2}U_{s2}\sin\omega_2 t$ V。为使负载 Z 上只含频率为 ω_2 的电压，而不含频率为 ω_1 的电压，且 $u=u_{s2}$，在电路中接入由 L_1、C_2、L_3 组成的滤波电路（图中虚线框所示）。已知 $\omega_1=314$ rad/s，$\omega_2=3\omega_1=3\times314$ rad/s，$L_1=0.2$ H，试选择 C_2 和 L_3 的值。

7 - 16　题 7 - 16 图所示的并联谐振电路中，已知电路的谐振频率为 $f_0=80$ MHz，电容 $C=10$ pF，线圈的品质因数 $Q=100$。

（1）试求线圈的电感 L、电路的谐振阻抗 Z_0、通频带宽度 BW 和电容上的电压。

（2）为使电路的通频带展宽为 3.5 MHz，需在谐振回路两端并联一个多大的电阻 R'？此时电容上的电压又是多少？

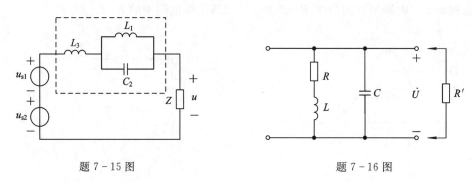

题 7-15 图　　　　　　　　　　　题 7-16 图

7-17　在题 7-17 图所示的正弦交流电路中，$R=5\ \Omega$，$L=2\ \mu H$，$C=5\ mF$。调节电源频率，使电压 u 达到最大值，此时 $I_s=1\ A$。求 i_s、u、i_R、i_L、i_C 和电路的品质因数 Q，并画出相量图。

7-18　在题 7-18 图所示的电路中，虚线框部分是实际电感线圈和电容器并联的等效电路模型，其电路的品质因数为 Q（空载品质因数）。试证明当考虑电源内电导 G_s 和负载电导 G_L 后，电路的负载品质因数为

$$Q'=\frac{G_0}{G_s+G_0+G_L}Q$$

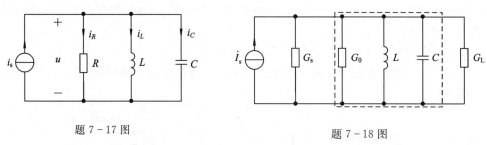

题 7-17 图　　　　　　　　　　　题 7-18 图

7-19　晶体管选频放大器的交流等效电路如题 7-19 图所示。已知谐振回路的谐振频率 $f_0=530\ kHz$，电容 $C=600\ pF$，放大器的输出阻抗为 $25\ k\Omega$，要求谐振电路与放大器匹配，求线圈参数 R、L 及回路的品质因数 Q。

7-20　收音机中频放大器的等效电路如题 7-20 图所示。已知电源电流 $I_s=60\ \mu A$，内阻 $R_s=32\ k\Omega$，谐振回路自身的品质因数 $Q=117$，电容 $C=200\ pF$，磁芯线圈的匝比 $N_{24}/N_{14}=0.4$，$N_{34}/N_{14}=0.04$，负载电阻 $R_L=320\ \Omega$，回路调谐于 $465\ kHz$。试求：

（1）负载 R_L 吸收的功率；

（2）电路的有载品质因数 Q' 和通频带 BW'。

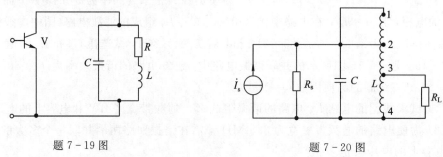

题 7-19 图　　　　　　　　　　　题 7-20 图

7-21　电路如题 7-21 所示，已知电流源电流 $i_s(t)=3.6+2\sqrt{2}\cos(2\times10^3 t)$ mA，求电流 i_R 和 i_C。

7-22　题 7-22 图所示的电路中，已知非正弦周期电压源 $u_s(t)=8+12\sqrt{2}\cos10^3 t+6\sqrt{2}\cos(3\times10^3 t-30°)$ V，求电路的稳态响应 $u_R(t)$。

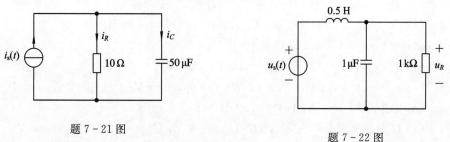

题 7-21 图

题 7-22 图

7-23　电路如题 7-23 图所示，已知电源电压 $u_s(t)=10+20\cos5t+30\cos10t$ V，求电压 $u(t)$。

7-24　题 7-24 图所示的无源二端网络中，已知端口电压、电流分别为

$$u(t)=3+5\cos t+\cos(2t-15°)+8\cos(3t+60°) \text{ V}$$
$$i(t)=1-2\sin(2t-60°)+4\cos3t \text{ A}$$

试求电压、电流的有效值及二端网络的平均功率。

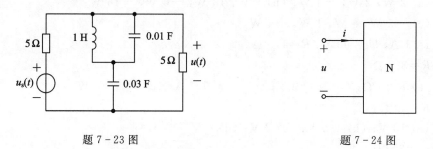

题 7-23 图

题 7-24 图

7-25　设通过 2 Ω 电阻的电流为 $i(t)=4+10\cos(t+45°)+5\cos(3\omega t+30°)+2\sin5\omega t$ A，试计算电流的有效值及电阻消耗的功率。

7-26　电路如题 7-26 图所示，已知 $u_s(t)=10$ V，$i_s(t)=2\sqrt{2}\cos4t$ A，求电路的稳态响应 i_R、电流有效值 I_R 及电阻吸收的平均功率。

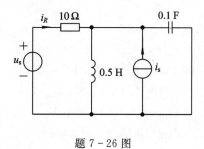

题 7-26 图

附录　部分习题参考答案

习　题　1

1-2　(1) A　(2) C　(3) B　(4) C　(5) A　(6) A　(7) B　(8) C

1-3　$q(t)=1-e^{-2t}$ C, 0.632 C

1-4　(1) 12 V;　(2) -12 V;　(3) -12 V;　(4) 12 V

1-5　(a) $i_A=-1.5$ A;　(b) $P_B=12$ W;　(c) $u_C=-5$ V;　(d) $i_D=2$ A;　(e) $P_E=6$ W

1-6　(a) 4 A;　(b) -2 A;　(c) 0 A;　(d) -5 A

1-7　(a) $U_3=2$ V, $U_4=-8$ V;　(b) $U_1=-6$ V, $U_5=-12$ V, $U_6=-6$ V

1-8　100 mA, 10 V

1-9　$R=15$ Ω, $P_N=31$ W

1-10　$I=4$ A

1-11　2880 kW·h

1-12　(a) $u=6$ V;　(b) $u=12$ V

1-13　(a) $i=8$ A;　(b) $u=18$ V;　(c) $i=22$ A;　(d) $u=-8$ V

1-14　(a) 2 W, 2 W, -4 W;　(b) 4 W, 18 W, -6 W, -16 W;
　　　(c) -5 W, 8 W, 1 W, -4 W

1-15　$I=1$ A, $U_s=90$ V; $R=1.5$ Ω

1-16　$R=3.2$ Ω

1-17　(a) $R=4$ Ω;　(b) $u=50$ V;　(c) $i=-0.4$ A;　(d) $P_{is}=45$ W

1-18　$R=10$ Ω

1-20　(a) 13 V;　(b) -9 V;　(c) 2 V;　(d) 0 V

1-21　$u_s=34$ V

1-22　$U_{oc}=2$ V

1-23　$i_s=10$ A

1-24　$u_s=49$ V, $P_{0.5i}=3.75$ W

1-25　$R=8.75$ Ω

1-26　$u=-120$ mV

1-27　(a) $U_a=2.25$ V;　(b) $U_a=8$ V

1-28　(a) S打开时, $U_a=U_b=0$ V, $U_{ab}=0$ V;
　　　　　S闭合时, $U_a=10$ V, $U_b=4$ V, $U_{ab}=6$ V。
　　　(b) S打开时, $U_a=-10$ V, $U_b=0$ V, $U_{ab}=-10$ V;
　　　　　S闭合时, $U_a=U_b=-4$ V, $U_{ab}=0$ V。
　　　(c) S打开时, $U_a=U_b=10$ V, $U_{ab}=0$ V;
　　　　　S闭合时, $U_a=4$ V, $U_b=0$ V, $U_{ab}=4$ V

1-29　S打开时, $U_A=-5.84$ V; S闭合时, $U_A=1.96$ V

1-30　$I=-3$ A, $U_s=12$ V, $U_a=28$ V

1-31　$U_s = -2\ \text{V}$

习　题　2

2-2　(1) C　(2) A　(3) A　(4) B　(5) D

2-3　(a) $i_1 = 18\ \text{mA}$，$i_2 = 12\ \text{mA}$；(b) $i_1 = \dfrac{20}{3}\ \text{A}$，$i_2 = \dfrac{10}{3}\ \text{A}$

2-4　$i = \dfrac{10}{39}\ \text{A}$

2-5　$u_{ab} = -1\ \text{V}$

2-6　(a) $I = 6\ \text{A}$，$U_s = 54\ \text{V}$；(b) $I = 20\ \text{mA}$，$U_s = 180\ \text{V}$；(c) $I = 2\ \text{A}$，$U_s = 4.5\ \text{V}$

2-7　$R_1 = 47.5\ \text{k}\Omega$，$R_2 = 150\ \text{k}\Omega$，$R_3 = 800\ \text{k}\Omega$，$R_4 = 4.2\ \text{M}\Omega$

2-8　$R_1 = 8\ \Omega$，$R_2 = 1\ \Omega$，$R_3 = 0.8\ \Omega$，$R_4 = 0.2\ \Omega$

2-9　(a) $R = 10\ \Omega$，$U_s = 20\ \text{V}$；(b) $R = 40\ \Omega$，$U_s = 8\ \text{V}$

2-10　(a) $R = 1\ \text{k}\Omega$，$I_s = 20\ \text{mA}$；(b) $R = 20\ \Omega$，$I_s = 0.5\ \text{A}$

2-11　(a) $R_{ab} = \dfrac{R}{4}$；(b) $R_{ab} = 20\ \Omega$；(c) $R_{ab} = 6\ \Omega$；(d) $R_{ab} = 5\ \Omega$；

　　(e) $R_{ab} = 3\ \Omega$；(f) $R_{ab} = 9\ \Omega$；(g) $R_{ab} = 2\ \Omega$；(h) $R_{ab} = 2.4\ \Omega$

2-12　(a) $R_{ab} = 1\ \Omega$；(b) $R_{ab} = \dfrac{11}{3}\ \Omega$；(c) $R_{ab} = -\dfrac{1}{3}\ \Omega$；(d) $R_{ab} = 7\ \Omega$；

　　(e) $R_{ab} = 11\ \Omega$

2-13　(a) $1.2\ \Omega$，$6.4\ \text{V}$；(b) $5\ \Omega$，$2\ \text{A}$；(c) $5\ \Omega$，$5\ \text{V}$；

　　(d) $10\ \Omega$，$24\ \text{V}$；(e) $1.2\ \Omega$，$1\ \text{A}$；(f) $5\ \Omega$，$2\ \text{V}$；

　　(g) $5\ \Omega$，$10\ \text{A}$；(h) $2\ \Omega$，$15\ \text{V}$

2-14　$R = 2.4\ \Omega$，$I_s = 2\ \text{A}$

2-15　$R = 1\ \Omega$，$I_s = 2\ \text{A}$

2-16　$R = 19\ \Omega$，$U_s = 17\ \text{V}$

2-17　$I = 1\ \text{A}$

2-18　(a) $\dfrac{4}{15}\ \text{V}$，$-\dfrac{8}{15}\ \Omega$；(b) $2\ \text{V}$，$10\ \Omega$

2-19　$i = 3\ \text{A}$

2-20　$i = \dfrac{7}{9}\ \text{A}$

2-21　$R = 18\ \Omega$

2-22　$i = 3\ \text{A}$，$u = 18\ \text{V}$

2-23　(a) $R_{ab} = 4\ \Omega$；(b) $R_{ab} = 6.5\ \Omega$；(c) $R_{ab} = \dfrac{10}{9}R$

2-24　$P = 55.35\ \text{W}$

2-25　$\dfrac{8}{7}\ \text{A}$，$\dfrac{28}{15}\ \Omega$

2-26　$I_1 = 2\ \text{A}$，$I_2 = 0.4\ \text{A}$

习 题 3

3-2 (1) $U=\dfrac{13}{6}$ V (2) $I=-\dfrac{7}{11}$ A (3) $I=1$ A

   (4) $u_{oc}=5$ V $R_o=1$ Ω (5) $I=2$ A

3-3 $I_1=0.5$ A, $I_2=1$ A, $I_3=1.5$ A

3-4 $i=3$ A

3-5 2 A, 1 A, 1 A, 2 A, 1 A

3-6 $u_1=3.6$ V, $u_2=-0.8$ V

3-7 $u_1=\dfrac{7}{26}$ V, $u_2=\dfrac{25}{26}$ V, $u_3=\dfrac{23}{26}$ V

3-8 $u_{ab}=8$ V, $P_{16V}=96$ W, $P_{3A}=39$ W

3-9 $u=8$ V, $i=1$ A

3-10 $i=1$ A

3-11 (a) $\begin{cases} 2u_1-u_2=11 \\ u_2=5 \end{cases}$; (b) $\begin{cases} 3u_1-u_2=1 \\ -2u_1-3u_2+10u_3=2 \\ 24u_2+u_3=0 \end{cases}$

3-12 $U_1=-17.14$ V

3-13 $i=5$ A, $u=4$ V

3-14 2 A

3-15 $i=2$ A

3-18 $I=0.6$ A

3-19 $I=20$ mA, $P=-80$ mW

3-20 $u_{ab}=4$ V

3-21 $u=6$ V

3-22 $-\dfrac{1}{6}$ A

3-23 0.8 A

3-24 $i=4$ A

3-25 $u=20$ V

3-26 $I_{s2}=4$ A

3-27 $U=\dfrac{80}{3}$ V

3-28 (1) $R=2$ Ω; (2) $U=6$ V; (3) $U_0=1$ V

3-29 (a) $u_{oc}=7$ V, $R_0=\dfrac{15}{8}$ Ω; (b) $u_{oc}=5$ V, $R_0=2.5$ Ω

3-30 $u_{oc}=24$ V, $R_0=6$ Ω, $u=6$ V

3-31 $u_{oc}=2$ V, $R_0=4$ Ω, $i=\dfrac{2}{7}$ A

3-32 $U_{oc}=10$ V, $R_0=5$ kΩ

3 - 33　$I = -1.5$ A

3 - 34　(a) $I_{sc} = 3$ A, $R_0 = 0.8$ Ω；(b) $I_{sc} = 2.5$ A, $R_0 = 2$ Ω

3 - 35　$I = 1$ A

3 - 36　$I_{sc} = \dfrac{\alpha u_i}{(\alpha - 1)R_1}$，$R_0 = (1 - \alpha)R_2$，$A_u = \dfrac{-\alpha R_2 R_3}{R_1\left[(1 - \alpha)R_2 + R_3\right]}$

3 - 37　$I = 0.5$ A

3 - 38　$I = 0.5$ A

3 - 39　$I_1 = 5$ A

习　题　4

4 - 2　(1) C　(2) D　(3) B　(4) D　(5) A

4 - 3　(2) 2.5×10^{-10} J, 0 J

4 - 4　562.5 nJ, 250 nJ

4 - 6　$u(t) = (6 - 2e^{-2t})$ V

4 - 7　$i_1(0_+) = 0$ A, $i_2(0_+) = 6$ mA, $i_C(0_+) = -6$ mA

4 - 8　$i(0_+) = -2$ mA, $u_L(0_+) = -8$ V

4 - 9　$i_C(0_+) = 2.25$ A, $i_R(0_+) = 2.5$ A

4 - 10　$i(0_+) = 4$ A, $u(0_+) = 4$ V

4 - 11　$i_C(0_+) = 0.8$ A, $u_L(0_+) = 4$ V, $i(0_+) = 2.8$ A

4 - 12　$i(0_+) = \dfrac{7}{6}$ A, $i_L(0_+) = -0.5$ A, $u_C(0_+) = -3$ V, $u_L(0_+) = 8$ V

4 - 13　$i(t) = -0.5e^{-10t}$ A

4 - 14　$2e^{-\frac{1}{3}t}$ A

4 - 15　$i_L(t) = 3.5e^{-500t}$ A

4 - 16　$i_1(t) = 1.6(1 - e^{-10t})$ A, $i_2(t) = (0.4 + 1.6e^{-10t})$ A

4 - 17　$i(t) = (1 - 4e^{-2t})$ A

4 - 18　$u_C(t) = 10(1 - e^{-t})$ V

4 - 19　$i(t) = (1 + e^{-4t})$ A

4 - 20　(1) 3.3 kΩ 电阻与 33 V 理想电压源串联；

　　　(2) 16.5 kΩ 电阻与 165 V 理想电压源串联

4 - 21　$u_C(t) = (-5 + 15e^{-10t})$ V

4 - 22　$u(t) = (5 + e^{-2t})$ V

4 - 23　零输入响应时，$u_{Czi}(t) = 18e^{-\frac{1}{2}t}$ V；零状态响应时，$u_{Czs}(t) = 4.8(1 - e^{-\frac{1}{2}t})$ V

4 - 24　$i(t) = (2 + e^{-2t})$ A

4 - 25　$u_C(t) = (12 - 20e^{-t})$ V

4 - 26　$u_1(t) = (12 - 4e^{-\frac{1}{3}t})$ V

4 - 27　$i(t) = (5 + 3e^{-0.5t} - 5e^{-3t})$ A

4 - 28　$i_L(t) = (5 - 3e^{-2t})$ A, $i(t) = (5 - 3e^{-2t} + 6e^{-0.5t})$ A

　　　$u_R(t) = 12e^{-0.5t}$ V

4-29　$u_R(t)=12.12\mathrm{e}^{-10(t-0.1)}$ V

4-30　$u_o(t)=\left(\dfrac{5}{8}-\dfrac{1}{8}\mathrm{e}^{-t}\right)$ V

4-31　(a) $i(t)=\varepsilon(t-1)-2\varepsilon(t-2)+\varepsilon(t-3)$;

　　　(b) $i(t)=2\varepsilon(t)-3\varepsilon(t-1)+2\varepsilon(t-2)-\varepsilon(t-3)$

4-32　$\dfrac{1}{2}(1-\mathrm{e}^{-t})\varepsilon(t)$ A,　$\left(\dfrac{1}{2}-\dfrac{1}{4}\mathrm{e}^{-t}\right)\varepsilon(t)$ A

4-33　$i(t)=\left(2-\dfrac{8}{3}\mathrm{e}^{-100t}\right)\varepsilon(t)$ A, $i_L(t)=4(1-\mathrm{e}^{-100t})\varepsilon(t)$ A

4-34　$u_C(t)=\dfrac{1}{2}(1-\mathrm{e}^{-(t-1)},\ \varepsilon(t-1)-\dfrac{1}{2}(1-\mathrm{e}^{-(t-2)})\varepsilon(t-2)$ V

4-35　$u(t)=5\mathrm{e}^{-t}\varepsilon(t)+5\mathrm{e}^{-(t-1)}\varepsilon(t-1)-10\mathrm{e}^{-(t-2)}\varepsilon(t-2)$ V

4-36　$u_{Czi}(t)=-3\mathrm{e}^{-t}$ V, $u_{Czs}(t)=3(1-\mathrm{e}^{-t})\varepsilon(t)$ V, $u_C(t)=3-6\mathrm{e}^{-t}$ V

　　　$i_{zi}(t)=1.5\mathrm{e}^{-t}$ A, $i_{zs}(t)=1.5\mathrm{e}^{-t}\varepsilon(t)$ A, $i(t)=3\mathrm{e}^{-t}$ A

4-37　$i_L(t)=\begin{cases}0.5-0.2\mathrm{e}^{-1.5t}\ \mathrm{A} & 0\leqslant t\leqslant1\\ 1.5-0.2\mathrm{e}^{-1.5t}-\mathrm{e}^{-1.5(t-1)}\ \mathrm{A} & t>1\end{cases}$

4-38　$u_C(t)=(1+\mathrm{e}^{-t})\varepsilon(t)$ V, $u_R(t)=\left(1+\dfrac{1}{4}\mathrm{e}^{-t}\right)\varepsilon(t)$ V

4-39　$i(t)=(4\mathrm{e}^{-2t}-4\mathrm{e}^{-8t})$ A　$t\geqslant0$

4-40　$u_C(t)=(\mathrm{e}^{-2t}-\mathrm{e}^{-6t})\varepsilon(t)$ V, $i_L(t)=(1.5\mathrm{e}^{-2t}+0.5\mathrm{e}^{-6t}+1)\varepsilon(t)$ A

习　题　5

5-2　(1) D　(2) B　(3) A　(4) B　(5) B

　　　(6) C　(7) D　(8) B　(9) C

5-3　(1) $U_m=100$ V, $\omega=314$ rad/s; $\psi=\dfrac{\pi}{4}$ rad;

　　　(2) $I_m=3\sqrt{2}$ A; $\omega=10^3$ rad/s; $\psi=-60°$;

　　　(3) $U_m=15$ V, $\omega=100\pi$ rad/s; $\psi=-\dfrac{\pi}{6}$ rad

5-4　i_1 超前 i_2 150°

5-5　$2\sqrt{2}\cos\left(314t+\dfrac{\pi}{6}\right)$ A

5-6　u_1 超前 u_2 90°

5-7　(1) $\dot{U}_m=110\angle45°$ V; (2) $\dot{U}_m=100\angle30°$ V; (3) $\dot{I}_m=30\angle-150°$ A

5-8　(1) $i(t)=50\cos(\omega t+53.1°)$ A;

　　　(2) $i(t)=20\sqrt{2}\cos(\omega t-30°)$ A;

　　　(3) $u(t)=\sqrt{5}\cos(\omega t+153.43°)$ V;

　　　(4) $u(t)=100\sqrt{2}\cos(\omega t-126.9°)$ V

5-9　(1) $i(t)=5\cos(2t-36.9°)$ A;

　　　(2) $i(t)=25\cos(\omega t+66°)$ A;

(3) $i(t) = 23.1 \sin(\omega t + 6.2°)$ A

5 - 10　(1) $i(t) = 3 \cos(10^3 t + 30°)$ A；

　　　　(2) $i(t) = 0.6 \cos(10^3 t - 60°)$ A；

　　　　(3) $i(t) = 12 \cos(10^3 t + 120°)$ mA

5 - 12　(1) $L = 0.637$ H；(2) $R = 10$ Ω；(3) $C = 10$ μF；(4) $C = 2.63$ μF

5 - 14　(a) $Y_{ab} = \dfrac{3 - j1}{4}$ S；(b) $Z_{ab} = \dfrac{21 + j18}{5}$ Ω；(c) $Z_{ab} = \dfrac{134 - j72}{65}$ Ω

5 - 15　(1) 1 Ω；(2) $1.84 \angle 49.4°$ Ω

5 - 16　$L = 0.5$ H

5 - 17　$R = 20$ Ω，$L = 3$ H

5 - 18　$Z_{ab} = 3 + j27$ Ω

5 - 19　$\dot{U}_1 = 12 - j4$ V

5 - 20　$\dot{I}_1 = 10 + j10$ A，$\dot{I}_2 = -10$ A

5 - 21　$u_C(t) = 10 \cos(2t - 45°)$ V

5 - 22　$\dot{I}_R = 0.2 \angle 0°$ A，$\dot{I}_L = 0.4 \angle -90°$ A，$\dot{I}_C = 0.5 \angle 90°$ A

5 - 23　$\dot{U}_{AB} = 75.19 \angle 55.19°$ V

5 - 24　$u_1(t) = \sqrt{2} \cos(2t + 143.1°)$ V

5 - 25　$\dot{I} = 3 \angle -90°$ A

5 - 26　$\dot{U} = 50 + j50$ V

5 - 27　$\dot{U}_{oc} = 1.4 \angle -38.65°$ V，$Z_0 = 3.78 \angle 44.2°$ Ω

5 - 28　$\dot{U}_{oc} = 0.6 \angle -170°$ V，$Z_0 = 4$ Ω

5 - 29　(a) $\dot{I}_{sc} = 2.24 \angle -63.43°$ A，$Z_0 = 2.72 \angle -53.97°$ Ω；

　　　　(b) $\dot{I}_{sc} = 13.14 \angle -152.17°$ A，$Z_0 = 1.124 \angle 26.57°$ Ω；

　　　　(c) $\dot{I}_{sc} = 7.58 \angle -18.43°$ A，$Z_0 = 3.22 \angle 82.87°$ Ω

5 - 30　$i(t) = 7.1\sqrt{2} \cos(5t + 11.8°) + 0.7\sqrt{2} \cos(3t + 110.5°)$ A

5 - 31　$U = U_L$，$U_R = \sqrt{2} U_L$

5 - 32　(2) $I_2 = 10\sqrt{2}$ A，$I = 10$ A，$U_2 = 100$ V，$U = 100\sqrt{2}$ V

5 - 33　$I_C = 6$ A，$X_L = 8$ Ω

5 - 34　$X_L = 2$ Ω

5 - 35　$P = 3000$ W，$\lambda = 0.6$(超前)，$Q = -4000$ var，$S = 5000$ V·A

5 - 36　$P = 8604$ W

5 - 37　(1) $\dot{I} = 10 \angle -53.1°$ A；(2) $P = 800$ W，$\lambda = 0.8$(超前)

5 - 38　(1) $P_R = 2$ W；(2) $P_{N0} = 8$ W，$Q_{N0} = 10\sqrt{3}$ var

5 - 39　$P_R = 2$ W

5 - 40　(1) $I_L = 455$ A，$Q_L = 86.7$ kvar；(2) $C = 5702$ μF，$I = 221$ A

5 - 41　(1) $\dot{U}_{oc} = \dfrac{\sqrt{2}}{2} \angle 45°$ V，$Z_0 = \dfrac{1}{2} + j\dfrac{7}{2}$ Ω；(2) $P_{Lmax} = \dfrac{1}{4}$ W

5 - 42　(1) $\dot{U}_{oc} = 8 + j8$ V，$Z_0 = 2 + j2$ Ω，$Z_L = 2 - j2$ Ω，$P_{Lmax} = 16$ W；

(2) $R_L = |Z_0| = 2\sqrt{2}$ Ω，$P_{Lmax} = 13.25$ W

5-43 $Z_L = 3 + j3$ Ω，$P_{Lmax} = 1.5$ W

5-44 (1) $I_p = 4.4$ A；(2) $P = 2.32$ kW

5-45 $I_p = 14.6$ A，$I_l = 25.3$ A，$P = 10$ kW

习 题 6

6-2 (1) A (2) A (3) D (4) B (5) C (6) C (7) D

6-3 (a) a 端与 d 端是同名端（b 端与 c 端也是同名端）；

(b) a 端与 d 端是同名端（b 端与 c 端也是同名端）；

(c) a 端与 d 端是同名端，c 端与 e 端是同名端，a 端与 e 端是同名端

6-4 (a) $u_1 = L_1 \dfrac{di_1}{dt} - M \dfrac{di_2}{dt}$，$u_2 = L_2 \dfrac{di_2}{dt} - M \dfrac{di_1}{dt}$；

(b) $u_1 = L_1 \dfrac{di_1}{dt} - M \dfrac{di_2}{dt}$，$u_2 = -L_2 \dfrac{di_2}{dt} + M \dfrac{di_1}{dt}$；

(c) $u_1 = L_1 \dfrac{di_1}{dt} + M \dfrac{di_2}{dt}$，$u_2 = L_2 \dfrac{di_2}{dt} + M \dfrac{di_1}{dt}$

6-5 (a) $u_2 = 24e^{-2t}$ V；(b) $u_2 = 7.5\sqrt{2}\cos(3t - 135°)$ V

6-6 (a) $\dot{U}_1 = j4\dot{I}_1 - j2\dot{I}_2$，$\dot{U}_2 = -j1\dot{I}_2 + j2\dot{I}_1$；

(b) $\dot{U}_1 = j3\dot{I}_1 - j5\dot{I}_2$，$\dot{U}_2 = -j6\dot{I}_2 + j5\dot{I}_1$

6-7 (a) $Z_{ab} = 0.2 + j0.6$ Ω；(b) $Z_{ab} = -j1$ Ω；(c) $Z_{ab} = -j1.5$ Ω

6-8 $\dot{I} = 2\angle{-90°}$ A

6-9 $\dot{I}_1 = 3\sqrt{2}\angle{-45°}$ A

6-10 $Z_{ab} = \dfrac{1}{4} + j\dfrac{11}{4}$ Ω

6-11 $\dot{U}_2 = -j10$ V

6-12 $M = 8.75$ mH

6-13 $\dot{I}_1 = 0.92\angle{-21.2°}$ A，$\dot{I}_2 = 0.137\angle{42.2°}$ A

6-14 $\dot{U} = 8.22\angle{-99.4°}$ V

6-15 $10.5\sin t$ A，$0.425\cos t$ V

6-16 $u(t) = -6e^{-3t}$ V

6-17 $i_2(t) = 3 - 1.5e^{-\frac{1}{2}t}$ A

6-18 $Z_L = 0.2 - j9.8$ kΩ，$P_{Lmax} = 1$ W

6-19 $\dot{U}_2 = 39.2\angle{-11.3°}$ V

6-20 $Z_{ab} = 5 + j11$ Ω

6-21 $\dot{U} = 2\sqrt{2}\angle{45°}$ V

6-22 $\dot{U} = 6\sqrt{2}\angle{-45°}$ V

6-23 $n = 3$，$P_{Lmax} = 9$ W

6-24 $\dot{U} = 3.53\angle{-135°}$ V

6-25 (1) $\dot{I}_1 = 1.5\angle{0°}$ A，$Z_{ab} = 4$ Ω，(2) $\dot{I}_1 = 2\angle{0°}$ A，$Z_{ab} = 3$ Ω

6－26 (a) $Z_{ab}=\dfrac{1+n^2}{1-n^2}Z$；(b) $Z_{ab}=4.75\ \Omega$

6－27 (1) $n=0.233$；(2) $n=0.025$

6－28 $\dot I_1=2\angle 0°\ \text{A}$，$\dot U_2=60\angle 180°\ \text{V}$，$P_{\text{L}}=20\ \text{W}$

6－29 $\dot I=\sqrt2\angle 45°\ \text{A}$

6－30 $i(t)=\dfrac{1}{15}+\dfrac{1}{30}\text{e}^{-t}\ \text{A}$

习 题 7

7－2 (1) C (2) B (3) C (4) D (5)B

7－3 (a) $H(\text{j}\omega)=\dfrac{R}{R+\text{j}\omega L}$，低通，$\omega_c=\dfrac{R}{L}$；

 (b) $H(\text{j}\omega)=\dfrac{R}{R+\text{j}\omega L}$，高通，$\omega_c=\dfrac{R}{L}$

7－4 $H(\text{j}\omega)=\dfrac{1+\text{j}\omega CR_2}{1+\text{j}\omega C(R_1+R_2)}$

7－5 $\omega_c=\dfrac{2}{3}\times 10^2\ \text{rad/s}$

7－6 $f_0=0.796\ \text{MHz}$，$Q=80$，$I_0=0.1\ \text{A}$，$U_{C0}=U_{L0}=80\ \text{V}$

7－7 $R=10\ \Omega$，$L=50\ \mu\text{H}$，$C=200\ \text{pF}$，$Q=50$，$\text{BW}=31.8\ \text{kHz}$

7－8 $r_L=2.5\ \Omega$，$L=0.396\ \text{H}$

7－9 $R=100\ \Omega$，$L=1\ \text{H}$，$C=0.01\ \mu\text{F}$，$Q=100$

7－10 $R=50\ \Omega$，$L=0.167\ \text{mH}$，$C=0.15\ \mu\text{F}$

7－12 $R=100\ \text{k}\Omega$，$L=1\ \text{H}$，$C=1\ \mu\text{F}$

7－13 (1) $f_0=79.4\ \text{kHz}$，$Z_0=625\ \text{k}\Omega$，$\rho=5\ \text{k}\Omega$，$Q=125$；(2) $U=6.25\ \text{V}$

7－14 (1) $\text{BW}=2\times 10^4\ \text{rad/s}$，$U=25\ \text{V}$；

 (2) $\text{BW}'=3.676\times 10^4\ \text{rad/s}$，$U=13.64\ \text{V}$

7－15 $C_2=50.7\ \mu\text{F}$，$L_3=0.025\ \text{H}$

7－16 (1) $L=0.39\ \mu\text{H}$，$Z_0=20\ \text{k}\Omega$，$\text{BW}=0.8\ \text{MHz}$；(2) $R'=5.9\ \text{k}\Omega$

7－17 $i_s=\sqrt2\ \cos 10^4 t\ \text{A}$，$u=5\sqrt2\ \cos 10^4 t\ \text{V}$，$i_R=\sqrt2\ \cos 10^4 t\ \text{A}$，

 $i_L=250\sqrt2\ \cos(10^4 t-90°)\ \text{A}$，$i_C=250\sqrt2\ \cos(10^4 t+90°)\ \text{A}$

7－19 $R=9.98\ \Omega$，$L=0.15\ \text{mH}$，$Q=50$

7－20 (1) $P_{\text{L}}=0.0128\ \text{mW}$；(2) $Q'=39$，$\text{BW}'=11.92\ \text{kHz}$

7－21 $i_R=3.6+2\ \cos(2\times 10^3 t-45°)\ \text{mA}$，$i_C=2\ \cos(2\times 10^3 t+45°)\ \text{mA}$

7－22 $u_R=8+24\ \cos(10^3 t-45°)+1.58\sqrt2\ \cos(3\times 10^3 t+173.2°)\ \text{V}$

7－23 $u(t)=5+15\ \cos 10t\ \text{V}$

7－24 $P=10.293\ \text{W}$

7－25 $I=8.97\ \text{A}$，$P=160.92\ \text{W}$

7－26 $i_R=1-2\ \cos(4t+45°)\ \text{A}$，$I_R=1.73\ \text{A}$，$P=30\ \text{W}$

参 考 文 献

[1]　李瀚荪. 电路分析基础. 北京：高等教育出版社，2002.

[2]　张永瑞. 电路分析基础. 3 版. 西安：西安电子科技大学出版社，2008.

[3]　吴大正. 电路基础. 2 版. 西安：西安电子科技大学出版社，2000.

[4]　江辑光. 电路原理. 北京：清华大学出版社，2000.

[5]　邱关源. 电路. 4 版. 北京：高等教育出版社，1999.

[6]　江泽佳. 电路原理. 3 版. 北京：高等教育出版社，1992.

[7]　周围. 电路分析基础. 北京：人民邮电出版社，2003.

[8]　卢元元，王晖. 电路理论基础. 西安：西安电子科技大学出版社，2004.

[9]　汪载生. 电路与信号分析基础. 北京：人民邮电出版社，1991.

[10]　陆明达. 新编电工电子技术. 上海：同济大学出版社，2003.

[11]　张洪让. 电工原理. 北京：中国电力出版社，2001.

[12]　秦曾煌. 电工学. 3 版. 北京：高等教育出版社，1999.

[13]　陈生潭，张雅兰，张妮. 电路基础学习指导. 西安：西安电子科技大学出版社，2001.

[14]　马世豪. 电路原理. 北京：科学出版社，2006.

[15]　RIZZONI Giorigio. 电气工程原理与应用. 郭福田，王仲奕，等译. 北京：电子工业出版社，2004.